THE 4TH INDUSTRIAL REVOLUTION
AND COMPETITIVENESS IN SCIENCE AND TECHNOLOGY

한국의 위기 극복과
포용적 혁신성장을 위하여

# 제4차 산업혁명과
# 과학기술 경쟁력

박기영 지음

Overcoming Crisis and Fostering Inclusive Innovation and Growth in Korea

한울
아카데미

# 차례

추천사_ 우리가 함께 만드는 미래사회 | 문재인 • 7
추천사_ 창의와 혁신은 자율과 존중에서 나옵니다 | 안희정 • 9
머리말_ 책을 발간하면서 • 11

서장　　　　　　　　　　　　　　　　　　　　　　　• 16


제I부　한국, 다시 새로운 출발: 소득 만드는 성장　　　• 31

제1장　성장동력 발전 시스템 만들기　　　　　　　　• 33
　　1절　한국의 성장동력은 왜 약해져 갈까? • 33
　　2절　과학기술은 스스로 고도화한다: 현장으로부터의 혁신 • 43

제2장　역대 대통령의 성장 어젠다: 대통령의 빅프로젝트 만들기와 대선 공약 • 50
　　1절　역대 대통령 선거에서의 과학기술 공약 • 50
　　2절　좋은 대선 공약은 국가를 업그레이드시킨다 • 53
　　3절　포퓰리즘적 대통령 공약은 오류 가능성 높다 • 55
　　4절　바람직한 대선 공약 만들기 • 58

제3장　한국사회에 필요한 성장모델 만들기: 소득을 키우는 확장형 포용 성장 • 64
　　1절　성장 친화적 경제성장은 한계가 있다 • 67
　　2절　성장을 다시 생각하다: 포용적 성장 • 71

**제II부  제4차 산업혁명**                                      • 87

**제4장  기술진보는 더욱 가속화된다**                           • 89
1절  기술진보로 미래 사회가 급변하다 • 89
2절  초연결사회가 현실화되고 있다 • 100

**제5장  제4차 산업혁명의 필수조건 살펴보기**                  • 120
1절  혁신생태계가 혁신하고 있다 • 120
2절  혁신정책: 유연성과 자발성을 키우자 • 133

**제6장  제4차 산업혁명 시대에도 제조업은 강해야 한다**       • 140
1절  제4차 산업혁명의 제조업 핵심 기술을 키우자 • 140
2절  한국의 제4차 산업혁명의 경쟁력은 아직 취약하다 • 145
3절  독일의 산업 4.0 전략에서 배우자 • 148
4절  중국은 제4차 산업혁명으로 새롭게 부상하고 있다 • 150


**제III부  한국의 경제 및 산업 경쟁력과 고용**                 • 153

**제7장  경제 및 고용 살펴보기**                               • 155
1절  국민총생산액이 빠르게 증가했다 • 155
2절  산업 부가가치 성장이 최근 정체되다 • 160

**제8장  '선택과 집중' 전략으로 산업 경쟁력이 성장하다**      • 163
1절  한국의 제조업 경쟁력 살펴보기 • 163
2절  소수 품목 집중형 산업구조, 장치산업 비중이 높다 • 168

**제9장  정보통신(ICT) 산업 살펴보기**                         • 176
1절  ICT 플랫폼이 미래를 바꾼다 • 176
2절  한국은 ICT 1등 국가가 아니다 • 178

**제10장 한국 제조업은 고용절약형으로 성장했다**              • 187
1절  고용절약형 전략으로 제조업이 성장했다 • 187
2절  제조업의 고용 비중이 지나치게 절약되었다 • 188

4

3절 고용절약으로 생산성 향상을 유도하다 • 193

4절 고용기피형 대기업 성장에 사회가 너무 자비로웠다 • 195

5절 고용절약형 성장이 경제적 불평등 심화의 원인이다 198

제11장 한국 제조업은 고용의 질을 악화시키면서 성장했다 • 202

1절 제조업 고용의 질 악화에 한국사회가 너무 관대했다 • 202

2절 기술고도화 미흡과 경제적 불평등 심화 살펴보기 • 209

3절 기술 숙련을 위한 노동 정책이 미흡하다 • 211

4절 혁신사회로의 재도약이 필요하다 • 213

제IV부 한국의 과학기술 경쟁력 • 219

제12장 연구개발 투자 살펴보기 • 221

1절 국가 연구개발 투자가 크게 증가했다 • 221

2절 정부 연구개발 투자도 증가했다 • 231

3절 정부 연구개발 사업 배분구조 살펴보기 • 235

제13장 연구개발 성과 살펴보기 • 239

1절 연구성과의 양적 성장은 정체 수준이다 • 239

2절 우수 연구자의 논문 성과가 크게 성장했다 • 240

제14장 대학의 연구개발 투자 살펴보기 • 244

1절 대학의 혁신체제 발달이 미흡하다 • 244

2절 창의적인 기초연구 투자가 너무 낮다 • 248

3절 새로운 기초연구전략이 필요하다 • 256

제15장 연구개발 인력 살펴보기 • 262

1절 기업체의 학사 연구원이 크게 증가하다 • 262

2절 공공부문 연구원 비중은 크게 감소했다 • 264

3절 혁신주도형 연구개발 인력 활용이 필요하다 • 266

제16장 정부 연구기관의 연구개발 살펴보기 • 270

1절 정부 연구기관 R&D 투자의 정부 의존도가 증가하다 • 270

2절 정부연구기관의 R&D GDP 비중은 세계 최고 수준이다 ● 272

3절 정부연구기관의 연구인력 비중은 세계 최하위 수준이다 ● 275


제17장 기업의 연구개발 살펴보기　　　　　　　　　　　　　　● 279

1절 기업의 R&D 투자가 크게 확대되다 ● 279

2절 기업의 기초연구 투자도 세계 최고 수준이다 ● 282

3절 기업 R&D 투자는 상위 대기업 및 소수 품목에 집중되다 ● 283

4절 기업 R&D 투자 크기가 성공을 보장하는 수단은 아니다 ● 286


제18장 R&D 조세 감면 제도 살펴보기　　　　　　　　　　　● 289

1절 R&D 활성화를 위한 조세지출 활용은 세계적인 추세이다 ● 289

2절 한국은 R&D 조세지출제도를 적극적으로 활용한다 ● 293

3절 R&D 조세감면이 조세감면액 1위이다 ● 295

4절 R&D 조세감면이 대기업에 집중되다 ● 296

5절 R&D 조세감면 GDP 비중이 세계 최고 수준이다 ● 298

6절 R&D 조세감면제도의 개선이 필요하다 ● 300


제19장 우리나라 논문 및 기술의 국제적 수준 비교하기　　　● 304

1절 기술 전문 분야별 비교하기 ● 304

2절 미래 유망 분야에서 한국 경쟁력이 취약하다 ● 308

3절 기업 연구개발 효율성이 낮다 ● 309

4절 제4차 산업혁명 적응 능력은 25위이다 ● 310


제20장 과학기술 공공성 제고를 통한 포용적 혁신성장을 기대하다:
　　　진정한 혁명은 현장에서 시작된다　　　　　　　　　　● 312

# 우리가 함께 만드는 미래사회

### 문 재 인

더불어민주당 대통령 후보

4차 산업혁명은 이미 시작됐습니다. 세계 각국은 이미 4차 산업혁명의 바다를 향해 속속 출항하고 있습니다. 새로운 산업혁명의 뱃길에서 신성장동력, 미래 먹거리와 일거리를 선점하기 위한 국가 간 혁신전쟁, 인재전쟁, 교육 전쟁이 치열하게 벌어지고 있습니다.

그러나 아직 대한민국호는 20세기의 항구에 머물러 있습니다. 이명박·박근혜 정부 9년간 정치, 경제, 사회, 문화, 외교, 안보는 물론 과학기술에서도 대한민국은 퇴보를 거듭해왔습니다.

다시 뛰어야 합니다. 4차 산업혁명의 대항해 시대가 우리 없이 열리게 두어서는 안 됩니다. 대한민국은 식민지와 전쟁의 참화를 딛고 민주화와 경제성장을 함께 이뤄낸 유일한 나라입니다. 우리는 다시 뛸 수 있습니다. 우리에겐 4차 산업혁명을 이끌 저력이 있습니다.

박기영 교수는 참여정부에서 정보과학기술보좌관을 역임하면서, 자연과학과 인문사회과학의 조율만이 우리 사회를 진정으로 발전시킬 수 있다는 소신을 펼친 분입니다. 그 소신이『제4차 산업혁명과 과학기술 경쟁력』

이라는 제목의 저서로 결실을 맺었다고 생각합니다.

과학기술의 발달만으로는 국가나 대기업은 성장할 수 있을지 모르지만, 국민과 중소기업이 고루 잘 살고 성장하기는 어렵습니다. 과학기술의 발달이 가져온 편리와 이익이 국민 모두에게 고루 분배되기 위한 사회정치적 기술이 중요합니다. 우리는 그 기술을 '민주주의'라고 부릅니다.

4차 산업혁명은 민주주의와 기술적 진보가 동시에 성숙해야만 성공할 수 있습니다. 두 가지 모두 국가가 만들 수 있는 것이 아닙니다. 애초부터 4차 산업혁명 자체가 국가가 '관치경제' 식으로 주도해나가는 것이 불가능한 영역입니다. 국가의 역할은 사물인터넷망과 공공빅데이터망과 같은 인프라의 구축, 기초 과학연구에 대한 투자 등 4차 산업혁명을 뒷받침하기 위한 것으로 제한되어야 합니다.

4차 산업혁명에서 성공하려면 사회 모든 분야가 함께 혁신해야 하고, 그 혁신의 에너지는 공정에서 나옵니다. 국가는 기업과 연구자들이 자율과 공정, 혁신과 상생의 기치 아래 자신들의 꿈과 역량을 마음껏 펼쳐갈 수 있도록 도와야 합니다. 우리가 함께 혁신성장과 공정사회를 향해 흔들림 없이 나아간다면 21세기 세계는 대한민국을 촛불혁명과 4차 산업혁명에 모두 성공한 나라로 기억하게 될 것입니다.

미래를 가장 정확하게 예측하는 방법은 우리가 그 미래를 만드는 것입니다. 『제4차 산업혁명과 과학기술 경쟁력』의 출간이 대한민국호의 출항을 알리는 힘찬 뱃고동 소리가 될 것이라 믿습니다. 이 책을 통해 함께 미래를 만듭시다.

# 창의와 혁신은 자율과 존중에서 나옵니다

안희정

충청남도 도지사

'4차 산업혁명'을 언급할 때 막연한 위기감을 느낍니다. 지금까지 우리나라의 성장을 이끈 방식, 정부가 주도하고 효율성에 치우친 성장 방식으로는 불가능하기 때문입니다. 백화점 식으로 늘어놓는 정책과 수십조 원의 정부 R&D 투자로 양산되는 '장롱 특허' 가지고 4차 산업혁명을 이끌 수는 없을 것입니다.

이 책은 4차 산업혁명에 관한 정책과 공약들이 놓치고 있는 문제들을 짚어줍니다. 이제까지 성장방식의 문제점을 살펴보고, 이를 해결하기 위한 정부의 역할을 제시합니다. 참여정부 시절 과학기술 정책에 참여했던 경험을 통해 '사람을 향한' 과학기술의 발전 방향을 알려주고 있습니다.

행정가로서, 정치인으로서, 저도 이 산업의 전환기에 정부는 무엇을 해야 하고, 무엇을 할 수 있을지 많이 고민합니다. 4차 산업혁명 혹은 산업구조의 개편에 필요한 두 가지 요소는 과학기술의 진보와 기업가 정신입니다. 정부는 그 두 요소를 활성화하는 데 집중해야 합니다.

창의와 혁신은 자율과 존중에서 나옵니다. 과학계의 지도력이 스스로 민주적 의사결정 과정을 거쳐 과학정책을 결정할 수 있는 구조를 만들어야 합니다. 교육정책은 개성과 인격을 존중하고 자유를 보장하는 방향으로 계속 바꿔가야 합니다. 그래야 4차 산업혁명의 창조 역량이 만들어질 것입니다. 결국 모든 분야, 모든 시민이 주인이 되어 참여하는 21세기형 민주주의로 진화해야 합니다.

진화된 민주주의를 통해 산업구조의 변화로 인한 여러 갈등을 타협으로 이끌고, 시장경제가 공정하게 돌아가도록 하는 것 또한 정부의 역할입니다. 공정한 시장이야말로 기업가 정신이 싹을 틔울 가장 좋은 환경입니다.

다시 말하면 '4차 산업혁명'으로 가는 길은 구시대와의 완전한 작별 이후에, 시대와 국민 모두의 역량이 높아질 때 열릴 것입니다. 그래서 한국인의 성숙한 지혜를 믿고 싶어 이 책을 썼다는 저자의 말이 큰 울림으로 남았습니다. 이 책은 우리가 새로운 번영과 화합의 꽃을 피우는 데 좋은 밑거름이 될 것입니다.

# 책을 발간하면서

책을 써야겠다는 사명감 같은 것을 느꼈던 것은 바르셀로나에서 해마다 열리는 모바일 월드 컨퍼런스(Mobile World Conference)에 2014년 2월 참석 했을 때였다. 물론 한국 기업인 삼성전자와 LG전자, SK텔레콤, KT 등 대기업의 부스들이 큰 면적을 차지하고 새로운 제품과 서비스를 전시했고 한국인이 1000명 넘게 참여해서, 전자산업에서 한국의 위상을 체감할 수 있었다. 그러나 나의 가슴에 다가오는 무거운 느낌은 한국에 대한 위기감 이었다.

그곳에서 센서, 데이터와 분석, 인공지능, 초연결을 통해 기술 대변혁이 예고되어 있음을 실감했고 이는 가정, 건강, 운동 등 개인의 삶을 비롯하여 제조업 생산, 자원절약, 에너지 생산과 저장, 기후변화 대응, 지역 분산 등 우리 사회의 모든 영역에 적용될 수 있어 보였다.

IT 소프트웨어 기업들이 M&A로 IT 서비스 기업들로 변모되어 있었다. 유명한 IT 제조기업들은 IT 서비스 기업이나 소프트웨어 기업들에 합병되어 있었고, 산업 간의 융합으로 전통적인 산업 구별은 이제 의미가 없어 보였다. 많은 부스를 다니면서 기술을 체험해보았다. 부스에 등장한 자동차 때문에 이동통신 전시장이 마치 자동차 전시장 같아 보이기도 했는데, 볼보 자동차 부스에서는 자동차 뒤에 서서 내가 손가락을 움직이는 모습이 여러 카메라에 동시에 인지되어 모니터에 나타났다. 나의 영어 발음을 인지하지 못한 자동차 음성명령기기 때문에 시연장 도우미와 함께 고생하기도 했다. 구글 안경과 실감 영상을 비롯하여 수많은 웨어러블 기기도 경험할 수 있었다.

이렇게 빠르게 변화하는 세계적인 기술진보에서 한국은 별로 보이지 않았다. ICT를 기반으로 기술의 진보와 융·복합, 그리고 새로운 서비스가 무척 빠르게 진행되고 있다는 것을 보면서, 우리나라는 기술 진보에서 어떤 위치에 있으며 진보의 속도를 얼마나 따라갈 수 있을지 불안해지기 시작했다.

대부분의 정책이 그렇듯이 한국의 과학기술 정책은 세계 선진국 정책들이 모인 백화점이다. 선진국에서 호평을 받은 정책들을 많이 모방해서 섞어놓은 것이다. 그러니 제대로 작동될 리 없다. 정책이 널뛰기를 한다. 예측 가능성이 없다. 그래서 오래 유지되는 정책이 없다. 어떤 정책은 잘되어서 오래 유지되니까 오히려 오래되어서 바꿔야 한다고 한다.

그래서 현황 지표를 보면 상당히 극단적이다. 과학기술정책에서 투자 재원과 인력은 세계 최고로 투입된다. 대학의 연구자 주도형 기초연구는 가장 적게 투자한다. 어떤 지표는 세계 최고, 어떤 지표는 세계 최저를 기록하는 등 지표들이 거의 대부분 양 극단에 위치한다.

통계도 정부의 성향에 맞춰 지표가 조정된다. 정확하게 판단해야 할 저성과 지표들이 필요에 의해 생략된다. 거품도 곳곳에 아주 많이 끼어 있다. 우리도 우리의 상황을 잘 모르게 포장해버렸다. 마치 몇 번 뱅뱅 돌다가 위치감각을 완전히 잃어버린 것처럼.

몇몇 선두주자에게 지원과 기회를 몰아주면서 한국이 세계 최강이겠거니 간주하고 지낸다. 선택받은 소수에게 몰아주지 않으면 한국이 무너지는 줄 알고 많은 것을 참고 지낸다. 그러면서 한국은 갈수록 일자리, 산업구조, 연구영역 등 많은 부분에서 축소형이 되어가고 있다.

한국의 최근 경제성장은 지식 창출과 시스템의 경쟁력에 의한 혁신주도형 성장이라기보다는 신자유주의 물결과 함께 비용절감을 통한 효율주도형 성장에 머물고 있어 성장이 한계에 달했다는 지적이 많다. 정부의 연구개발 정책에도 신자유주의와 효율주도형 성장 논리가 도입되어 고도화된 관리기법이 많이 개발되어 운용되고 있다. 한국은 세계에서 연구개발 관리기법이 가장 발달한 나라이다. 연구개발 사업도 너무 바뀌고 있고 정부출연연구원은 구조조정만 수십 년째이다. 그 결과 한국의 과학기술인들은 피로감이 누적되어 지쳐 있다. 한국의 과학기술계가 세월호가 되어가는 것이 아니냐는 우려의 목소리가 있다. 정부에서 국책과제를 기획하면 할수록 금수저와 흙수저가 생기고 과학기술계의 양극화는 심해져 간다.

지식을 창출하고, 기술을 발전시키고, 산업을 육성하고, 경제를 발전시키는 등의 일은 결국 사람이 하는 것이다. 과학 연구의 원동력은 인간의 지적 호기심과 내적 동기에서 출발한다.

나는 생물학을 전공하면서 시민단체의 일원으로 과학기술정책에 참여하여 꾸준히 정책을 건의하였다. 우연한 기회에 노무현 대통령의 정보과학기술보좌관의 영광도 누렸지만 안타까움도 컸다.

최근 한국 정부와 정치권에서 제4차 산업혁명을 많이 거론하는 분위기를 보고 창조경제처럼 보수의 프레임에 빠졌다는 주장을 일각에서 한다.

성공하지 못할까 봐 불안해하는 목소리도 있다. 기술의 발전을 강조하는 일방적인 과학주의와 상업주의에 의해 과도하게 강조된 측면도 있었다. 특히 대부분의 선진국과 달리 우리나라는 기존의 정부주도 경제성장 패러다임과 산업정책 틀 속에서 정책을 구하기 때문일 것이다. 가장 중요한 것은 빨리 앞서서 달리는 말을 속도도 느리고 늦게 출발한 말이 따라 잡을 수 없다고 판단하기 때문일 것이다.

지금의 기술진보를 제레미 리프킨의 주장처럼 제3차 산업혁명이라고 하든지, 클라우스 슈밥의 주장처럼 제4차 산업혁명이라고 하든지 이것은 무의미하다. 굳이 제4차 산업혁명을 거론하지 않더라도 대부분의 나라들은 혁신 정책에 집중하고 있다. 중요한 것은 기술진보가 빠르게 일어나고 있고 우리 사회를 많이 바꿀 것이며, 기술의 접근성에 따라 성취도가 크게 달라지며, 한국은 이에 대처해야 한다는 점이다. 최근 진행되는 기술진보 시대에 국민에게 일어나는 변화가 매우 클 것으로 전망되므로 영국, 미국, 독일 등 기술 선진국들 대부분이 국가 전략을 수립하고 있다. 산업화 시대에 진행되었던 방식의 산업정책은 많이 약화되었다. 이제 국가 정책이 연구와 혁신 정책으로 보다 상향(upstream)으로 이동하고 있다.

국가는 연구와 혁신으로 새로운 분야에서 청년에게 일자리를 제공하고 정규 교육, 직업 교육, 재교육, 평생교육을 통해서 기술변화에 능동적으로 대응하여 행복한 삶을 누릴 수 있는 역량은 물론 경제성장을 통해 기회를 확보해주는 국가의 역할에 대해 새로운 전략을 수립해야 하는 시기이다. 국가가 민간의 영역에 직접 개입하기보다는 지원업무도 사회적 협동조합 등의 민간기업을 육성해서 고용기회와 경쟁력을 확대시키고 민간 영역을 키우는 전략을 채택해야 한다.

기존의 철학을 바꾸고 새로운 틀을 구축하기 위해서는 필요한 부분에서 각자의 이익을 양보하고 서로가 논의하고 실천하는 사회적 대타협이 필요하다. 우리나라의 새로운 과학기술 경쟁력을 만들어내야 한다.

이 책을 쓰는 이유는 한국인의 성숙한 지혜를 믿고 싶어서이다. 우리는 엄청난 기술진보 앞에서 한국사회가 지나치게 황폐화하지 않도록 사회적 합의를 얻고 공존하는 지혜를 발휘해야 한다. 일을 하면서 자아를 성취하고 행복과 희망을 찾아나가는 그런 사회를 만들어야 한다. 로봇에게 일을 시키고 「로봇세」를 걷어서 인간에게 나누어주도록 기술진보 속도와 내용에 항복하지 않는 시대를. 이에 이 책이 제4차 산업혁명 시대를 맞이해서 한국의 과학기술 경쟁력을 어떤 방향으로 어떻게 발전시킬 것인지 새 그림을 논의하는 출발점이 되기를 감히 희망해본다.

발표기회를 주면서 생각을 정리할 수 있게 도와주셨던 바른 과학기술사회 실현을 위한 시민연합(과실연)의 조완규 전 장관님 등 회원들을 비롯하여 과학기술계의 오태광 전원장님 외 많은 분들, 또한 나에게 많이 부족한 경제학 분야에 대해 조언과 함께 꼼꼼하게 원고를 읽고 수정해주신 순천대학교 이윤호 교수님께 감사드린다. 그리고 책 발간에 여러모로 수고해주신 한울엠플러스(주) 편집자를 비롯한 여러 분들과 사장님께도 감사를 드린다.

2017년 4월
순천만 갈대 옆에서
박 기 영

# 서장

## ◑ 거 대 한 기 술 진 보 가 혁 명 처 럼 밀 려 오 고 있 다

오늘날 우리는 소위 제4차 산업혁명으로 일컬어지는 거대한 기술진보의 파고 속에 살고 있다. 지금의 기술진보가 진정 제4차 산업혁명일지 아닐지는 아무도 모른다. 어쩌면 제3차 산업혁명이라는 인터넷 혁명이 완성 단계로 가는 중인지도 모른다. 현재의 기술적 급변을 무엇이라고 지칭하든 기술변화 그리고 이로 인한 인간의 삶과 사회의 양식이 크게 변하고 있는 것이 사실이다.

블랙리스트에 올라 유럽으로 망명한 찰리 채플린이 1936년에 발표한 미국의 무성영화 〈모던 타임스〉를 통해 산업혁명에서 소외되고 경제적 불평등에 시달리는 인간을 우스꽝스럽게 표현하면서 사회를 고발하지만, 채플린은 그 영화에서 끝까지 희망의 끈을 놓지는 않았다. 그 희망이 현실화되듯이 현대인은 과학기술의 발달에 힘입어 일자리도 더 많이 늘렸고,

더 많은 풍요도 누리고 있다.

20년 후 내 직업의 미래가 어떻게 될지 살펴본 적이 있는가? 한 인터넷 사이트에 의하면 20년 이내에 기술발전으로 인해 나의 직업인 생물학자가 사라질 확률은 1.5%였으며, 582개 직업 중 61위였다. 1.5%의 확률이라면 거의 사라지지 않을 것 같다. 변화무쌍한 생물을 해석하려면 인간의 사고가 필요한가 보다. 이처럼 인간만이 할 수 있는 유연한 사고력이 필요한 직업은 앞으로도 생존할 가능성이 크다.

그러나 로봇이나 인공지능으로 대체될 직업이 많은데, 최근 한국노동연구원의 발표에 의하면 한국에 있는 직업 중 52%의 직업이 20년 내로 사라질 확률이 90%가 넘는다고 한다. 지금 학교에 다니는 청소년이 20년 후면 가장 활발하게 사회활동을 할 시기인데 현재 이대로의 직업 교육체제로 교육을 받는다면 자신의 직업이 사라질 위험성이 매우 높은 상황이다.

아마도 중간 수준의 숙련도를 갖는 기술로 구성된 직업의 많은 부분이 로봇으로 대체될 것이다. 또한 산업도 중간 수준의 혁신성을 갖는 산업들은 많은 부분이 새로운 산업으로 대체될 것이다. 특히 전통적인 산업 분야에서 많은 영역이 사라지고 생산 방식이 대체될 것이다. 그런데 한국에는 혁신의 중간 수준에서 정체되어 있는 분야가 많다. 그래서 위험하다.

또한 제2차 산업혁명의 상징인 컨베이어 조립라인으로 이루어진 대량생산체제는 3D 프린팅 제조 방법의 도입으로 많이 사라지게 될 것이다. IoT 분야에서 가장 빠르게 변화하는 분야로는 제조업, 건강의료, 공공서비스, 에너지 분야 등으로 예측된다.

대량생산체제가 사라진다면 인건비 등을 이유로 중국 등 제3세계에서 생산되어 수출입되던 물류의 대량 이동도 사라지게 될 것이다. 물리적인 이동은 플랫폼을 통한 소프트웨어 등 무형의 이동으로 대체될 것이다. 따라서 제4차 산업혁명은 물리적인 세상과 사이버 세상의 결합이다. 데이터 처리 플랫폼도 중앙집중형에서 스몰 셀(small cell)을 이용한 분산형 처리가 확대되어 훨씬 다양한 서비스가 가능해지는 추세이다. 결국 소규모로 분산되어 모듈화되고 협업으로 이루어지는 생산체제가 형성되어 더욱 유연해진 생산, 소비 체제로서 작은 것이 진정으로 아름답고 스마트한 세상이 만들어질 것이다.

저장할 수 없어 실시간으로 송전받아야 했던 전기도 역시 기술의 발달로 저장이 가능해짐으로써 친환경 에너지 생산체제로 넘어가게 되었다. 이 결과 에너지인 파워(power)를 중심으로 집중되었던 사회구조는 분산화, 분권화로 이어지게 될 것이다.

생명과학의 발달은 유전 정보의 저장과 분석 수단인 컴퓨터의 발달과 함께 진행되었다. 유전 정보의 폭발적인 증가와 합성생물학의 발달로 인공생명체까지 제조할 수 있는 시대가 되었으며, ICT와 3D 프린터를 활용한 초연결은 실시간 의료서비스, 개인 맞춤형 의료 및 바이오 프린팅 등의 의료혁명으로 이어질 것이다.

제4차 산업혁명 시대에는 워낙 빠르게 기술의 융·복합이 일어나면서 상상하지 못했던 내용들이 무수하게 돌출할 것이므로, 정말 1등만이 기록되는 승자독식시대가 되어가고 있다 하겠다. 그러나 그 승자의 수명도 순간이다. 영원한 승자는 결국 없다. 또한 누구나 승자가 될 수도 있다. 작은 것도 승자가 될 수 있다.

## ○ 새로운 성장전략을 논의해야 한다: 과학기술민주화

그렇다면 지금 한국사회를 지배하고 있는 획일화된 재벌 대기업 구조는 경쟁력을 어느 정도로 유지할 수 있을까? 어차피 대기업 구조는 물량이 많아야 경제성을 맞출 수 있기 때문에 대량생산·대량소비, 수출 중심의 사회에서는 효율성이 높은 구조였다. 그러나 앞으로는 대량생산·대량소비도 감소할 것이며, 보호무역주의가 강화되고, 수출은 더더욱 감소하게 될 것이므로, 대기업의 경영전략이 갈수록 잘 먹혀들지 않는 사회로 가고 있다 하겠다. 물론 아시아와 아프리카에서 신흥 국가들의 소비역량이 증가할 것이므로 새로운 수출 대상 국가들을 개척할 수 있다. 그러나 대기업 수출구조로 한국의 성장동력이 유지될 수 없다.

한국의 근본적인 미래 전략은 이러한 세계적 변화를 반영하여 준비되고 있는가? 미래를 대비해서 한국은 어떤 산업구조와 교육체제를 갖춰야 하는가? 미래 사회는 어떤 사회가 되어야 하는가? 정부는 어떤 준비를 해야 하는가? 앞으로 누가 무엇으로 한국사회를 먹여 살릴 것인가? 한국은 자체적으로 미래의 경쟁력이 만들어지는 국가의 혁신체제를 갖추고 있는가? 한국은 IT 1등 국가라고 자부하고 있었는데, 이제 명실상부한 ICT가 주도하는 제4차 산업혁명 시대가 되었는데 왜 이 기술혁명을 주도하지 못하는가? 한국의 미래에 대해 수많은 질문이 쏟아져 나온다.

로봇 때문에 사람의 일자리가 부족해지니까 사람을 대체하는 로봇에게 소위 「로봇세」라는 것을 부과해서 돌파구를 찾아낼 수 있을 것인가? 전 국민에게 국가가 기본 생활을 보장해주는 '기본소득제'를 실시하는 것이 답인가?

독일은 제4차 산업혁명 시대를 맞이하여 세계적인 산업 변화를 이끌어가면서 질 좋은 일자리를 만드는 전략을 수립하기 위해 국가적 차원에서 사회적 대협약과 함께 노력하는데, 이것이 바로 산업 4.0(Industry 4.0)이다.

과학은 인간이 사고하는 논리와 경험주의적 철학의 기본적인 배경을 제공할 뿐만 아니라 물적 토대인 생산력을 이루는 수단이다. 제4차 산업혁명 시대를 맞이하여 진정으로 필요한 것은 산업 시대의 몰아주기 패러다임에서 벗어나 분권과 분산을 위한 개혁과 공유와 공존의 패러다임을 채택하는 과학기술 민주화이다. 촛불을 밝혔던 한국인의 현명한 지혜로 제4차 산업혁명 시대가 가져올 위기를 극복하고 과학기술로 새로운 발전의 원동력을 더불어 만드는 방안을 이제 논의해야 한다.

## ⋂ 정부정책은 산업화 성장전략 수준에 머물고 있다

산업정책과 과학기술정책은 우리나라 정부가 산업화를 시작했을 때 정부 주도로 산업단지를 조성하고 연구소를 짓고 기술개발을 하던 초기 정책과 크게 변하지 않았다. 물론 기업의 연구개발 비중이 많이 커진 점은 있지만, 정부 주도로 산업화 영역을 정하고 연구개발 예산을 응용분야에 집중하여 투자하고 연구집단이나 연구기업을 선정하는 것에서 크게 차이가 없는 것이다. 단지 달라진 점은 투자 예산의 규모가 매우 커졌으며 예산 투자의 절차가 공개된다는 점이다. 진화가 요구되는 시기이지만 기존 방식을 유지한 덩치만 커진 공룡이 되어가고 있다. 당연히 효율성과 적응력이 떨어질 수밖에 없다.

과학기술 민주화를 위해 기본적으로는 한국의 정치사회 질서를 바꾸어야 한다. 이번에 박근혜, 최순실 사태에서도 드러났듯이 세계 일류 기업이라는 삼성 그룹부터 시작해서 한국의 대기업은 정경 유착의 고리를 끊지 않은 채 관치 지원과 특혜로 성장해오고 있다. 박근혜 정부에 들어서 정경 유착이 더욱 강화된 것이 겉으로 드러났다.

정경유착으로 특혜를 입은 대기업은 '갑'의 권력에 익숙해지면서 중소기업과 고용인들에게 비용절감과 효율을 강요하였고, 비정규직과 하청구조를 양산하면서 고용조건을 악화시켜 지식과 혁신이 축적되기 어려운 구조를 만들어냈다. 제조업 강국으로 성장했지만 재벌 대기업 중심의 주요 산업에서 고용절약형 방식을 채택하면서 제조업 고용이 지나치게 많이 감소하였다. 이 과정에서 중산층의 소비 여력이 경제성장의 크기에 비례해서 크게 확대되지 못하였고 양질의 서비스 산업 육성도 미흡하였다. 제조업에서 감소한 고용을 서비스 산업 영역에서 양질의 고용으로 승계하지 못하면서 성숙한 경제로의 발전도 지체되었다. 규제제도 때문만이 아니다.

포지티브 규제제도를 보완하는 과정을 통해 기술 진보에 적절하게 대응하면서 산업 변화가 유도될 수 있도록 자율 규제, 절차적 규제 및 사후 규제제도를 정립하면서 이에 기반을 둔 네거티브 규제 제도 도입 등의 선진국 유형으로 전환되어갔어야 한다. 그러나 경직된 내부 조직 문화와 유명무실하게 운영되는 가이드라인 및 자율성이 정착되기 어려운 관행과 불신으로 산업화 시대의 규제제도조차 개선하지 못했다. 이제 무작정 네거티브로 규제하자고 한다. 이는 강자의 왕국, 밀림을 만들라고 하는 것과 다름 없다.

최근 세계적으로 원가 경쟁이 거듭되는 등 경쟁이 치열해지면서 우리 사회는 혁신을 통한 경쟁력 향상보다는 간접고용과 비정규직의 고용 비율을 늘려 고용 비용 절감을 도모함으로써 성장 없는 고용을 추구한바, 고용의 질은 더욱 악화되었고 경제적 불평등이 더욱 심화되었으며 내수 침체의 원인으로 경제 침체의 악순환의 고리를 스스로 만들고 있다. 우리 사회는 이러한 고용절약형 성장, 즉 효율주도형 성장에 너무 관대했다.

대기업과 중소기업과의 불평등관계는 거의 개선되지 못한 채, 대기업의 배타적 수직계열화 구조 속에 있는 중소기업은 물론 수직 구조 밖에 있는 많은 중소기업의 수익구조도 점차 악화되어가면서 한계기업의 수가 크게 증가하고 있다. 중소, 중견 기업의 성장도 어려워 외환위기 이후 대기업 수는 크게 늘어나지 못하고 있다.

사실 대기업을 비롯하여 중소기업의 산업 분야가 다양한 분야에서 폭넓게 형성되어 상호 관계를 형성하는 먹이그물 형태의 생태계를 이루는 것이 바람직한데, 우리나라의 산업구조는 갈수록 일부 분야로 집중되면서 중소기업 중 일부 상위 기업을 제외하면 많은 기업이 한계 상황에 처하게 되고 한계기업의 비율이 계속 증가하는 실정이다. 중소기업의 고용조건도 더욱 악화되고 있다.

그리하여 청년들이 중소기업에 취업하기를 꺼리게 되어 고용의 질적, 양적 미스매치로 이어지고 국가의 인적 자원 활용의 만성적인 비효율성을 초래하였다. 만성적으로 인력 부족을 겪는 중소기업은 외국 노동자를 유치하여 근근이 공장을 가동하고 있지만 기술축적이 어려운 인력구조와 열악한 수익구조 속에서 얼마나 버틸지 심각하게 우려되지 않을 수 없다.

급기야 '88만 원 세대'에서 최근 '77만 원 세대'로 청년층은 경제상황이 더욱 열악해져 부모보다 가난한 세대라는 암울한 예측을 얻게 되었다. 청년들에게 일자리를 만들어주지 못한 채 '헬 조선'을 안겨준 것은 기성세대가 한국경제의 구조적 문제를 해결하지 못했기 때문이다. ICT 사회에서 소프트웨어는 매우 중요한데, 한국은 소프트웨어 인력을 저임금 하청구조로 충당하면서 젊은 청년들을 좌절시켰다. 많은 생명과학 전공자들도 비정규직 구조 속에서 좌절하기는 마찬가지이다. 학문을 사랑해서 박사학위 과정을 선택한 학자의 절반가량이 비정규직 신분으로 허우적거리는 삶을 보내는 나라는 결코 문화국가가 아니다.

# ∩ 과학기술의 공공성을 살리자

과학기술정책은 정부 예산이 지원되는 연구개발 사업을 통하여 진행되는, 대표적인 공공정책이다. 최근 경제성장에서 과학기술의 의존도가 더욱 높아지면서 과학기술정책은 성장 정책의 핵심 요소가 되고 있다. 한 국가의 성장을 결정하는 3대 요소로 물적 자본과 인적 자본 및 총요소생산성을 드는데, 총요소생산성을 결정하는 핵심적 요소가 바로 과학기술의 발전 등 기술진보와 혁신을 통해 생산성을 제고할 수 있는 능력이다. 물론 총요소생산성에는 기술혁신 외에도 법적 환경, 규제정책, 행정제도, 금융시스템 등 생산성의 효율적 측면에 관련된 다양한 요소가 포함된다. 여기에는 혁신생태계적 요소들이 두루 연관되는 시스템적 효율성이 중요하게 작용한다.

특히 앞으로는 인적 자본인 노동과 물적 자본의 투자 증대가 한계에 이르고, 인구 감소가 예상되어 잠재성장률이 감소하는 상황에서 더욱 중요한 성장요소는 바로 기술혁신과 ICT 활용 등에 의한 생산성 향상이다. 또한 이것이 바로 모든 국가가 기술혁신에 몰두하고 있는 이유이다.

한국은 진정한 선진국인가? 대기업 중심의 수출 주도형 중화학공업 국가로서 생산액 규모가 커서 GDP 규모는 세계 12위, 13위 국가로서 선진국 대열에 들어서 있지만 1인당 국민소득은 세계 23위 수준이다. 특히 중화학공업과 첨단 IT 제조업 분야에서 추격형 전략을 통한 자본 투자 중심으로 성장한 국가로서 응용개발 분야에서는 경쟁력을 갖고 있지만 과학기술의 심화 정도가 미흡할 뿐만 아니라 선진국 수준에 이를 정도로 기술 경쟁력이 성숙한 경제라고는 볼 수 없다.

따라서 몰아주기 전략에 의해 소수의 첨단 IT 제품에서는 세계 최고 수준의 기술경쟁력을 갖고 있다고는 하더라도 전반적으로는 불균형 성장의 특성이 강하고 중간 수준의 기술 숙련도를 갖는 수준이므로 제4차 산업혁명에서 가장 큰 변화 혹은 충격을 겪을 수 있는 나라로 볼 수 있다. 특히 대기업의 장치산업 분야에서 가격경쟁력을 유지하기 위해서 로봇 등 자동화 대체율이 세계에서 가장 높을 것으로 여겨지는 산업구조이므로 일자리 감소도 매우 클 것으로 보인다. 많은 예측 기관에서 한국에 대해서는 고용감소의 충격이 매우 클 것을 예고한 바 있다.

그렇기 때문에 새로운 시대 변화에 적합한 새로운 전략의 과학기술과 산업정책을 이끌어갈 종합적인 경제정책이 필요하다. 몰아주는 산업시대 패러다임이 아니라 더욱 많은 사람들이 혁신하고 또한 혁신의 결실을 공유하는 민주적 패러다임으로 전환해야 한다. 과학기술을 공급하는 연구개발정책과 과학기술의 수요와 실물경제를 담당하는 산업정책을 통합하여 미시경제적 차원에서의 과학기술정책으로 접근하는 것이 필요하다.

특히 최근에는 과학기술 공급의 주체인 인력을 양성하는 것이 더욱 중요해졌을 뿐만 아니라, 과학기술의 내용이 빠르게 변화하므로 기술진보에 따른 내용 변화를 즉각 공급 변화로 연결시키기 위해 재교육 기능 등의 노동정책, 산업구조조정 등과의 통합도 정책 영역으로서 더욱 필요해졌다. 결국 과학기술정책은 혁신성은 물론 지식의 공공성과 공익성을 포괄할 뿐만 아니라 현장성도 담아내야 하는 영역이 되었다.

## ∩ 혁신의 원동력은 구성원 모두의 경쟁력으로 이루어진다

한국의 미래에서도 대기업의 경쟁력 유지는 매우 중요하다. 이와 함께 대기업의 파트너이자 협력자로서 중소기업의 경쟁력 역시 매우 중요하다.

대기업이 독불장군으로 끌어가는 경제가 아니라 구성원 모두가 경쟁력을 갖는 진정으로 건강한 생태계를 만드는 경제정책이 필요하다. 구성원 모두가 효율성을 발휘할 때 그 총합의 파괴력은 지대하기 때문이다.

과학기술정책은 바로 개별적인 주체들의 경쟁력과 혁신역량을 강화할 수 있는 방법으로 정책이 설계되어야 한다. 산업시대의 과학기술정책에 익숙한 현장에서는 아직도 여전히 선택과 집중 및 정책의 컨트롤타워를 강조하는 목소리가 높다. 그렇다면 선택과 집중은 누가 결정하는가? 누구에게 몰아줄 것인가? 컨트롤타워 역할은 누가 하는가? 정부와 정치권은 관료 중심의 과학기술정책을 주문하는 것으로 받아들이고 있다. 그러나 실제로는 미래를 예측하고 국가의 자원을 배분하기 위해 보다 체계화되고 장기적인 사전 기획 기능과 논의구조가 필요하다는 주문이다.

새로운 기술 융합이 제품으로 빠르게 탄생되었다가 또 빠르게 사라지는 제4차 산업혁명 시대에, 정부가 과학기술정책을 통해 육성 분야를 선택하고 집중 육성하고 컨트롤할 수 있겠는가? 그런 시간적 여유를 사회가 주겠는가? 미래 사회에서는 스피드(Speed)가 화폐라고 주장한다. 게임 변화가 빠르게 일어나는 것이다. 한 가지 분야의 성공이 맞아들어가지 못했다면 다른 대안이 또 자라고 있어야 한다. 이제는 국가 주도로 계획해서 육성할 시간이 없을 뿐만 아니라 분야를 맞추기도 어렵다. 돌출하여 '스타'가 될 만한 것을 많이 보유하고 있는 것이 경쟁력이다. 준비된 개인의 성장이 곧 국가의 경쟁력이다. 그래서 과학기술 민주화가 요구되는 것이다.

국가 주도로 특정 분야의 연구개발사업을 만들어 지원하는 정부주문형 과학기술정책 시대는 이미 종말을 고하고 있다. 그럼에도 산업 육성에서 빠르게 기대만큼 성과를 내지 못하니까 한국 정부는 더욱더 산업 분야를 선택하여 집중 육성하고자 더 많은 투자를 하고 있으며, 연구자들은 정부 주문에 따라 메뉴 바꾸기에 바쁘다.

'대박'은 새 메뉴를 처음 개발하는 데서 나는 것이지 '대박' 난 식당 메뉴를 흉내 낸다고 해서 원조 식당을 이길 수 있는 것이 아니다. 첨단제품에서는 개발 초기에 이윤을 크게 남기지만 적정 시기가 지나면 급속도로 가격이 하락하게 된다. 첨단 전자 제품을 살 때 초기에는 비싸게 사지만 조금만 참으면 싼값에 살 수 있는 것은 누구나 경험하는 일이다. 주로 쫓아가는 연구를 할 수밖에 없는 연구개발은 구조의 효율성이 낮은 것은 당연하다.

정부가 만들어낸 주문에 원조가 드물지만 눈치 빠른 연구자는 유사한 메뉴를 만들어낼 수 있다. 그리고 식당도 차린다. 그러나 정부와 연구자가 만든 흉내 낸 메뉴는 막상 팔아보면 인기가 별로 없다. 연구자들은 정부의 잦은 주문 변화에 피로감이 더해진다. 연구 실무를 맡고 있는 대학원생들은 연구로봇이 되어가고 있다. 창의력이 자라나기를 기대하기 어려운 것이다.

기업에서는 활용할 기술이 없다고 아우성이다. 그래서 기업들은 자체적으로 기술개발을 하겠다고 기초연구부터 시작해서 막대한 예산을 투입하고 있다. 이렇게 해서 한국은 GDP 대비 연구개발 투자 세계 1위 국가가 되었다. 정부는 세계 최고 수준으로 연구개발에 투자를 했음에도 왜 연구자들은 성과를 내지 못하고 있느냐고 볼멘소리를 한다.

## ⊕ 과학기술의 접근은 공평하고, 결실의 분배는 공정해야 한다

이제 과학기술계와 정부는 그동안 성원을 아끼지 않았던 국민들에게 응답해야 한다. 산업시대와는 다른 모습의 과학기술정책 구조와 내용을 설계해야 한다. 제4차 산업혁명 시대에서 과학기술이 갖는 속성을 이해하고 가장 충실하게 과학기술의 진보의 과정을 정책에 담아내야 한다. 혁명은 아래에 힘이 응집되어야 시작된다. 즉 혁명적인 과학기술진보를 위해 현장에 힘이 응집될 수 있도록 과학기술정책을 설계하는 것이 가장 혁신적인 방법일 것이다. 그래서 과학기술 민주화를 생각해보아야 한다.

이제 다시 원칙으로 돌아가야 한다. 과학기술의 공공적 성격을 살려서 밑으로부터 과학기술 주체들에 의해 결정되고 돌출하는 기술진보를 통해 적응력이 뛰어난 성장전략을 채택해야 한다. 미국은 시장 친화적인 과학기술정책을 추진하는 오래된 전통 속에서, 유럽은 연방제적 특성이 강한 국가가 많으며 다양성과 공공적 성격을 강조하는 철학적 배경 속에서 제4차 산업혁명을 맞이하고 있다. 물론 속도는 미국이 더 앞서가고 있다.

우리나라는 어떠한 배경 속에서 제4차 산업혁명을 맞이할 것인가? 한국도 이러한 변화에 대비하여 국민의 정부와 참여정부 10년에 걸쳐 과학기술계의 의견이 보다 반영될 수 있는 의사결정구조로서 국가과학기술위원회를 만들었고, 미시경제 차원에서 통합적인 정책 추진을 위해 과학기술부총리제를 시도하였지만 정착도 되기 전에 이명박 정부가 출범하면서 모두 폐지되었다.

과학기술은 가장 민주적으로 이용되어야 하는 수단이다. **과학기술의 접근은 공평하고, 결실의 분배는 공정해야 한다.** 모든 국민은 법 앞에 평등하듯이 과학기술 지식으로부터 소외되지 않고 과학기술적으로 사고하고 또한 과학기술을 획득할 수 있는 균등한 기회를 갖게 해주는 것도 정부의 역할이다. 특히 제4차 산업혁명이 중앙집권적 구조를 점차 분권적 구조로 전환시켜나갈 것이므로 분권적 사회에서 개별적 주체들이 과학기술을 통해 경쟁력을 발휘하고 자아를 성취할 수 있는 광범위한 기회를 제공해야 한다.

따라서 미래 시대에 필요한 것은 정부가 관제탑 역할을 하는 컨트롤타워보다는 국가의 재원을 어떻게 사용하여 혁신을 이끌어내고 국가의 인적·물적 자원의 효율성을 극대화할 수 있는지에 대한 의사결정 구조, 즉 아래로부터의 의견이 존중될 수 있도록 과학기술정책의 합리적 의사결정구조를 구축해내는 것이다. 또한 국가의 재원이 필요에 의해 결집되고 혹은 분산될 수 있도록 실제 작동하는 시스템적인 혁신생태계가 갖춰져야 한다. 또한 경쟁이 이루어질 부분과 보호되어야 하는 비경쟁적 부분이 구분되어 지원되는 의사결정구조도 필요할 것이다. 특히 비시장적 영역에서 공공행정의 역할이 제대로 작동하는 행정 구조도 중요하다.

대학 교수들이 참여하는 자유공모형 기초연구비의 수혜 비율이 정부 지원 연구비의 5.5% 수준으로 떨어졌는데 이는 10여 년 전 수준에 비해 거의 1/4토막이 난 수준이었다. 연구계획서 10개를 써야 1개가 선정되는 확률에 대학 현장에서 연구를 포기할 정도라는 지적이 오랫동안 제기되다가 급기야 생물학 인터넷 사이트에서 국회 청원운동이 일어났다. 언론의 집중적인 조명을 받으면서 국내외에서 1998명이 서명하였으며, 국회 토론회를 거쳐 국회 미래창조과학방송통신위원회에서 2017년도 개인기초 연구사업비 1000억 원 추가 증액을 의결하였다. 그러나 최종과정에서 추가 증액안이 전액 삭감되었다. 과학기술 현장의 의견이 반영되는 절차가 성공할 수 있었다면 과학기술 민주화의 좋은 사례가 될 수 있었을텐데 반년간의 노력이 물거품으로 끝났다. 그러나 개인의 창의적인 연구를 지원하는 기초연구의 중요성은 많이 강조되었다.

아직 우리나라가 후발주자 입장에서 벗어나지 못했다는 신호를 겸허하게 받아들이고 반성해야 한다. 산업화 시기부터 중구난방으로 도입한 백화점 식 정책으로 어중간한 위치에서 안주하고 있는 비효율성을 걷어내어야 한다. 관 주도 기획성장과 정경유착으로 위기를 덮어주는 관행과 부패에서 벗어나야 한다. 지금까지의 연구개발 체제에 대한 전면적인 개편을 통해 새로운 패러다임으로 전환되어야 한다. 과학기술의 공공성을 찾아나가는 것으로부터 패러다임 전환을 찾아야 할 것이다. 이를 위해 연구 현장을 뒤흔들어놓는 구조적 변화로 연구 현장을 더 불안정하게 만들기보다는 연구개발 정책의 철학을 전면적으로 개조하려는 자세가 필요하다.

단기적으로 응급처방이 필요한 부분부터 일자리 나누기와 연구개발 성과의 공유와 공동활용 및 공공부문의 책임성 확보 등의 부분에서 사회적 합의를 통해 긴급 대책을 세워야 한다. 장기적으로는 연구개발의 새로운 패러다임을 구축하고 과학기술과 연구개발의 원칙에 충실한 철학을 정립하고 이에 합당한 연구, 교육, 직업교육, 산업 육성, 성장동력 확보, 각 주체의 역할 정립 등에 대한 포트폴리오를 구축해야 한다.

패러다임 전환은 정부부터, 정치권부터 우선적으로 정립하는 것이 필요하다. 과학기술의 공공성을 제대로 찾아나가고 실현하는 것이 바로 과학기술의 민주화이며 경제 민주화의 첫걸음이다. 약자도 경쟁력을 가질 수 있게 해주고 행복하게 해주는 공공적 수단으로서의 과학기술의 역할을 정립해주기 바란다.

## ❍ 질 높 은 성 장 을 희 망 하 다

현장으로부터의 성장, 창업 소기업도 대기업이 되는 성장, 구성원이 성장하고 그 힘이 응집되는 성장, 원하는 능력을 육성시키는 기회 균등의 성장, 경쟁력의 우열이 객관적인 승부로 이어지는 성장, 공정하게 승부하는 성장, 협력의 성장, 나누는 성장, 실패해도 다른 대안이 있는 성장.

　제4차 산업혁명시대에는 승자는 승자대로, 패자는 패자대로 사람답게 살 수 있는 다양한 성장이 가능한 성장전략을 수립하고, 그 과정에서는 과학기술 민주화 전략을 활용해야 한다. 지금은 제4차 산업혁명이라고 일컬어지는 과학기술의 진보를 견인하여 질 좋은 성장을 이루어가는 구조를 만들어야 하는 시기이며, 한편으로는 일자리를 통해 성장에 참여할 수 있는 기회와 그 성장의 결실을 보다 폭넓게 확산하고 공정하게 나누는 구조도 함께 만들어나가는 지혜가 필요한 시기이다.

# 제1부

# 한국, 다시 새로운 출발

## 소득 만드는 성장

제1장_ 성장동력 발전 시스템 만들기

제2장_ 역대 대통령의 성장 어젠다: 대통령의 빅프로젝트 만들기와 대선 공약

제3장_ 한국사회에 필요한 성장모델 만들기: 소득 키우는 확장형 포용성장

# 성장동력 발전 시스템 만들기

## 1절
## 한국의 성장동력은 왜 약해져 갈까?

2015년, 2016년 두 해를 지나면서 국가의 시스템은 무너져 내리고 성장 동력을 어디에서 찾을지 미래 예측이 암울하기만 하다. 급기야 박근혜 - 최순실 게이트가 터지면서 한국의 미래는 더욱 암울하게 느껴지고 있다. 세계경제가 침체의 늪에서 좀처럼 벗어나지 못하고 있을 뿐만 아니라 구 조조정 단계를 거치고 있는 중국의 경제도 예전 같은 성장 속도를 낼 것 같 지도 않다. 이런 여러 가지 외부적 요인들이 부정적 평가 요소로 작용하여 모든 기업이 생존을 걱정하는 지경에 이르게 되었고, 또한 대부분의 기업 집단에서 사업 재편을 강조하는 실정이다. 그런데 기업은 변할 준비가 되 어 있는가? 이번 게이트로 재벌기업과 대통령과의 직거래가 드러난바, 경 제수석은 심부름을 했고, 기업은 뭉칫돈을 갖다 바치며 청탁을 했고, 특혜를 통해 온실에서 안주하려고 했다.

우리 경제를 긍정적으로 보기 어려운 근본적인 원인은 바로 내부에 있다. 우리나라가 진정 ICT 선진국인가? ICT 선진국이라고 우리가 믿고 살아왔을 뿐이다. 김대중 대통령은 선거 공약으로 "전 국민에게 1인 1PC를 보급하여 인터넷망에 연결시키고 한국인이 세계에서 컴퓨터를 가장 잘 사용하는 국민이 되도록 하겠다"는 공약을 제시한 후 당선되었다. 이미 김영삼 정부에서 정보통신부를 설치한 상태에 이어 국민의 정부에서 정치적 결단을 통해 많은 예산을 투입하고 전 국민 정보화 사업을 진행했다. 이는 비교적 미래 예측을 정확하게 한 결과였고 정치적 결단도 내린 덕분이었다. 우리나라는 인구밀도가 높고 비교적 국토 면적이 좁아서 전국적인 초고속인터넷망 설치가 용이했고, 우리 국민은 IT에 친숙해졌으며 세계는 이를 매우 경이롭게 보았다.

이미 IT에 친숙한 우리나라 국민들은 뒤이어 세상에 출현한 새로운 기술제품인 핸드폰에도 역시 빠르게 친숙해졌다. 새로운 변화를 빠르게 쫓아가는 민족적 특성이 오늘의 한국을 만든 것이다. 그 덕분에 스마트폰 제조업체인 삼성전자와 LG전자 등 우리나라 기업들은 외국 기술과 부품을 도입하여 빠르게 신제품을 출시하였다. 국민들은 자기 돈 들여가면서 테스트 베드 역할을 충실하게 해주었고 그 덕분에 세계 스마트폰 시장에서 우리나라 기업들이 두각을 나타내게 되었다.

우리나라는 이처럼 IT 선진국이라는 명예를 가졌지만 ICT 산업의 전체적인 완성도를 제고하는 기반과 전략은 부족하였다. 세계시장에서 혁신 경쟁이 매우 치열한 IT 제조업에서 소수 품목으로의 집중된 발전으로 상당 부분 불균형 성장을 했고, 착시현상마저 일으켰다. 마치 우리나라가 IT 산업과 첨단 제조업에서 진짜 선두주자인 것처럼 여겼고, 추월당할 것을 두려워하는 가운데 도전 정신은 약해졌다.

외국에서 잘되고 있는 눈에 잘 보이는 산업을 선택한 후 기업 소유주의 저돌적인 경영전략과 정부의 적극적인 몰아주기형 지원정책 덕분에, 한국은 주요 제조업 성장 시기에 세계가 놀랄 만한 성공을 거둔 것이다. 이러한 성장 형태가 지금까지 관치 경제와 정경유착의 모습으로 남아 있다.

6·25 전쟁 이후 베이비붐의 인구 팽창으로 산업성장에 필요한 신규 노동 공급이 충족되었고, 국민소득도 크게 성장하여 중산층도 두터워졌으며, 고학력 인력도 더욱 증가하였다. 중산층이 이끌어낸 민주화를 통해 한국은 국제무대에서도 세계경제를 이끌어가는 성공한 엘리트 국가의 국민으로 평가받게 되었다.

그런데 지금 선진국으로 들어가는 문턱 앞에서 우리나라는 주춤하고 있다. 세계적인 경기침체가 장기화되고 있는 것이 주요 원인이라고는 하지만 10여 년 전부터 태동하기 시작하여 점차 확장 단계에 있는 ICT 중심의 제4차 산업혁명 앞에서 한국의 전통적인 제조업 경쟁력에 우려가 생긴 것이다. 앞으로 더 심각한 점은 ICT 국가인 한국에서 ICT 기반의 산업혁명 시대에 새로운 것이 별로 없다는 점이다.

이제 새로운 산업은 정부가 만들 수 없는 시대가 되었다. 몇몇 개인이 만드는 것도 아니다. 그런데 학생들 모두를 스티브 잡스로 길러내자고 교육을 바꾸어야 한다고 아우성이다. 대학생 때부터 창업하라고 융자를 해준다. 창조적인 사람은 창업을 하라고 하며 창조경제, 창업경제를 강조했다. 기업과 연구사들은 창조경제가 무엇인지 공부하기 바빴으나 아직도 정부의 창조경제 정책이 무엇인지 제대로 알려진 바 없다. 정부가 나서서 대기업 멘토도 지정해주는 창조경제혁신센터가 전국에 들어섰고 박근혜 대통령이 참석하는 개소식도 했다. 이번에 박근혜 - 최순실 게이트가 터지면서, 왜 열심히 공부해봐도 창조경제가 무엇인지 몰랐었는지를 약간은 짐작할 수 있었다.

제4차 산업혁명 시대에는 바로 혁신 시스템이 갖는 경쟁력이 진정한 경쟁력이다. 자발적으로 창조성이 발전될 수 있는 유연하고 개방적이고 서로 융합할 수 있는 시스템이 구축되어 있어야 하고 그 시스템 속에서 새로운 것이 만들어지고 성장할 수 있어야 한다. 스스로의 혁신성이 높아야 하는 시대이다.

창조성과 창의성이 높아도 시스템이 혁신적이지 않으면 초반에 조금 버둥거리다가 힘을 잃기 십상이다. 물방울은 각각 임계 수준 이상으로 성장해야 그 응집력으로 서로 뭉칠 수도 있고, 자체적인 힘에 의해 수십 미터에 달하는 물기둥을 만들어 뿌리에서 잎까지 올라갈 수도 있다. 나무 꼭대기까지 올라가는 물은 누가 밀어 올리는 것도 아니고 하늘에서 잡아당기는 것도 아니다. 스스로의 시스템에 의한 것이다.

우리나라 재벌 대기업은 새로운 것을 만들어내는 데 기초체력도 약했고 경험도 별로 없었고 겁도 많이 났기 때문에 세계적인 변화를 보고 느끼면서도 걱정 반 두려움 반으로 많은 시간을 보냈다. 투자할 아이템이 빈약하기 때문에 여유 자금이 쌓여도 신규 투자는 얼어붙고 말았다. 경제의 동력도 많이 떨어졌고 젊은 세대들은 좋은 일자리가 없어 포기와 좌절 속에서 갈팡질팡하고 있다.

모 그룹이 신수종 사업으로 2015년 하반기에 기껏 들고 나온 것이 바이오 신약 위탁생산인 것을 보면 우리의 성장동력이 얼마나 빈약한 것인지를 알 수 있다. 2016년 하반기에는 삼성전자가 미국의 자동차 전기장치 분야 선두 기업인 하만을 인수하면서 자율주행 자동차를 주력산업으로 찾은 것 같기에 긍정적 평가가 많다. 그러나 자율주행 자동차의 4단계 발전 유형까지 제시된 상태에서 한국은 언제 선두주자들을 따라잡을 것인지 염려가 많다.

미국의 테슬라는 자동차에 태양광 유리 패널을 사용할 예정이라고 하는데, 자동차 생산의 선두 국가인 한국은 아직도 화석연료의 엔진에 머물고 있는 것은 아닌지, 수소자동차와 전기자동차는 언제부터 세계 최고의 경쟁력을 갖게 될 것인지 이 역시 갈 길이 멀어 보인다.

기후 변화로 에너지 혁명이 앞당겨지고 있다. 화석에너지가 없는 우리나라는 산업의 원동력인 에너지의 혁명이 절호의 기회였다. 화석에너지에서 과학기술 에너지로 에너지원이 전환되는 바로 그 시기에 가교에너지[1]라고 평가받는 원자력을 확대하는 녹색 성장 정책을 권장하면서, 산업의 에너지 생산 구조를 개혁하는 일은 외면한 채 시간을 보내고 있었다.

## ∩ 우리나라 성장동력의 빈약함, 그 근원은 무엇일까?

첫째, 정치권과 정부는 혁신 시스템을 고도화하기보다는 새것 만들기를 반복했다.

세계 선진국들은 혁신 시스템에서 '혁신'이라는 근간을 바꾸지 않았다. 오래전부터 목표가 혁신이었고 지금도 역시 혁신이다. 시스템에서 혁신을 심화시키고 혁신을 지속적으로 발전시켜서 시스템의 혁신이 주는 경쟁력을 강화시키고 있다. 반면 우리나라는 매번 시스템을 바꾸려고 한다. 시스템도 만들다 말았는데 무슨 경쟁력이 나올 것이며, 무슨 혁신이 나오겠는

---

1  가교에너지(bridge energy)란 에너지가 화석에너지에서 자연에너지로 전환되는 과정에서 가교 역할을 한다는 개념이다.

가. 혁신은 혁신으로부터 발전하는 것인데 새것만 외치니 무슨 노하우가 축적되어 발전할 수 있겠는가. 지식은 노하우의 축적인데 저금통만 바꾼다고 그 저금통이 채워지겠는가.

정치권은 혁신의 주체들을 대상화했고 매번 새집에서 헤매게 했다. 혁신은 엄두도 내지 못한 채 정신 못 차리면서 헤매다가 간신히 자기 위치를 찾았는데, 그동안 너무 헤맸다고 집을 다시 바꿔주었다. 이제는 새집을 주어도 제자리를 찾으려는 노력을 별로 안 하고 있다. 자기 자리가 아닌 곳에서도 자기 자리인 양 주저앉아 버린다. 혁신을 통한 시스템의 경쟁력이 성장할 수 없는 구조를 정치권이 만들어놓았다.

참여정부가 혁신을 강조했다고 하여 이명박 정부에서는 모든 문건과 정책에서 혁신을 다 빼라고 했다가 과학기술에서만은 어쩔 수 없이 허용하는 지경이었다. 창조 경제를 기치로 내걸고 출범한 박근혜 정부도 정부 출범 2년째 되던 해에 '혁신경제 3개년 계획'을 들고 나왔다. 2016년도가 혁신경제 3개년 계획의 완성년도이다.

**둘째, 제4차 산업혁명의 기반인 ICT 이해도가 낮았다.**

제4차 산업혁명의 원동력은 '연결(connection)'이다. 최근의 사회를 '초연결사회(superconnected society)'라고 한다. ICT가 구심력의 주체로 작용하여 전 세계의 모든 인간 주체, 물적 요소 및 산업 요소들을 점점 더 연결시켜나가고 있다. 제조업체가 소비자를 직접 만나던 시대에서 벗어나 점차 ICT를 이용하여 플랫폼을 제공하는 업체를 통해 소비자에게 제품이나 용역을 제공하는 산업을 중심으로 해서, 즉 IoT, IoE, IoS로 뭉쳐서 변모하고 있다. 이제 기존의 산업 간 경계가 무너지면서 ICT 플랫폼 중심으로 산업 재편이 상당 부분 진행되고 있다. 여태까지 제조업체가 직접 하던 제품 공급을 ICT 플랫폼 업체를 통해 공급하는 비중이 늘면서 특히 ICT 서비스 업체와 제조업체의 결합이 활발하게 이루어지고 있다. 이제 이동하는 것은 완성품이 아닌 모듈형 부품을 비롯하여 무형의 소프트웨어와 서비스의 이동이 주를 이루게 될 것이다. 사회 및 경제의 주도권이 전통 제조업체로부터 ICT 플랫폼 업체로의 권력 이동이 일어나고 있는 셈이다.

국가 간 경계도 허물어지고 있으며, 산업 간 구별도 허물어지고 있다. 점차 승자 독식 사회가 될 것이다. 한편으로는 다품종 사회가 되어가면서 다른 한편으로는 승자의 독식 기간도 점차 짧아질 것이다.

사실 최근 발전의 가속도가 붙은 ICT 혁명은 인터넷이 등장한 이후 지속적으로 발전하면서 사회 각 부분의 서비스와 기기를 연결시키는 과정에서 수익 모델이 활발하게 재생산되는 구조가 되었다. 이에 따라 ICT 산업의 구조 개편과 M&A도 활발하게 진행되고 있다. 미국 등 ICT 첨단기업이 이끌고 있는 제4차 산업혁명의 모습을 볼 때 물리적 거리가 더는 의미 없는 시대로 변하고 있다.

우리나라는 이명박 정부가 출범하면서 정보통신부와 과학기술부를 해체하고 각 산업에서 ICT 활용을 극대화한다는 정책을 채택했다. 각 산업에서 정보화를 통해 효율을 극대화한다는 정책을 채택한 것이다. 즉 ICT가 더 큰 고속도로가 되도록 플랫폼으로 만들어주고 각각의 재화와 용역이 연결되는 정책을 사용해야 할 시기에 ICT가 지방도로가 되는 정책을 쓴 것이다. 그 결과 ICT가 원심력으로 작용하게 되었고 각각의 산업이 파편화되어 연결할 수 있는 융합점을 찾아내기가 쉽지 않다.

이명박 정부의 정책은 ICT 선진국에서 ICT를 강한 구심력으로 채택한 방식과는 정반대로 원심력이 작용하게 만든 방식이었던 것이다. 이는 ICT 초기에는 정보화를 통해 산업의 효율성을 제고시켰지만 이제는 ICT 그 자

ICT2015(EU) 포스터

자료: 유럽연합(EU Commission).

체가 산업을 만드는 시대적 변화를 제대로 읽지 못한 결과이다. 세계 권력의 이동이 제조업체로부터 ICT 플랫폼 업체로 이동하고 있는데 우리는 이러한 권력 이동에서 구경꾼으로 있다가 이제 뛰어들고 있으며 결국 후발주자로서 허둥거리는 실정이다. 2015년 포르투갈의 리스본에서 열린 ICT 회의에서 제시된 혁신(Innovate), 연결(Connect), 변혁(Transform)의 슬로건과 초연결을 표현해주는 포스터에서 그 상징성을 잘 알 수 있다(그림 I-1).

**셋째, 한국사회는 개방성, 자율성, 그리고 융합력이 약했다.**

개방성이 약해서 정부가 찾아서 연결시켜주는 재화나 서비스의 관치 융합에 의존하다 보니 자연 발생적인 연결에 매우 취약하다.

예를 들면 스마트폰 운용 방식으로 애플의 아이폰은 처음부터 누구에게나 열려 있는 앱 방식을 사용했는데 삼성전자의 갤럭시 폰은 처음에는 기기에 자신의 응용프로그램을 넣어주는 방식이었다. 한국은 앱의 위력을 나중에 깨달았다. 오픈 소스 및 협업과 협력이 주는 시스템적 위대함과 경쟁력에 한국은 크게 취약했다.

이러한 사고의 경직성은 우리 사회 곳곳에서 잘 나타나 있다. 중소기업의 성장을 위해 정부가 멘토로 대기업을 연결시켜주는 협력사업을 '창조경제'로 명명한 후 국가 프로젝트로 설정하고 떠들썩하게 추진하고 있지만 그 성공 여부는 앞으로 두고 볼 일이다.

**넷째, 성장동력 육성에 필요한 기초체력이 약했다.**

한국은 추격형에서 탈추격형으로 성장 방식을 전환하겠다고 오래전부터 노력했지만, 기본 체력이 약해서 현재까지도 요원해 보인다. 갈 길이 바빠서 기초체력을 키우는 것은 늘 후순위로 밀린다. 기초 체력은 연구 경쟁력에서 나오는데 과학기술계는 피로감에 젖어 있다.

사실 한국에서 기초연구를 시작한 역사는 선진국에 비하면 아주 짧다. 1980년대 후반부터 과학재단에서 대학 지원 연구과제 사업을 시작했으므로 약 30년 정도에 지나지 않는다. 그럼에도 그 성과에 대해서는 무척 조급하다. 좋은 토양에 종자를 많이 뿌리고 정성스럽게 가꿔야 좋은 결실을 맺게 되는데 정성스럽게 가꿔야 할 시기에 왜 빨리 종자를 맺지 않느냐고 성화를 부리는 격이다.

영국, 프랑스 등 유럽의 기술 선진국의 과학 연구의 역사는 르네상스 시대부터 거의 500년 내지 700년 이상 지속되어왔다. 반면 우리나라는 세종대왕 때 장영실과 함께 잠시 과학기술 발전의 시기가 있었긴 했지만 조선 후기와 일제 강점기를 거치면서 역사적 토대가 사라졌다. 그나마 일본 유학생 출신의 과학기술자들이 있었으나 이들이 대거 월북하면서 남한의 과학기술 토대는 더욱 약해졌다.

박정희 대통령의 산업화 과정에서 정부가 유치한 외국유학생 출신 과학자들은 대부분 과학기술행정 엘리트 역할을 하였다. 국내에서 연구를 계속하기보다는 (국내 연구기반이 취약하여 연구하기도 어려웠지만) 대부분은 정부 연구소를 만드는 등 과학기술 행정에 참여하였다.

이러한 역할은 최근 중국의 사례와 비교할 때 큰 차이가 있다. 중국의 유치 과학자들은 귀국 후 기초분야를 비롯하여 응용, 개발 연구 분야에서 막대한 정부 연구비를 지원받으면서 중국의 과학기술 경쟁력을 급속도로 발전시키고 있는 것이다.

또한 일본도 명치유신 때부터 시작한 과학기술 발전의 역사가 거의 150여 년에 달한다. 특히 1970년대부터 1990년대에 걸쳐 현재까지도 일본은 대학과 정부연구소의 기초연구에 집중 투자하고 있다. 초기에는 전쟁 이후 해외에서 유학한 과학자들이 중심이 되었지만 이후 일본 국내 과학자의 기반을 확대하면서 기초체력을 굳건하게 다져왔다. 2000년대에 들어서 대학과 정부 연구소의 기초연구비 투자 성과가 비효율적이라는 지적을 받아 구조개편의 압력을 받고 있기는 하지만 일본이 계속 노벨상에서 두각을 나타내는 것은 이런 장기간에 걸친 기초연구의 성과에 기인한다. 기초연구의 투자를 투입 대비 성과로 조급하게 보는 것은 경계해야 하는 것이다.

그러나 우리나라는 어떤가. 수십 년을 기초연구에 투자하고 난 후 투자 대비 효과를 논의했던 일본의 흐름을 벤치마킹하여, 투자도 하지 않은 채 효율을 따져보았고 정부출연연구원을 비롯한 국가 연구조직의 개편을 20여 년 넘게 계속하고 있다.

연구 현장에서는 성과주의 평가로 조급함에 몰려 일부 연구자에게 몰아주기를 하고 있다. 성과를 내고 있는 중소기업에는 뭉칫돈이 몰리기도 한다. 일부에서는 '정부 지원금으로 좀비 기업이 연명하고 있다'는 평가도 있다. 그 결과 정부 연구비의 투자 대비 효율성이 더욱 떨어져 간다. 그러니 연구비를 세계 최고 수준으로 쓰고도 최근 과학기술 기초체력은 정체 혹은 하향 추세를 나타내는 것이 어쩌면 당연한 귀결인지 모르겠다.

대학과 정부출연연구원인 공공부문에서는 과학기술 인재를 비정규직 형태로 채용하고 있다. 지식 축적이 생명인 과학기술계에서 고용형태가 불안정하면서 경쟁력이 발전되기를 바라는 것은 우물가에서 숭늉을 찾는 것으로밖에 볼 수 없다.

정부의 개혁 요구에 비교적 영향을 적게 받았던 대학의 기초연구 현장조차도 이제 청년 실업의 파고 속에서 산학협력과 실무교육 강화로 기초분야의 연구기반은 취약해져 가고 있다. 개별 기업과 계약을 맺고 운영되는 맞춤학과까지 등장한 지 오래이다.

근본적으로 대학의 기능은 학문 연구이며 기업에 취업하여 응용할 수 있는 다양한 기초실력을 배양하는 교육 기능을 강조하는 교육의 원칙은 점차 설 자리를 잃어가고 있다. 어쩌면 이는 대학을 상아탑 속에서의 안식처로만 간주하면서 탈사회적 행태를 보였던 구성원들에게 더 거칠게 몰아치는 파도가 아닐지 모르겠다.

## 2절
## 과학기술은 스스로 고도화한다: 현장으로부터의 혁신

성숙한 역사와 전통이 있는 집단과 신생 집단과의 차이점은 바로 시스템이 정착되어 있는가의 여부, 즉 혁신이 제도화되어 있는가라는 점이다.

과학기술계에서 경쟁력이 우수한 집단을 선별하는 일차적인 판단 요소는 '얼마나 오랫동안 한 주제에 집중했느냐'라는 점이다. 기업의 기술 도입 담당자들이 가장 처음 보는 요소가 연구에 집중한 기간이다. 한 주제에 몰두하면서 계속 심화된 연구를 진행한 경우 자신만의 특화된 경쟁력을 높어나가야 진짜 실력이 되기 때문일 것이다.

혁신이 시스템화되었다면 시계바퀴가 맞물려 돌아가듯이 새로운 기술적 변화가 수평적·수직적으로 확산되어 전체적인 변화로 파급될 것이다. 혁신이 고도화되었다면 지속적으로 수정, 보완되고 선순환되는 자기 완결 구조가 갖춰졌을 것이다. 특히 고도화된 혁신 시스템을 유지시키는 생명력은 공정한 경쟁이다. 공정한 경쟁을 통해 승자와 패자가 나뉘고 또한 지속가능한 성장이 가능하도록 공적 요소들도 작동하도록 제도화되어 있는 것이다. 즉 현대사회에서는 시스템을 구성하는 제도의 작동이 만들어내는 경쟁력이 얼마나 자기 혁신성을 강화하는 생태계를 갖췄느냐가 경제성장의 중요 요소가 된다. 제4차 산업혁명 시대에서는 혁신생태계의 구동력이 더욱 중요해지고 있다.

## ❍ 우리나라 경쟁력의 근원은 무엇이 되어야 할까?

**첫째, 우리나라의 경쟁력은 역시 ICT이다.**

우리나라의 경쟁력은 역시 ICT에서 나와야 한다. 우리나라는 ICT 선진국이라고 자처해온바, 점차 전 세계 경제권력이 제조업으로부터 ICT로 이동하고 있는데도 우리나라는 역설적으로 ICT에서 밀려나고 있다. 그것은 역동성과 유연성이 강한 모바일 중심의 ICT 변화에 대한 수용 능력과 문화적 토대가 약했기 때문이며, 세계 과학기술의 변화에도 선제 대응을 하지 못했기 때문이다.

이명박 정부 이후부터는 과학기술 투자 로드맵에서 정부 연구개발비의 ICT 투자 비중을 점차 줄이도록 했다. 이명박 정부에서는 ICT 육성을 위한 정부 역할이 없다고 보았는지 정보통신부를 해체하고 그 기능을 분산시켰다. 행정공학적 접근으로 정부조직개편을 강행한 결과이다.

노무현 대통령이 당선된 직후에도 정보통신부를 없애야 한다고 건의한 사람들이 많았다. 그런데 노무현 대통령은 ICT가 지속적으로 변화하고 발전하고 있는데 정부의 역할을 축소할 수 없다고 정통부 해체 반대 의사를 명확하게 표명하고 과학기술 관련 행정체계를 흔들지 말 것을 주문했다.

또 한편으로 우리나라가 ICT 분야에서 선두주자가 되기 어려운 점이 있었다. 그것은 ICT 분야에서 기초연구가 약하기 때문이었다. 기술 수요 부처인 정보통신부가 산업 경쟁력 강화에는 열심히 노력했지만, 기초연구는 당연히 공공부문의 역할이 지대함에도 ICT 기초연구에서 사각지대가 발생했다. 이것이 지금까지 ICT 산업의 발목을 잡는 실정이다. 우리나라의 모바일 데이터 트래픽을 보면 세계 최고 속도와 최대 데이터 용량을 보이는데 사용분야는 주로 동영상 관람과 인터넷 쇼핑 등이다. ICT 산업의 서비스 컨텐츠, 장치와 품목이 빈약하기 때문이다.

**둘째, 다양성이 분출하는 문화적 토대가 필요하다.**

최근 사회 변화의 키워드는 데이터의 모바일 이동과 에너지 생산의 분산이다. 이제 각자 개인이 모두 데이터를 생산하고 소비하고 전송하며 공유하고 있다. 세계에서 유일하게 주민번호를 사용하고 있는 사회 구조 속에서 개인의 데이터가 활용될 때 개인정보 유출의 위험성을 극복해야 빅데이터의 효용가치를 극대화할 수 있다.

또한 ICT 기기의 활용으로 막대한 에너지 수요가 발생했는데 그 에너지 수요를 예전처럼 한곳에서 대량으로 생산하여 공급하는 구조로는 불가능해졌다. 지구에서 식물이 광합성을 하면서 에너지를 축적하던 바로 그 자연의 에너지 생산 방식으로 돌아가고 있다. 자연에너지 시대에서 재생에너지의 생산과 저장 및 모바일 에너지 저장 장치의 기술발전에 박차를 가했으며 결국 기술이 계속 진일보하고 있다. 최종적으로는 개인이 자연으로부터 에너지를 얻어서 사용하는 개인형 에너지 시대, 자연에너지 시대가 도래할 것이다. 에너지인 파워(power)를 중심으로 집중해서 생활하던 대량생산과 대량소비 중심의 중앙집권적 사회는 분권적 사회로 대체될 것이다.

우리나라의 산업성장은 대량생산과 대량소비 유형에 맞춰 범용 제품으로 성공한 방식이다. 반도체와 자동차 및 원재료인 철강과 화학의 1차 소재 등 몇 종류의 범용 품목에서 가격 경쟁력을 확보하고 전 세계 시장을 공략하여 대량 수출로 지금까지 국가 성장을 이끌었다. 그러나 앞으로 세계는 범용 제품 수출로 성공을 이어갈 수 있을 것 같지 않다. 대부분의 모든 국가가 내수 시장 중심으로 성장할 것이며 국가 간 보호주의 장벽도 높아질 것이기 때문에 세계를 제패하는 단일 공장은 성립하지 않을 가능성이 높다. 생산과 소비가 분산되고, 양보다는 질로 승부가 결정되는 다품목 소량사회, 다양성의 사회로 전환될 것으로 예측된다.

세계의 제조업 공장이었던 중국이 점차 그 역할이 약화되어가고 있으며 또한 과잉투자로 몸살을 앓고 있지만, 결국 중국은 난이도 높은 기술로 구조 개편에 성공하면서 옷을 갈아입고 세계경제의 주인공 역할을 더 근사하게 할 것이다.

세계경제 무대에서 우리나라는 '비중이 큰 조연' 역할을 계속하기 위해서 '연기 변신'을 해야 한다. 주인공이 바뀌었고 영화 제목도 바뀌었는데 조연의 입장에서 계속 연기를 하려면 연기 변신은 당연히 요구되지 않겠는가.

그동안 우리나라의 획일적이고 양적인 성장 방식은 더는 효과를 발휘하기 어려워 보인다. 그런데 우리나라는 문화적으로 다양성이 풍부하지 못하고 사고의 유연성이 떨어진다는 것이 가장 약한 부분이다.

그럼에도 최근 정부의 통치 행위는 중앙집권적 사고가 더욱 강화되고 있으며, 일체주의가 강화되는 조짐까지 보이면서 기성세대는 점점 더 경직되고 문화적 소양에서 다양성이 취약해지는 사회로 변모되고 있다. 에너지 생산도 여전히 원자력 중심의 대량생산 방식을 강화하려는 기조를 유지하고 있다. 결국 변화의 유연성이 떨어져 있는 여러 가지 요인이 복합적으로 작용한 모습이 오늘날 한국사회의 모습이다.

중앙집권적인 토대 속에서는 문화적 다양성이 발전할 수 없다. 분산된 개인이 권력을 나누어 갖게 된다는 사회적 변화에 적합한 방식에서 활로를 찾아야 한다.

현대사회는 기술 변화가 매우 빠르기 때문에 과학기술을 가진 공급자가 만들어서 제공하는 기술적 변화와 소비자의 취향이 들어맞을 때 해당 산업이 성장한다. 기술은 소비자 개개인의 취향과 특성도 맞춰서 공급하는 개인 맞춤형으로까지 발전하고 있다. 개인의 취향은 어차피 매우 다양할 수밖에 없으므로 다양성을 더욱 잘 확보하는 것이 바로 고부가가치를 가능하게 하는 방식이다. 더 나아가 개인의 취향에 따라 이것저것 모듈을 조합해서 꾸미는 모듈형 사회가 될 것이다.

### 셋째, 규제의 패러다임을 바꾸어야 한다: 절차적 규제 활용

모바일과 데이터 중심의 사회에서 방송과 통신을 융합하여 컨텐츠를 규제하는 방송규제 방식으로는 통신산업 변화를 따라가기 쉽지 않다. 모바일 수단으로서의 ICT에 대한 산업적 규제는 분리해서 관리되어야 한다는 입장이 제대로 반영되지 못했다. 더욱 다양해지는 과학기술의 이용으로 사회 변화가 빠르게 일어나는 분야에서는 현행 대량생산 체제의 산업시대 규제 방식인 기술이나 제품을 건별 허용하는 포지티브식 사전규제 패러다임은 이제 한계에 도달했다. 우리나라의 경우 관료집단에서는 규제 철폐를 강조하지만 결국 규제가 없어지지 않는다.

우리나라는 정부의 규제정책의 강도가 강하고 산업정책들도 대부분 규제정책을 근간으로 국가권력에 의해 운영되고 있다. 또한 자율적 규제에 대한 신뢰성이 낮아 당장 네거티브 방식을 도입하기도 쉽지 않다. 최근 불거진 박근혜 - 최순실 게이트를 보면서 관치 경제의 뿌리가 깊은 것을 거듭 확인하였고 통치 행위 자체에 대한 불신도 더욱 커졌기 때문에, 네거티브 규제 방식을 사회적으로 수용하기가 더욱 어려워졌다.

기술혁명 시대의 적절한 규제 방식으로는 강화된 내부 가이드라인에 의해 진행되는 자율적 규제 방식을 접목하여 절차적 방식과 사후규제를 혼합한 방식을 고려해볼 수 있다. 많은 법률에서 절차를 규정하는 경우가 많은데 이를 활용하여 과학기술계 혹은 산업계에서 절차에 대한 가이드라인을 규정한 후 내부 감시 및 자율기능을 활용하는 방안이다. 이와 병행하여 제품의 시장 출시 후 사후 모니터링 기능(post-market monitoring)을 강화하여 일정 기간 경과 후 사후규제가 행해질 수 있어야 한다. 시민사회도 이제 많이 성숙해졌기 때문에 아직은 취약한 내부 감시 기능을 보강한다면 보다 적절하게 작동할 수 있는 합리적인 규제방안이다.

절차의 투명성을 보장할 수 있는 방안과 정보공개 절차 규정을 가이드라인으로 제정하여 강화하고 참여자의 공정한 경쟁이 가능하도록 유도하는 경쟁의 법칙과 원칙을 정하고 이를 위반할 경우 강력하게 처벌하도록 징벌적 손해배상제 도입 등 사후 규제적 패러다임을 고려할 수 있어야 한다.

또한 일방적인 규제 철폐는 약육강식의 사회를 만들 수도 있다. 밀림을 지배하던 최고의 권력자 사자가 갑자기 죽으면 다시 지배구조가 정착될 때까지 경쟁자들 사이에서 죽고 죽이는 혈투가 벌어져 경쟁자들이 다 죽고 새로운 권력자 사자 한 마리만 살아남는 경우가 밀림에서 발생한다. 과도기적으로 규제 프리존을 만든다고 하더라도 근본적인 방안은 아니기 때문에 굳이 이 과정을 거칠 필요는 없다.

우리나라에서는 규제 철폐가 쉽지 않다. 우선 관료 집단에서 기업을 통제할 수 있는 수단인 규제를 놓고 싶어 하지 않는 면도 있다. 그러나 또 한편으로는 규제가 철폐되었을 때 약육강식의 독점 사회가 되어 약자는 결국 쓰러지는 것을 많이 보았다. 이떤 경우는 사회적 약자들이 규제라도 붙잡고 있고 싶어 한다. 그 이유는 경쟁의 법칙을 잘 만들지도 못하였고, 경쟁의 법칙이 있어도 이것이 늘 훼손되고 불공정하게 진행되는 경우도 많이 경험했기 때문이다.

특히 빠르게 새로운 기술이 출현하고 또 사라지는 기술변화 시대에는 사전적 규제로는 기술변화를 따라갈 수 없다. 따라서 기술변화의 속도에 적합하도록 규제 제도를 재구성해서 제도가 시대 변화에 걸림돌이 되지 않아야 하지만 한편 적절한 수준에서는 규제되어야 한다. 규제 제도에도 축적의 역사가 있었는데 무조건 건너뛸 수는 없다.

# 제 2 장

# 역대 대통령의 성장 어젠다
## 대통령의 빅프로젝트 만들기와 대선 공약

<br/>

| 1절 |

## 역대 대통령 선거에서의 과학기술 공약

대통령 선거과정이나 취임 후에는 대통령의 국정 어젠다를 선정한다.

제14대 대통령 선거인 1992년부터 한국사회의 경제발전에 과학기술정책의 비중이 증대되면서 상당히 구체화된 과학기술정책이 제시되기 시작하였다. 대통령 후보가 과학기술인 초청 토론회에 직접 참여하여 연설도 하고 공약도 제시하게 되었다.

박정희 대통령의 과학입국에서 시작하여 노태우 대통령 때부터 본격적으로 과학기술정책이 공약으로 만들어졌으며 이후 대통령 후보의 과학기술정책의 중요성은 더욱 커져 가다가 '과학기술 중심 사회'를 주장한 노무현 대통령 이후 과학기술 공약 제시의 중요성은 더욱 커졌다.

제14대 김영삼 후보는 '정보화를 통한 신한국 창조'를 제시하였고, 제15

대 김대중 후보는 '국가 정보화'를 강조하였다. 그 이후에는 과학기술정책 범위가 더욱 넓어져 과학기술 전반을 포괄하는 공약이 제시되었다. 제16대 노무현 후보는 '과학기술 중심 사회 구축, 제2의 과학기술입국'이었고, 제17대 이명박 후보는 '국제과학비즈니스벨트 구축'이었으며, 제18대 박근혜 후보는 '창조경제'였다.

실제 김영삼 민자당 대통령 후보는 1992년 11월 제14대 대통령 후보 공약으로 신한국 창조를 위한 대선 공약을 발표했는데, '도약하는 과학기술', '활기찬 경제'를 이룩하기 위해 체신부를 정보통신부로 확대 개편하며 「정보산업육성특별법」을 제정하고 청와대에 정보통신비서관을 설치하겠다고 밝혔다. 이 당시 김영삼 후보는 1가구 1단말기와 휴대용 무선전화 이용의 보편화를 강조하였고, 김대중 후보는 정보 이용과 소프트웨어 산업 육성을 공약하였다.

결국 김영삼 대통령이 1993년 2월 취임한 이후 1994년 12월 정보통신부가 출범하였다. 무선통신 시대의 개막이라는, 우리나라 IT 산업 육성에 매우 중요한 첫걸음이 시작된 것이다. 김대중 대통령은 모든 국민이 정보를 활용할 수 있도록 막대한 예산을 투자하여 전국에 초고속 인터넷망을 설치함으로써 IT 선진국으로 도약하는 인프라를 구축하였다.

노무현 후보는 과학기술정책과 정보통신정책을 분리하여 공약하였지만 대통령이 당선된 이후 인수위원회 과정에서 두 분야 공약을 결합하여 '과학기술 중심 사회 구축' 과제로 구체화한 후, 과학기술의 시스템 혁신(National Innovation System)으로 IT와 과학기술 국정지표를 마련하였다. 즉 IT와 과학기술의 발전을 시스템적으로 혁신하고 국가 산업 전반을 지식기반으로 변화시켜 혁신 생태계를 만들고 차세대 성장동력을 육성하겠다는 것이었다.

제16대 대통령 선거 때까지 진행된 과학기술정책은 비교적 포괄적이고 시스템적으로 접근했으므로 대통령이 추진하려는 빅 프로젝트를 별도로 공약하지는 않았다. 그런데 이명박 후보가 제17대 대통령 선거과정에서 대통령의 2대 프로젝트를 제시했다.[1] 하나는 신재생에너지 기술개발이었는데 결국은 흐지부지되었고, 다른 하나가 바로 국제과학기업도시 벨트 조성이었다. '국제과학기업도시 벨트 조성'이라는 공약은 과학기술계에서조차 그 개념 정립이 잘 안 되어 혼란을 주며 논의 과정에서 계속 변형되었다.

사실 과학비즈니스 벨트 공약은 처음 제안될 때에는 상당히 독특한 내용이었다. 2000년대 초부터 막대한 예산이 소요되는 이론물리학 연구에 필요한 가속기 설치 등 대형 프로젝트를 제안해오던 서울대 민동필 교수 등이 랑콩트르라는 모임을 구성하여 2005년에 대권 후보들에게 '과학도시'를 제안한 것이 시작이었다.

이 제안을 들은 이명박 후보는 '과학비즈니스 도시'라는 개념으로 확장하도록 조언하였고 그것을 바탕으로 공약 작업이 시작되었다. 이후 이 모임에 예술, 철학 및 경영학계 등이 추가되면서 '은하도시 포럼'으로 확장되었고, 포럼 관계자들이 이 후보와 함께 스위스 유럽입자물리연구소(CREN)와 일본의 고에너지가속기연구소 등을 방문하면서 공약을 발전시켰다. 최종적으로는 법령에 제시된 것처럼 국제과학 비즈니스벨트의 조성 및 지원을 통하여 중이온가속기 건설, 기초과학연구원 설립 등 세계적인 수준의 기초연구환경을 구축하고, 거점지구와 기능지구를 조성하여 기초연구와 비즈니스가 융합될 수 있는 기반을 마련한다는 것이다. 특히 기업 프렌들리를 강조하던 이명박 정부의 기조와 맞춰서 기초연구와 기업 지원 연구를 융합한 것이었다. 당초에는 2017년까지 완성하기로 하였으나 4년 연장되어 2021년까지 완성하는 것으로 되었고 소요되는 총예산은 5조 7471억 원이다.

중이온가속기는 과학벨트 핵심 기초연구시설인 부지 매입비를 포함하여 1조 4445억 원이 소요되어 2021년 완성을 목표로 하고 있다. 이후 중이온가속기를 유지, 운영하는 비용까지 포함하면 매우 막대한 예산이 소요될 것이다.

## 좋은 대선 공약은 국가를 업그레이드시킨다

물론 아직 과학 비즈니스벨트 사업을 평가하기에는 이르지만 이 사업은 진행과정에서 많은 문제점이 지적되었는데, 상당한 기간의 수정·보완 작업을 거쳐서 현재에 이르게 된 점을 고려하면 무난하게 진행된 사업은 아니다.

초기에 사업을 제안한 교수들은 아마도 별도의 지역에 은하도시를 건설하고 싶어 했겠지만 행정중심 복합도시와 세종시 등 여러 가지 정치적 사안들이 결합되어 더욱 표류한 측면도 있었다.

그러나 근본적으로는 이 공약은 대통령 선거과정에서 제시되는 빅프로젝트로서 과학기술 특정 분야의 연구시설인 가속기를 세계 최고 수준으로 건설하자는, 기초연구 시설을 한곳에 집적시켜 과학기술인의 은하도시를 건설한다는 계획에서 출발했다.

1973년 대통령의 지시로 대덕과학연구단지가 만들어져 정부출연연구소가 집적되었고 매년 수조의 연구비가 투입되면서 과학기술의 메카가 되었지만 아직도 산업 지원기능이 미흡하다는 평가를 받는 상황에서, 또 다시 순수기초과학 중심의 과학기술 집적단지를 건설한다고 해서 과학기술의 발전과 산업화가 활발하게 이루어질지는 미지수이다.

박근혜 후보도 과학기술 공약으로 창조경제를 제시하였는데, 이는 '과학기술에 창의성을 증진시키며 창의적 아이디어만 갖고도 사업화가 가능한 구조를 만들어 기술형 중소기업의 창업 및 육성을 전국적인 수준에서 적극 지원하겠다'는 방안이었다. 물론 중소기업 지원은 소수 대기업 중심의 한국경제 구조 속에서 일자리 창출과 소득 불균형을 해소하기 위해 필요한 지역 혁신정책이었다. 그러나 이는 최근에 전 세계적으로 벌어지고 있는 제4차 산업혁명 시기에 대통령 어젠다로 설정된 정책이라는 측면에서 정책의 대상이나 범위 및 수준이 매우 협소했고, 효과 면에서도 상당히 제한적이었다.

결국 국가 차원에서 범정부적으로 추진될 수 있는 포괄적인 공약이 아니었으므로 산업구조개혁 및 인력정책과 연구개발정책 등 시스템적 차원에서 추진되어야 할 혁신적 산업정책은 파편화되어 버렸다. 미래와 창조를 강조하면서 만든 창조경제의 주무 부처인 미래창조과학부는 단시일 내에 산업화를 통한 투자 효과를 내기에는 어려운 기초 혹은 응용 분야의 연구개발 업무를 주로 담당하는 행정 부서를 근간으로 출발한 부처였기 때문이다. 창조경제정책을 효과적으로 이끌어낼 수 있는 수단이 별로 없는 부서에 혁신정책 업무가 부여된 것이다. 특히 세계적인 ICT 혁명에 따라 방송통신 규제와 방송통신 산업 육성 업무가 융합되었다. 결국 기초연구도 놓치고, 창업 및 중소기업의 성과도 크지 않은 구조가 되어버린 것으로 판단된다.

또한 제4차 산업혁명으로 일컬어지는 급변하는 시대 속에서 통신은 새로운 혁신이 매우 빠르게 일어나는 영역임에도 정치적 영향을 크게 받는 방송정책 차원에서 규제된다는 점도 지적할 수 있다. 방송통신 규제정책이 산업정책과 함께 집행되는 구조 속에서는 어쩔 수 없이 정치적인 목소리가 큰 방송정책과 규제정책에 매몰되기 쉽다.

물론 지금은 정부가 성장동력을 직접 만들 수 있는 시대는 아니다. 정부는 장기적인 기반이 될 수 있는 분야를 폭넓게 지원하고 땅에 뿌려진 씨앗이 자라서 열매를 맺을 수 있는 좋은 토양을 만들고 거름을 주는 기반을 조성할 뿐, 식물을 길러 수확하는 노력은 이제 민간 영역에서 담당하게 되었다. 그만큼 정부는 국가의 혁신 시스템이 효과적으로 잘 작동하고 있는지, 즉 성장할 만한 싹이 제대로 자랄 수 있는지, 죽어야 하는 싹이 기생하여 연명하고 있지는 않은지, 강탈이 횡행하여 공정한 경쟁관계를 훼손하고 있지는 않는지 등 시스템적 요소들이 제대로 작동하는지를 점검하면서 지속적으로 보완해나가야 한다. 전체적으로 균형과 조화를 잘 유지하고 혁신적 성장이 가능한 경쟁과 생존이 공존하는 건강한 생태계를 만드는 역할을 해야 한다.

그렇기 때문에 대선 과정에서 제시되는 빅프로젝트 차원의 대통령 공약은 매우 중요하다. 이제 어느 대통령 후보도 과학기술 공약을 제시하지 않을 수는 없는 시대가 되었다. 세계 모든 국가에서 과학기술이 경제성장에 더욱 중요한 수단이라는 점, 또한 어떤 가치를 담고 있는 과학기술정책을 활용하느냐에 따라 경제성장의 방향도 좌우될 수 있다는 점이 인정되기 때문이다.

## 3절
# 포퓰리즘적 대통령 공약은 오류 가능성 높다

김영삼 대통령, 김대중 대통령, 노무현 대통령, 이명박 대통령, 박근혜 대통령으로 이어오면서 중반기까지는 비교적 세계적인 사회적 변화가 반영된 공약을 제시하고 임기 내에 성공적으로 추진되었기에 오늘날의 IT 기반 확충과 산업화가 성공을 거두게 되었다.

이명박 대통령과 박근혜 대통령은 다소 독특한 과학기술 공약을 제시한 경우로 보인다. 이명박 대통령 임기 중에 과학비즈니스 벨트 공약이 정책으로 추진되기는 하였지만 세종시 변수가 있었던 점을 감안하고라도 무난하게 추진된 정책은 아니었다. 또한 창조경제는 박근혜 정부 출범 3년차가 넘어서까지도 창조경제가 무엇인지 모르겠다는 볼멘소리가 나오고 있었고, 이 정부가 끝나면 없어질 정책으로 여기는 분위기가 팽배하다. 박근혜 정부 초기에 기업과 연구원을 비롯하여 국민들은 창조경제를 애써 공부해봐도 실체를 모르겠다는 의견이 많았다. 최근 박근혜 - 최순실 게이트에서 창조경제혁신센터가 재벌 대기업과 대통령이 직거래를 하던 창구로 활용되었다는 수사 결과를 접하면서 창조경제를 이해해보려고 노력했던 사람들은 허망하기까지 하다.

왜 이런 공약들이 나오게 되었을까? 각각의 대선 캠프에서 공약이 만들어지게 된 내막이 다 알려지지는 않았지만 가장 근본적인 이유로는 현재의 상황 진단과 미래 변화 및 정권의 역할 등에 대한 분석이 다소 미흡했기 때문이다. 또한 공약 수립과정에 한정된 범위이겠지만 공약 검증이 공개적으로 제대로 이루어지지 않았을 수도 있다. 특히 일부 개인의 아이디어에 대한 의존도가 지나치게 높거나 혹은 개인의 학문적 욕구가 공약에 반영되어 나타나는 경우를 가장 경계해야 함에도 이런 개인적 희망사항을 잘 걸러내지 못한 채 그대로 공약에 반영되는 경우가 있다. 중이온 가속기가 핵심이었던 과학비즈니스 벨트의 초안이 이런 지적을 많이 받았다.

그 외에도 대선 정책을 선명하게 강조하기 위해 선정적인 공약을 제시하는 경우도 있다. 기술 선진국에서는 과학기술정책으로서 혁신정책의 개념을 변경하지 않는다. 그런데 우리나라는 이명박 정부 출범 후 모든 정책에서 '혁신'이라는 단어를 빼라고 했다는 말이 있는데 이런 것이 바로 정책의 선정성이라 하겠다.

창조경제 공약도 마찬가지이다. 창조는 혁신을 위해 반드시 필요한 기반인데 창조와 개인의 창의성을 지나치게 강조하려다 보니 명칭은 남아 있지만 개념상 혁신이 약화되었다. 재벌 대기업에게 창업 기업의 멘토가 되라고 하는 창조경제혁신센터는 관치경제 시대에나 성립할 수 있는 구시대적 사고에서 비롯된 정책인데 최근 뒷말이 무성한 것을 보니 그 이유를 짐작할 만하다.

창업도 중요하지만 이보다 더 절실한 것은 창업 후 그 기업이 살아남아 중소, 중견기업으로 성장하는 제도적인 기반을 확충하는 문제인데, 우리나라에서는 개인 창업에만 지나치게 큰 방점이 찍혀 있다. 창업 지원으로 인한 거품이 언젠가 정부에게 큰 부담으로 작용할 가능성도 있으며, 또한 정부 연구개발비의 비효율성의 주범이 될 가능성도 있다.

청년 창업 등 정부의 창업자금 지원을 받은 기업 중에서 이미 자본 잠식이 진행되는 등 부실기업이 되는 경우가 크게 증가하여 결국 정부 손실액이 눈덩이처럼 커질 것을 우려하는 목소리가 높은 현실이다.

노무현 후보 캠프에서도 과학기술 공약으로 빅 프로젝트를 제시할 것인가를 의논한 적이 있지만 공약 수립에 참여한 과학자의 수가 적었고, 공약의 속성상 기밀을 유지하면서 생산되기 때문에 의견 수렴 절차가 충분하지 않다는 우려 때문에 빅프로젝트 공약을 포기하였다. '과학기술 중심 사회 구축'을 통한 '제2 과학기술 입국 실현'으로 보다 포괄적이면서 중립적이고 보편적인 공약을 유지한 이유이다. 대통령 당선자 시절에도 차세대

성장동력을 선정하려고 욕심을 내보았지만 짧은 시간에 소수에 의해 진행될 수밖에 없다는 정책결정구조의 한계 때문에 포기한 바 있다.

4절

## 바람직한 대선 공약 만들기

공약이나 정책은 명료하고 부연 설명이 없어야 성공할 가능성이 높다. 특히 가장 경계할 부분은 소수의 견해가 공약에 반영되는 경우이다. 선거 공약을 제시하는 과정을 보면 정치성향이 높은 소수 교수들이 후보의 주위에 모여 공약을 만들어 제시하게 된다. 과학기술 공약도 마찬가지로 보인다.

경제 및 사회 정책 등 다른 분야와 달리 과학기술인들이 정치 참여를 하는 경우, 과학기술정책을 수립하거나 경제와 산업 분야에서 충분히 훈련되고 정보를 얻는 등의 경험이 거의 없이 과학기술의 전공 분야에만 집중하고 있던 사례가 많다. 그래서 개인의 이상적인 아이디어 수준의 정책 제안이 많으며 이것을 정책으로 정교하게 체계화하는 과정이 필요한데, 사실 선거 과정에서 이러한 체계적인 작업이 이루어지기를 기대하기란 쉽지 않다.

사실 참여정부의 과학기술정책은 선거과정에서 후보와 함께 충분히 다듬는 과정을 거쳤다. 실제 오랫동안 과학기술계에서 숙원사업으로 논의되었으며 관련 정책 연구들도 많이 이루어진 비교적 비중 있는 주제들을 의제로 채택하여 그동안 연구되고 논의되었던 다양한 방안들을 놓고 후보 및 관련 정책 전문가들이 참여하는 자리에서 논의하여 의제들의 방향을 설정하고 공약으로 다듬는 과정을 거쳐 공약으로 제시했다.

그런데 후보와 이러한 과정을 거치는 공약이 실제 얼마나 있겠는가? 당시 노무현 후보는 도시락 점심을 먹으면서 이런 과정을 반드시 거친 후 공약을 제시하도록 정리해주었다. 그동안 과학기술계에서 나온 정책 보고서는 거의 대부분 간략하게 보고를 받고 쟁점에 대해 의견을 피력해주었기에 방향을 정립할 수 있었던 것이다.

사례를 하나 들어보자. 당시에는 '과학기술계 컨트롤타워와 과학기술수석 설치'가 과학기술계 숙원이었다. 국민의 정부에서 과학기술계 컨트롤타워를 만들기 위해 국가과학기술위원회를 설치하고 민간인을 위원장으로 임명하였지만 역할이 미흡하고 과학기술계 예산 조정이 원활하지 않아 이를 강화하는 것이 필요했다. 즉 이렇게 과학기술계에서 오랫동안 논의되고 어느 정도 방향성에 공감대가 형성되어 있었던 주제들을 중심으로 후보의 정치적 의지를 담아 공약으로 만들어낸 것이다. 그럼으로써 역사상 처음 대통령직 인수위원회에 과학기술인이 인수위원으로 임명될 수 있었고, 청와대에 과학기술수석 대신에 '정보과학기술보좌관'이 신설되었으며, 집권 후 '과학기술부총리제'까지 발전하면서 공약이 실현될 수 있었다. 그 결과 인수위에서 제시하는 과학기술정책 추진방안이 구체적이어서 집권 후에 바로 공약을 정책화할 수 있었다. 5년 대통령 재임 기간 중 3년 안에 대부분의 정책 기획이 완료되었다. 그럼에도 과학기술 의제들은 전반적으로 내용이 어려웠다는 평가였으며, 많은 정책 제안들을 해놓았지만 행정으로 정착시키는 일이 쉽지 않았다.

'과학기술 중심 사회'를 공약한 노무현 대통령은 참여정부의 12대 국정과제 중 하나로 이를 채택하였다. 과학기술정책을 연구하는 학자인 정병걸 교수와 성지은 박사는 참여정부의 과학기술정책을 분석한 「과학기술과 상징정치」라는 논문을 한국정책과학학회보에 실었다.[2] 이들은 논문에서 공공정책으로서의 과학기술정책은 계획의 전시성과 희망적인 미래지향적 특성으로 상징정치의 기제로 활용될 가능성이 있다는 점을 밝히고 있다. 특히 참여정부는 합리성의 산물인 과학기술정책을 성장과 발전의 상징적 이미지로 활용하여 정치적 지지와 정당성을 강화했다는 평가이다.[3] 1980년대부터 과학기술정책의 중요성이 지속적으로 강조되었지만 참여정부가 경제성장의 동력으로서 과학기술 육성을 국정 지표로 선정한 것은 정부 수립 후 처음 있는 일이라는 것이다. 특히 과학기술부를 부총리 부처로 격상시킨 것은 과학기술에 대한 관심과 의지를 표명하는 극적인 사건으로 평가했다.

논문에서는 2003년 5월에 확정한 '참여정부의 과학기술기본계획'에 제시된 국정과제 목표가 현실적으로 매우 달성 불가능한 어려운 목표를 정했으므로 '이상적인' 목표제시라고 판단되어 '상징적 활용의 의도'를 발견하였다고 주장했다. 그러나 실제 2007년 말 통계자료[2)]를 이용하여 평가해보면 거의 대부분의 목표가 달성되었으며, 초과 달성한 부분도 있다.

참여정부에서는 '과학기술 중심 사회 구현'이 성장과 미래비전으로서의 상징성과 함께 실질적인 추진전략으로 국가과학기술 혁신체계 구축(National Innovation System)을 제시했다. 이를 통해 기술혁신이 효과적으로 확산되어 재생산될 수 있도록, 즉 기술을 혁신의 성장단계로까지 발전시키겠다는 목표를 설정하고 그 달성을 객관적으로 평가할 수 있는 성과지표도 제시했다. 특히 대통령 선거 과정에서의 공약, 대통령직 인수위원회 과정에

---

2    정병걸·성지은, 「과학기술과 상징정치: 참여정부의 과학기술정책을 중심으로」, 《한국정책과학학회보》(2005), 9(1), 27~48.
3    같은 글.

표 I-1 참여정부 과학기술의 발전목표 및 달성 여부

| | | | 2001년 | 2007년 발전 모습(목표) | 2007년 결과 | 달성 여부 |
|---|---|---|---|---|---|---|
| 투입 | 투자 | 총연구개발비 | 161,105억 원 | 303,343억 원 | 313,014억 원 | 초과 달성 |
| | | 정부부분 R&D 예산 | 4조 2,689억 원 | 35조 3,316억 원 (03~07) | 31조 91억 원 | 근접 달성 |
| | | 정부 R&D 예산 중 기초연구 투자 비율 | 17.3% | 25.0% | 25.3% | 초과 달성 |
| | 인력 | 연구원 수 | 178,937명 | 250,000 | 289,098 | 초과 달성 |
| | | 인구 만 명당 연구원 수 | 37.8명 | 40.44명 | 45.8명 (상근 기준) | 초과 달성 |
| 산출 | 특허 | 내국인 국내특허 등록 비율 | 65.0% | 75.0% | 74.1% | 근접 달성 |
| | | 해외특허취득건 수 | 7,942('99년) | 20,000 | 14,971 | 다소 미달 |
| | 논문 | SCI 게재 편 수 | 14,673 | 33,000 | 29,595 | 근접 달성 |
| | 기술 무역 | 기술수지 | 0.07 | 0.33 | 0.43 | 초과 달성 |
| 국가 기술혁신 단계 | | | 창조적 기술혁신 진입 단계 | 창조적 기술혁신 성장 단계 | 기술혁신 성장 | |

서 구체화된 정책을 반영하기 위해 기존의 과학기술 기본계획을 변경하였고, 국정과제로서 과학기술 중심 사회 구축을 위한 구체적인 목표 설정으로 일련의 과정을 거치면서 추진했다.

대부분의 성과지표가 목표에 도달한 것으로 보아, 구체적인 국정과제를 제시하여 전 국가적인 범위로 추진력을 확대하여 실질적으로 과학기술계와 산업계에서 많은 호응을 얻어 무난하게 목표 달성에 이르렀다고 판단된다.

사실 과학기술정책은 선거 과정에서 누락되는 분야는 아니지만 그렇다고 이목이 집중되는 정책까지는 아니다. 물론 2012년 대선에서는 경제민주화와 복지가 주요 의제로 자리 잡으면서 과학기술정책은 거의 주목받지 못했고 특히 정부출연연구원에 대한 정책적 비중이 매우 큰 편이었다. 야당에서는 문재인 후보와 안철수 후보 간 지루하게 진행되었던 단일화 논의로 사실 주요 정책이 거의 실종되었던 선거였다.

그러나 최근 과학기술의 빠른 발전으로 사회 전반과 생활 자체가 바뀌면서 과학기술 혁신이 오히려 일자리 감소를 유발하고 세계적인 규모에서 국경 없는 승자 독식 사회를 만들어나갈 것이라는 우려와 함께 중산층의 소득구조를 급속도로 악화시킬 가능성이 높다.

따라서 과학기술정책은 연구개발비 투자와 사용 및 세부적인 과학기술 육성의 범위를 넘어서 국가의 지식 자산을 어떻게 육성하고 어떻게 나누어 확산하고 활용할 것인지, 사람을 어떻게 지식자산과 결합하여 건강한 네트워크를 형성할 것인지, 또한 소득을 생성하고 나누고 소비하는 구조를 어떻게 만들어갈 것인지 등 포괄적인 관점에서 출발하여 세부적인 정책을 수립하는 체계적인 접근이 필요한 정책이다. 그러나 아쉽게도 과학기술정책을 총체적인 범위에서 접근하려는 시각은 매우 부족하다.

우선 과학기술정책을 통한 성장이 어떤 성장인가에 대해 고민해야 한다. 소수에게 몰아주는 성장인가, 아니면 함께 나누는 성장인가? 어떤 산업구조로 갈 것인가? 어떤 경제구조로 갈 것인가? 우리는 박정희 대통령의 산업화 시대를 거쳐 소수에게 몰아주는 성장전략을 통해 상당 기간 경제성장에 성공했고 베이비붐 세대를 충족할 정도의 일자리도 제공했으므로 소득을 통한 부의 재분배가 어느 정도 가능하게 되었고, 계층 간의 이동과 성공의 사다리도 어느 정도는 작동했기에 '개천에서 용이 나오'기도 했다. 물론 대기업 중심으로 기업이 성장하였지만 신규 고용이 빠르게 증가하면서 소득분배도 어느 정도는 건강한 편이었다. 지금의 중년, 혹은 노년 세대는 대부분 개천에서 나온 용들임을 부정할 수 없다.

그러나 지금 시대는 많이 달라졌다. 한국은 세계 어떤 나라보다도 부의 세습이 고착화된 나라가 되어버렸다. IMF 외환위기를 거치면서 재벌 대기업 집단의 수가 크게 줄었고, 기술혁신과 구조조정으로 대기업의 고용도 거의 증가하지 않았으며, 간접고용과 비정규직 등 고용의 질이 악화된 고용구조 속에서 금수저 - 흙수저로 양분되는 계층의 고착화가 큰 사회문제가 된 지 오래이다. 산업화 시대 수준의 빠른 성장에 목마른 기득권층에서는 사회적 구조를 더욱 유연하게 만들어 소수에게 몰아주면 빠르게 성장할 것이라고 기대하지만 실제로는 작동하지 않을 것이다. 지금 한국의 문제는 성장의 계층과 범위가 너무 협소하다는 점이다. 사실 취약 계층에서조차도 복지 확대보다는 경쟁 중심의 성장정책을 더 선호하는 성공 욕망이 나타나는데 이는 산업화 시대의 향수가 그대로 남아 있기 때문이다.

그러나 부모 시대에 누렸던 고도성장은 이제 우리나라의 경제수준을 비롯한 현대사회의 지식기반 중심의 혁신 추세 등 여러 측면에서 볼 때 거의 불가능한 상황이다. 산업 간 양극화, 지역 간 양극화, 계층 간 양극화, 규모 간 양극화 등 양극화가 세계적으로도 크게 확대되면서 이를 극복할 동력을 찾지 못한 채 고착되고 있다. 문제는 양극화의 간격을 좁히자는 주장에 따라서 국제기구를 비롯한 진보적 경제학자들이 주장하는 포용적 성장을 우리나라에서 제도적으로 고민하고 선거 과정에서 공론화하며 정책의 추진력을 확보해야 하는 일이다. 바로 이런 정도의 총체적인 성장전략이 선거과정에서 논의되어야 한다. 소수의 의견에서 만들어진 인기영합적인 대선 공약으로 과학기술정책을 채우기에는 정책의 중요성이나 비중이 너무 커졌다. 국가 성장전략으로서 과학기술정책이 산업정책과 결합되고, 교육·노동·복지 등을 비롯하여 지역 균형발전 정책과도 결합된 포괄적 정책으로 큰 그림을 그려야 할 것이다.

제3장

# 한국사회에 필요한 성장모델 만들기
### 소 득 을 키 우 는 확 장 형 포 용 성 장

 

한국사회에서는 대선과 총선을 거치면서 박근혜 정부의 창조경제뿐만 아니라 포용적 성장, 소득주도 성장, 공정성장론, 더불어 성장, 창조경제 등 다양한 경제성장 모델이 제시되고 있다. 특히 최근 제1야당이 분열되면서 민생정치를 표방하기 위해 각 당의 성장론과 함께 상대 당의 성장론의 한계점을 지적하고 있다. 예를 들면 국민의당 안철수 전 대표는 시장정의에 입각하여 경쟁의 룰이 공정해야 함을 강조하는 '공정성장론'을 주장한다. 민주통합당의 대통령 후보 시절부터 새정치민주연합의 당 대표시절까지 문재인 전 대표는 줄곧 '포용적 성장'을 비롯하여 분배 구조 강화를 기반으로 한 '소득주도형 성장'을 강조하였고, 이후 더불어민주당에서는 우리나라 경제 민주화의 초석을 놓았다는 김종인 전 비상대책위원장은 '더불어 성장론'을 강조하였다. 사실 최경환 의원도 경제부총리 재임 시절 경제 활성화를 위해 최저임금을 인상해서라도 '소득주도형 성장'을 만들어야 한다고 주장한 바 있다.

이러한 양상은 단지 우리나라의 선거 과정에서만 이루어지는 것은 아니다. 실제 APEC을 비롯하여 유럽연합(EU)에서도 회원국 지역의 경제성장을 이끌어줄 성장모델을 제시하고 있다. 각각의 입장이 다소 다르기 때문에 제시하는 성장 모델에 다소 차이가 있지만, 지속적으로 기술혁신과 인재양성 및 신규 고용창출을 강조한 경제모델을 제시한다는 점은 같다. 모두 과학기술혁신을 강조함과 동시에 APEC에서는 아시아 태평양 블록의 자유무역을 위한 경제모델을 강조하고 있고, 유럽연합은 경제 및 사회의 통합을 위해 노동의 이동성을 강조하며, 또한 유럽에서 해마다 열리는 세계경제포럼인 다보스 포럼에서도 역시 노동의 이동성을 강조하고 있다.

김종인 전 비상대책위원장은 기자간담회(2016.2.10)에서 "안철수 대표의 공정성장론은 시장의 정의만 말하는 것이다. 그러나 시장의 정의만 갖고 경제문제 해결이 안 된다. 시장정의, 사회정의가 조화를 맞춰야 하는데, 그게 포용적 성장이다"라고 말했다. 특히 공정성장론은 착취적 성장으로 갈 수 있다고 비판했다. 즉, 성장에는 사회적 정의가 필요하다는 것을 강조한 것이다.

과학기술정책에서 담아야 할 내용은 과학기술혁신을 통해서 어떤 성장을 추진할 것이며(재벌 대기업 집중 성장인가 중소기업 지향형 성장인가 등의 성장 전략), 또한 성장의 성과물을 어떻게 사회적으로 나눌 것인가(고용과 조세 등을 통한 분배), 과학기술혁신의 원동력인 지식을 누가 갖도록 할 것인지(인재 양성과 재교육 및 평생교육 시스템), 시장에서 경쟁력이 약한 주체들이나 영역(중소기업과 사회적 약자 및 지역 균형 발전 등)은 물론 시장원리로는 실패할 수밖에 없는 영역(순수 기초연구, 안전과 재해예방 및 복지 분야 등의 과학기술 공공 연구 영역)을 어떻게 보완할 것인지에 대해 방향성을 설정해야 한다. 시장적 정의와 사회적 정의 사이에서 어떤 가치 체계로 어떻게 적절하게 조합할 것인가가 포함된 종합적인 정책이어야 한다.

경제성장론에서 설명하는 경제성장의 세 가지 요인은 노동, 자본, 기술(총요소생산성)이다. 노벨 경제학상 수상자인 폴 크루그먼(P. Krugman) 등여러 경제학자들의 주장을 보면 우리나라를 비롯하여 중국 등 동아시아국가의 눈부신 성장은 주로 노동과 자본의 투입을 통하여 이루어졌다는것이다.

한국은 IBRD 등 외국으로부터의 차관을 비롯하여 다양한 유형의 차입금과 수출 이익금 등 국내외로부터 많은 자본 유입을 이끌어내면서 결국 과잉투자로 IMF 외환위기를 겪을 정도로 많은 자본이 투입되었다. 또한 6·25 전쟁 이후 베이비붐을 타고 태어난 세대들이 경제가 급성장하는 데 필요한 노동력을 충분하게 공급하였다. 또한 모방형 경제성장 모델에는 매우 효과적으로 작동했던 해외로부터의 모방을 통한 기술습득으로 충족되어 '한강의 기적'으로 일컬어지는 빠른 성장을 달성할 수 있었다.

실제 경제성장 요소 중 자본을 관리하는 것은 소득과 금융 등 거시적 경제정책 범위이다. 또한 노동 요소는 교육과 복지, 고용 등 사회 분야에 대한 미시적인 정책을 통해 관리할 수 있다. 총요소생산성은 노동, 교육, 복지 등의 사회적 요소와 함께 연구개발 정책, 지적재산권 관리, 산업정책, 지역 정책 등의 영역 외에도 벤처 캐피털 및 기술 금융 등 다양한 요소가 종합적으로 작용하도록 관리되어야 하는 영역이다.

총요소생산성을 강화하기 위해서는 거시적 정책뿐만 아니라 개별적 사회 정책을 합목적적으로 관리하는 미시적인 전략이 필요하다. 특히 총요소생산성 관리를 위해서는 국가의 많은 자원이 동원, 관리, 배분되어야 하므로 누가 어떤 가치관으로 이 방향성을 설정하느냐가 매우 중요하며, 또한 어떤 절차를 통해 이것이 결정될 수 있는 구조를 갖느냐도 중요하다.

즉 미시적 관리를 위한 국가의 정책결정 구조인 거버넌스 구조가 중요해진 이유이다. 특히 현대사회로 진입한 이후 경제성장의 원동력인 과학기술정책을 어떻게 결정할 것인지에 관련된 과학기술정책 거버넌스가 중요해졌다. 대부분의 국가가 범정부적 조정기구로서 '국가과학기술위원회'를 구성하여 운영하는 이유이다.

우리나라는 참여정부에서 미시적 경제정책의 기획, 조정 역할을 위해 '과학기술부총리제'를 도입하여 실시한 바 있다. 한국이 미시정책 총괄의 거버넌스 구조를 만들었던 실험을 OECD 등에서 관심 있게 지켜보고 있었다. 그러나 거버넌스는 정착도 되기 전에 해체되었다.

참여정부의 미시경제적 혁신정책 총괄 수준의 과학기술 정책은 이명박 정부에서 연구개발 관리 정책의 범위로 떨어졌다. 또한 박근혜 정부에서도 연구개발 관리 정책의 범위를 넘어서지 못했는데, 그 이유는 미래부에 '창조경제 추진'이라는 미시적 경제정책 총괄기능을 부여했지만 목표만 부여하였을 뿐 실질적인 거버넌스 중심의 실행적 구조를 갖추지 못했기 때문이다. 범국가적 차원에서 미시경제적 총괄 역할을 통해 추진해야 하는 '창조경제 추진'은 실제 실행되지 못했다.

우리나라가 시대적 요구를 반영한다면 어떤 성장 모델을 택해야 하는가?

1절
# 성장 친화적 경제성장은 한계가 있다

사실 참여정부 시절에 강조하였던 과학기술 분야 국정과제인 '국가과학기술혁신체계 구축을 통한 제2의 과학기술입국, 과학기술 중심 사회 실현'

은 유럽연합의 리스본 2.0(리스본 전략 수정안, 2005년 발표)과 유사하다.

리스본 전략 1.0은 유럽연합 15개국 정상들이 합의, 서약한 유럽연합의 통합을 완성하기 위하여 2000년에 설정한 장기적인 발전전략이다. 이는 2010년까지 새로운 고용 목표와 사회적 통합을 통해 세계에서 가장 경쟁력 있고 역동적인 지식기반 경제공동체를 만들겠다는 전략으로서, 더 많고 더 질 좋은 일자리를 창출하여 사회적 결속을 강화하고 지속가능한 성장을 달성하겠다는 목표와 함께 구체적인 지표로서 총고용률 70%를 제시하였다.[4] 특히 고용 취약계층인 여성 고용률은 60%, 55세에서 64세까지의 고령노동자 고용률은 50% 이상을 이룩하는 것도 목표로 하고 있었다. 좋은 일자리 창출을 목표로 제시하면서 인적 투자를 강화하여 교육과 훈련을 통해 취업 능력을 개선하고 개인의 시장성을 제고하여 취업 가능성을 높임으로써 빈곤과 사회적 배제를 제거하여 사회적인 통합과 결속 및 포용을 제고한다는 전략이었다. 즉 고용을 통해 사회적 결속을 강화한다는 고용정책과 사회정책이 연계된 정책 틀을 갖고 있었다.

그러나 2004년 3월 제출된 이행보고서를 보면 일부 성과가 있기는 했으나 2002년 고용은 64.3%로 2015년 고용 목표인 67% 달성이 어려울 것으로 판단하였고, 산업경쟁력과 경제성장률도 미흡하고 각국의 리스본 전략 이행률도 낮다는 분석 결과를 얻었다. 이에 따라 리스본 전략 수정안인 리스본 2.0을 만들게 되었다. 2010년까지 고용률 70%를 달성하기 위해 전략 목표를 보다 단순하게 만들어 '성장과 일자리(Growth and Jobs)'라는 목표를 부각시켰으며 GDP의 3%를 연구개발에 투입하기로 설정하였다. '성장'이라는 거시적 정책 목표와 '일자리'라는 고용정책 목표를 제시함으로써

---

4    김일곤, 「유럽연합 고용정책의 발전과정과 성격」, 《EU 연구》, 제38호(2014), 23~61.

이 두 가지 목표가 병합되었고 경제정책과 고용정책이 병합된 거버넌스 구조가 만들어졌으며 경제정책이 보다 강조되었다. 목표 달성을 위해 경제부서가 국가개혁 프로그램을 준비하면서 성장 중심의 고용전략이 강조된 것이다.

이어 리스본 2.1에서는 세계에서 가장 창조적인 경제구조를 만들기 위해 개인과 사회 및 교육과 기업 등 모든 부분에서 혁신과 창조성을 강조하게 되었다.[5] 특히 기존의 과학기술 및 공학 분야의 혁신 외에도 디자인과 예술 등과의 융합을 통해 창조성을 강화하고, 기업가적 기질을 육성하여 경쟁력을 강화하고 교육을 통해 개인의 역량을 강화하며, 또한 가치를 만들어 사업화할 수 있는 기회가 늘어나는 환경을 조성한다는 계획 등을 추가로 담고 있었다.

유럽 사회의 사회적 결속을 강화하고, 빈곤과 사회적 배제를 해소하며 적극적인 포용정책으로 모두를 어느 정도로는 충족시킬 최소 자원을 보장하기 위한 사회통합적 가이드 라인은 있어야 한다는 주장이 있었지만, 경제정책이 우선하는 분위기 속에서 크게 힘을 얻지는 못했다.

특히 고용 창출과 기업가 정신이 강조되면서 창업과 기업 확장을 방해하는 장애물을 제거해서 기업 부담을 덜어줘야 한다는 방향에서 탈규제와 연계되어 진행되었다. 또한 고용률을 높이기 위해 고용의 질보다는 양적인 확장에 더 집중하게 되었고, 노동의 이동성을 위해서 고용의 유연성을 더 강조하게 되었다.

---

5   박근혜 정부의 창조경제는 리스본 2.1의 일부를 떼어내 도입한 정책으로 판단된다. 문제점은 일련의 혁신정책 차원의 기반이 취약한 상태에서 창업과 문화, 디자인 등의 창조가 강조된 점을 들 수 있다. 특히 최근 드러났듯이 블랙리스트를 통해 문화계 재편으로 일탈행위를 보이기도 했다.

그림 I-2　교육 - 연구 - 혁신: 성장과 고용의 원동력

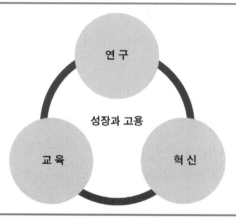

자료: 리스본 전략, 저자 재작성.

그러나 결국 2010년 목표 연도에서 볼 때 리스본 전략의 목표는 달성되지 못하였다. 물론 고용이 다소 개선되는 등 리스본 전략이 부분적인 성과는 있었다고 하더라도 연구개발 투자와 고용이 목표에 미흡한 것으로 판단하였다. 또한 미국의 금융위기와 유럽 경제위기의 여파로 산업생산이 1990년대 수준으로 감소하였고 실업자 수는 경제활동인구의 10%에 달해 그만큼 경제·금융위기를 극복하는 것이 절실하였다.

현재 우리나라는 성장 친화적 성장론 수준에 머무르는 형편이다. 연구개발 투자는 크게 증가하였지만 고용의 질은 개선되지 못한 채 성장 없는 고용으로 고용의 질은 악화되었다는 평가이다.

# 성장을 다시 생각하다: 포용적 성장

## 1. 나누고 넓히는 성장을 생각하다

2010년 6월 17일 유럽 정상회의는 이후 경제위기를 타개하고 유럽의 구조적 약점인 저성장·고실업·노령화 극복과 유럽의 지속적 성장을 추진하기 위한 경제발전 전략으로서 '유럽 2020(Europe 2020)'을 제시하였다. '유럽 2020 전략'은 5대 목표 3대 정책 방향으로 이루어져 있는데, 세 가지 성장인 스마트 성장(Smart Growth), 지속가능한 성장(Sustainable Growth), 포용적 성장(Inclusive Growth)이 그것이다. '유럽 2020 전략'에서도 어느 정도 성장 친화적인 리스본 전략의 취지도 유지했다.

5대 목표(Headline targets)로는 20~64세 고용을 현재의 69%에서 75%로 높이고 GDP 대비 연구개발 투자를 현 1% 수준에서 3%로 확대하여 민간 분야의 R&D 투자 여건을 개선하면서 혁신을 측정하는 새로운 혁신지수를 개발하기로 하였다. 온실가스를 1990년 대비 20% 감축, 재생에너지 비율을 20% 개선, 에너지 효율을 20% 개선하는 기후에너지 목표 20/20/20을 설정하기도 했다. 또한 조기에 학교를 중퇴하는 비율을 15%에서 10%로 감소시키는 목표를 세웠으며, 빈곤과 소외의 위험에 처한 빈곤선 이하의 유럽인 수를 2000만 명 이하로 감소시키겠다는 목표를 설정하였다.

이에 세 가지 정책 방향을 달성하기 위한 7개 선도과제가 2011년 1월에 제시되었다. 연구개발, 기후변화 대응 및 에너지, ICT 활용, 빈곤 퇴치, 새로운 숙련과 고용창출 등의 내용을 담고 있다. 초기에는 경제성장 위주로 논의되었지만 점차적으로 포용적 성장 분야로 논의가 확장되고 있다.

| 표 I-2 | 유럽 2020 전략의 3대 정책방향과 7대 선도과제 | | |
|---|---|---|---|
| 3대 정책 방향 | 스마트 성장 | 지속적 성장 | 포용적 성장 |
| 7대 선도 과제 | 혁신<br>〈혁신 공동체〉 | 기후, 에너지, 이동성<br>〈자원효율적 유럽〉 | 고용과 숙련<br>〈새로운 숙련 및 일자리 의제〉 |
| | 교육<br>〈역동적 청년〉 | 경쟁력<br>〈국제화시대 산업정책〉 | 빈곤과의 전쟁<br>〈빈곤 해소를 위한 유럽 플랫폼〉 |
| | 디지털 사회<br>〈유럽 디지털 의제〉 | | |

　‘유럽 2020 전략’의 7대 선도과제를 보면 크게 세 가지 분야로 나눌 수 있다. 첫째, 혁신 성장을 위한 과제로서, 과학기술의 연구 역량 강화, 연구개발 정책 체계 개선, 새로운 제품과 서비스를 개발하기 위한 혁신 강화, 정보통신 산업 육성 및 활용 확대 및 단일 시장 구축, 표준과 지적재산권 제도 정립, 디자인 수월성 제고, 브랜드와 서비스의 가치 창출, 중소기업 창업과 육성 지원, 금융 접근성 확대, 산업정책 추진, 시장 경쟁 촉진을 위한 경쟁정책을 추진하기 위한 정부보조금 활용, 담합 및 인수합병 통제 등의 정책 수단 활용 등을 들 수 있다.

　둘째, 교육 과제가 많이 포함되어 있는데, 청년의 교육프로그램을 지원하고 자기개발을 위한 기회를 확대하여 청년들의 취업 역량이나 창업을 지원하는 프로그램이 많이 제시되었다.

　셋째, 기후변화 대응 및 재생에너지 확대를 위하여 자원 이용의 효율성을 높이고 저탄소 경제로의 이행을 촉구하는 과제를 들 수 있다.

　포용적 성장은 2010년에 발표된 ‘유럽 2020 전략’에 포함되었지만 ‘유럽 2020 전략’ 자체가 성장 친화형 리스본 전략의 연장선상에서 제시된 것이어서 논의의 많은 부분을 차지하지는 않았다. 그러나 실제 경제위기를 거치면서 소득 격차가 심화되고, 빈곤이 해소되지 못했을 뿐만 아니라 상대적인 빈곤은 더욱 악화되었으며, 실업자의 수가 늘어나면서 일자리 위기가 현실화되었다. 그 결과로 경제적·사회적 불평등이 점차 심화되면서 유럽의 '사회적 통합'이라는 목표가 달성되기 어려워짐을 인식하고 포용적 성장이 점차 강조되기 시작하였다.

2009년 2월 세계은행(World Bank)에서 동반 성장 관련 논의 과정을 통해 제출된 자료에서 포용적 성장의 정의를 비교적 자세하게 설명한다.[6] 포용적 성장은 광범위한 성장(broad-based growth), 동반 성장(shared growth), 빈곤감소 친화적 성장(pro-poor growth) 등과 혼용해서 사용하는 개념으로서, 성장의 속도와 유형에서 성장 친화적인 성장과는 차이가 있음을 강조하고 있다. 물론 빈곤을 감소시키기 위해서 경제적 성장은 필수 불가결할 뿐만 아니라 중요한 요소이지만 빈곤은 정치·경제·사회적 취약성이 복합적으로 작용한 문제로서, 분배를 고려하지 않는 성장 지향적 경제성장(increasing GDP)은 빈부 격차를 심화시키고 소외계층을 증대시키는 부작용이 크다는 점을 강조한다.[7]

## 2. 고용친화적 성장: 소수집중형 탈피에서 시작하다

불평등은 지속적 성장을 저해한다. 그러므로 포용적 성장은 장기적인 측면에서 지속 가능한 성장이어야 하고, 많은 부문에 걸쳐 폭넓게 적용되어야 하며, 국가의 노동력의 많은 부분을 포용해야 한다. 즉 모든 사람들이 경제성장에 기여하도록 기회를 평등하게 부여해야 하며 또한 경제성장

---

6   *What is Inclusive Growth?* (2010, World Bank).
7   김진경, 「포용적 성장과 빈곤 감소」(2015), 제26회 개발협력포럼.

으로부터 수혜를 받아야 하는데, 이러한 수단이 바로 고용인 것이다. 고용은 성장의 동력인 동시에 빈곤 감소에 기여하기 때문이다. 이를 위해 성장을 위한 미시적 요소와 거시적 요소들 사이에서 직접적인 상호 연계가 이루어져야 하며, 일자리와 기업의 창조적 파괴를 포함하여 경제적인 다양성과 경쟁력을 위해 구조적 개혁이 중요하다.

특히 포용적 성장은 장기적인 측면에서 사회로부터 배제된 집단에게 소득을 제공하는 수단으로서, '소득재분배'보다는 '생산성 높은 고용'에 초점을 맞추면서 일자리 창출 역량을 더욱 강조한다. 포용적 성장에서는 직접적으로 일자리를 창출하는 한 가지 특징적인 목표에 초점을 맞추기보다는 일자리를 창출할 수 있는 역량(potential)을 강화하는 전략이 중요하다. 결국 이런 전략을 위해서는 성장의 요소들이 확산되어 다양성을 확보하고 더 많은 노동력이 그 과정에 효과적으로 포함되게 해야 한다.

우리나라처럼 소수 재벌 대기업의 IT 제조업 중심의 소수의 주력 산업에 의한 성장으로는 근본적으로 확산력이 없어 포용적 성장을 이루어내기 어렵다. 전통산업이 위기를 맞아서뿐만 아니라 집중형 산업구조로부터 포용적 성장이 가능한 경제·산업구조로 구조개혁이 진행되어야 한다.

2009년 APEC(아시아 태평양 경제협력기구) 정상회의에서 경제성장과 협력을 주도할 새로운 성장 패러다임으로 포괄적인 장기성장 전략(comprehensive long-term growth strategy)를 제시하기로 합의하였다. 이후 2010년 11월 일본 요코하마에서 열린 APEC 정상회의에서 5대 APEC 성장전략을 발표하였는데 이때 포용적 성장이 포함되었다.[8] 지속가능하면서 공평한 아시아 태평양 국가들의 강한 성장을 위해 제안한 5대 성장전략은 ①

---

8  APEC Growth Strategy in 2010, Asia Pacific Economic Cooperation.

**그림 I-3** APEC의 성장 목표

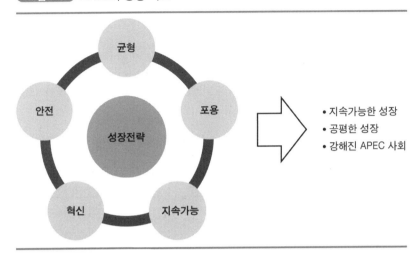

균형적 성장(Balanced Growth), ② 포용적 성장(Inclusive Growth), ③ 지속적 성장(Sustainable Growth), ④ 혁신적 성장(Innovative Growth), ⑤ 안전한 성장(Secure Growth)이다.

전 세계적으로 볼 때에도 실업률이 높아지면서 일부 국가에서는 청년 실업률이 50%에 달하고 상대적으로 저임금이 확대되었으며, 임시직과 시간제 및 영세 자영업의 비정형 근로(non-standard work)가 크게 증가하여 OECD 국가에서 전체 일자리의 33%를 차지하는 등 일자리 기회의 불평등이 점차 높아져 갔다. 특히 청년들의 고용 안정성이 낮아지면서 능력 개발 기회가 적은 임시직에 취업하게 되는 경우가 늘어났다.[9] OECD뿐만 아니라 2013년에는 IMF에서도 IMF 고용보고서(IMF Working Paper, WP/13/135)로 『포용적 성장: 측정과 결정(Inclusive Growth: Measurement and Determinants)』

---

9 윤영귀, 「OECD 포용적 성장(Inclusive Growth) 전략과 향후 과제」(2015).

| 표 I-3 | 포용적 성장의 주요 정책 방향 |
|---|---|
| 규범적인 개념 | • 경제성장과 분배, 복지를 강조한 개념<br>• 경제성장과 사회통합이 결합된 개념 |
| 주요 권고사항 | • 정책 수립 과정에서 다양한 계층의 여론 수렴, 사회적 합의 도출이 이루어져야 함<br>• 빈곤의 다면성으로 인해 포용적 성장 또한 교육, 보건을 비롯하여 금융, 거버넌스, 경제정책 및 규제, 노동, 복지 등 다양한 정치·사회·문화적 측면들이 종합적으로 검토되어야 함<br>• 공공분야 투자<br>• 교육 및 의료 등 공공서비스의 질적 제고 및 접근성 확대를 통해 계층 간 격차 완화<br>• 고용 창출, 고용의 질적 제고에 중점을 두어야 함<br>• 개인의 역량 강화를 위한 교육 기회 제공(평생교육, 직업교육 등)<br>• 사회 안정망 구축 |

을 발간했다.[10]

KOICA 민관협력실의 김진경 박사가 2015년 제26회 개발협력포럼에서 발표한 『포용적 성장과 빈곤 감소』라는 자료에서 포용적 성장을 표 1-3과 같이 정리하고 있다.[11]

2015년도 7월 최재천 새정치민주연합 신임 정책위 의장은 새정치연합 정책조정회의에서 새정치연합의 포용적 성장론인 '소득주도성장론'을 설명하면서 "평등과 혁신이 결합한 포용적 자본주의"라고 정책적 노선을 설명한 바 있다.

지금까지 성장과 함께 고용을 통한 사회적 통합을 위해서 국제적으로 논의된 '포용적 성장론'의 개념이 적용된 정책을 제시한 것이라고 보여진다. 그러나 결국 포용적 성장의 근본적 개념인 성장의 혜택을 균등하게 누리기 위해 성장이 보다 넓은 부문에서 확산적인 구조를 만들어내고 새로

---

10  Anand R., Mishra S. and Peiris S. J., "Inclusive Growth: Measurement and Deter-minants," *IMF Working Paper*(2013), WP/13/135.
11  김진경, 「포용적 성장과 빈곤 감소」(2015), 제26회 개발협력포럼.

운 고용이 창출될 수 있도록 잠재적인 역량을 확충해내는 정책으로까지 발전되지는 못한 실정이다. 특히 우리나라의 소수 산업 집중도, 소수 대기업 집중도, 소수 계층 집중도, 수도권 집중도 등 세계에서 그 유례를 찾아볼 수 없을 정도로 지나치게 집중도가 높은 경제구조를 개혁해낸 성과는 거의 찾아볼 수 없다.

## 3. 더불어 성장: 고용친화형 포용적 혁신성장을 만들자

세계경제포럼 보고서는 고용시장 불안을 타개할 수 있는 대책으로서 기술 변화에 대응할 수 있는 정책으로 교육 분야에서 그 해답을 찾을 것을 제안하고 있다. 즉, 기업과 정부는 향후 근로자들에게 어떤 기술을 갖게 할 것인지를 고민해야 한다고 강조한다. 근로자들이 새로운 고용시장에서 요구하는 기술을 갖도록 함으로써 제4차 산업혁명이 초래하는 고용시장 충격을 줄일 수 있도록 해야 한다고 지적한다. 특히 정부와 기업은 기존 근로자를 재교육하는 것이 가장 효과적인 고용시장 안정책이라고 진단했다. 직업 간 이동성을 높이고 직업 순환이 가능토록 하는 한편 여성과 외국인 근로자 고용을 늘리고 도제식 직업교육을 확산시키는 것도 대안으로 제시되었다. 반면 기술축적 효과를 낼 수 없는 단기 고용을 늘리거나 임시직을 늘리는 것은 바람직하지 않다고 지적하고 있다.[12]

앞으로 더욱 고도화된 종합적인 역량을 필요로 하는데, 현재의 교육 시스템으로 4년 이후 혹은 그 이후 미래 사회가 필요로 하는 개인 능력 육성

---

12 김병수·노승욱, "[ISSUE INSIDE] '4차 산업혁명' 화두로 제시한 다보스 포럼 기술융합發 '대변혁' 온다··· 일자리엔 재앙", 《매경이코노미》, 제1843호(2016).

이 가능한 교육인지에 대한 판단이 필요할 것이다. 더욱 중요한 점은 이러한 종합적 영역의 능력은 고도의 개인적 역량을 필요로 하는 영역으로서 교육심화 정도에 따라 개인역량의 차이가 더욱 크게 벌어지게 된다. 교육의 차이가 개인의 직업 역량에도 크게 영향을 주는 사회가 될 것이다.

최근 한국보건사회연구원의 여유진·정해식 박사팀이 발표한「사회통합 실태진단 및 대응방안 Ⅱ」연구보고서에서 우리 사회의 통합과 사회이동의 관계를 심층적으로 분석한 결과, 학력·직업·계층에 따른 고착화 현상이 두드러지게 확인되었다. 산업화 세대보다 민주화 세대를 거쳐 최근 정보화 세대로 들어서면서 이런 계층의 세습과 고착화가 강하게 일어나고 있다. 산업화 세대는 1940~1959년생, 민주화 세대는 1960~1974년생, 정보화 세대는 1975~1995년생으로 나누어서 2015년 6~9월 전국의 만 19세 이상 75세 이하 남녀 4052명을 대상으로 면접조사를 실시했다. 즉 이 연구 결과는 최근 우리 사회에서 계층 간 이동이 어려워진 것을 일컫는 '금수저 - 흙수저론'을 실증적으로 확인해준다고 할 수 있다.[13]

아버지의 학력이 높을수록 본인의 학력도 높게 유지되었다. 아버지의 학력이 중졸 이하인 경우 본인의 학력도 중졸 이하인 비율이 16.4%에 이르렀고, 아버지의 학력이 고졸 이상이면서 본인 학력이 중졸 이하인 비율은 거의 0에 가까웠다. 아버지가 대학 이상의 고학력자의 경우, 자녀도 대학 이상의 고학력인 비율이 산업화, 민주화, 정보화 세대에서 각각 64.0%, 79.7%, 89.6%로 나타나, 현재에 가까울수록 고학력 아버지의 자녀가 고학력일 확률이 더 높아졌다.

---

13  이창곤, "흙수저가 금수저 낳는 건 이젠 '하늘의 별따기'",《한겨레》(2016.2.1). 기사 원문 발췌 인용.

15살 무렵 본인의 주관적 계층(하층, 중하층, 중간층, 중상층, 상층)과 현재 주관적 계층 간의 교차분석 결과에서는, 특히 정보화 세대에 이르러 아버지가 중상층 이상일 때 자식 또한 중상층 이상에 속할 확률이 높았다. 아버지가 하층이었던 경우 자식이 중상층 이상이 될 확률은 매우 낮았다. 이는 최근 사회로 올수록 중상층과 하층에서의 계층 고착화가 매우 심하게 일어나고 있으며, 일정 이상의 상향 이동은 사실상 매우 힘든 상황이 되어가고 있다.

이 보고서를 보면, 산업화 세대에서는 본인의 학력이 임금에 영향을 주는 변수일 뿐 부모의 학력과 계층은 유의미한 영향을 미치지 않은 것으로 나타났다. 반면 민주화 세대에서는 부모의 학력이 본인 학력과 더불어 임금 수준에 큰 영향을 미치는 변수로 확인되었으며, 정보화 세대로 오면 부모의 학력과 함께 가족의 경제적 배경이 본인의 임금 수준에 큰 영향을 미치는 것으로 나타났다.

연구팀은 "이런 계층 고착화와 낮은 사회이동은 사회통합을 저해하는 요인으로 작동한다"고 지적했다. 이에 따라 연구팀은 "기회의 평등을 제고하기 위해 사교육 격차를 축소할 교육비 지원 정책과 공교육 정상화 및 결과의 불평등을 줄이기 위해 노동시장에서 공정한 분배가 가능하도록 해야한다"고 강조했다. 또 "불평등을 해결하기 위한 사회적 안전망을 대폭 강화할 필요가 있다"고 덧붙였다.

그러나 제4차 산업혁명으로 직업에서 원하는 능력이 더욱 고도화된 수준을 필요로 하므로 교육의 기회와 정도에 따라 개인 역량의 큰 차이로 이어질 가능성이 더욱 높아지게 될 것이다. 이러한 고착화된 고리가 경제적 불평등을 더욱 악화시키게 될 것이며, 이는 사회적인 통합에 가장 큰 위해 요소가 될 것이다.

• 정보화 세대에서 자식 학력이 대학 이상일 비율

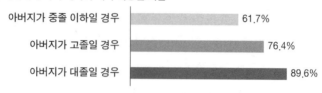

| | |
|---|---|
| 아버지가 중졸 이하일 경우 | 61.7% |
| 아버지가 고졸일 경우 | 76.4% |
| 아버지가 대졸일 경우 | 89.6% |

• 세대 간 직업 세습

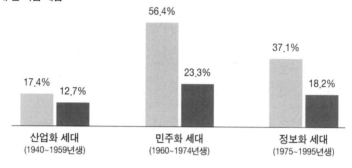

산업화 세대
(1940~1959년생)
17.4%  12.7%

민주화 세대
(1960~1974년생)
56.4%  23.3%

정보화 세대
(1975~1995년생)
37.1%  18.2%

■ 아버지가 관리전문직일 경우 아들도 관리전문직일 비율
■ 각 세대에서 관리전문직 평균

주: 현재 직장이 있는 19~75세 남녀 4052명 대상 조사.
자료: 여유진·정해식, 『사회통합 실태진단 및 대응방안 II』(2015, 한국보건사회연구원).

2016년 다보스 포럼에서 본 세계경제는 글로벌 금융위기로 저성장 양상이 지속되고 있다. 포럼은 저유가 지속과 중국 경제의 구조적 문제, 미국의 금리 인상, 신흥국의 자금 이탈 등으로 글로벌 경제성장이 둔화되어 있고 산업경쟁 구도는 점차 심화되고 있다는 구조적인 문제점을 지적한다. 특히 세계는 점점 더 위험사회로 진입하는데, 이 중 기후 변화에 대해 적절하게 대응하지 못하는 것을 심각한 문제로 보며, 특히 이로 인한 식량 부족 문제에도 주목한다.

그러나 최근 가장 심각한 문제는 제4차 산업혁명으로 빠르게 진행되는 기술혁신의 결과로 일자리가 크게 부족해지는 것이라고 전망한다. 다보스 포럼 연차총회가 발표한 「미래고용보고서(The Future of Jobs)」[14]는 이동통신과 크라우드 기술, 로봇과 인공지능, 생명과학기술 등의 융합에 의한 스마트 시스템이 활용되면서 대대적인 파괴적 변혁이 일어날 것으로 예상하고 있다. 그렇게 되면 대부분의 산업에서 예전부터 존재했던 직업이나 혹은 새로 생긴 직업에서 모두 새로운 직업 역량을 필요로 할 것이며 비즈니스 모델도 크게 바뀔 것으로 예상된다. 그 결과 새로운 기회를 획득하지 못하는 사람들은 직업에서 퇴출될 것이며, 변혁에 대한 적응 유무에 따라 경제적 양극화가 더욱 확대될 것이다.

미래고용보고서는 2015년에서 2020년까지 앞으로 5년간 전 세계에서 일자리 710만 개가 사라질 것으로 전망했다. 컴퓨터와 수학 분야 및 빅데이터 등의 컴퓨터 분야에서 일자리 210만 개가 새로 만들어질 것으로 기대되어 순수하게 감소하는 일자리 수는 약 510만 개이다. 사라지는 일자리의 2/3가 사무행정직으로 조사되었으며 그다음으로는 제조업 생산 분야이다. 건축, 디자인, 예능 등의 분야에서 로봇과 기계에 의해 대체되는 단순 업무의 일자리가 많이 사라질 것인데, 이로 인해 저소득층에서 종사하는 일자리와 여성의 일자리 수가 대폭 감소되어 고용소득 양극화와 성별 격차도 더 커져 고용 불안이 만성적으로 일어날 것으로 예상하고 있다. 그러나 전문 지식과 서비스 역량을 갖춘 재무 관리와 경영 등 전문직의 고용은 늘어날 것으로 전망하고 있다.

특히 최근 우리나라를 비롯한 많은 국가가 경기침체와 저성장으로 고통

---

14  "The Future of Jobs. Employment, Skills and Workforce Strategy for the Fourth Industrial Revolution"(2016.1). World Economic Forum.

을 겪고 있으며, 특히 비정규직, 파견직, 실업 등으로 경제적 불평등이 심화되고 있어 기술혁신으로 인한 고용 감소는 더욱 큰 문제로 부각될 것으로 예상하고 있다. 제4차 혁명으로 인해 세계적으로 빈부 격차와 사회적 불평등이 더욱 심화될 것이라는 우려가 커지는 배경이다.

특히 한국의 경우 산업구조 측면에서 주력산업 분야의 기술이 이미 성숙기에 들어가 수명을 다해가는 경우가 많음에도 제4차 산업혁명을 견인하는 ICT를 통한 새로운 성장동력을 발굴하지 못하였다. 또한 한국의 산업구조는 지나치게 IT 제조업 등 일부 산업 영역에 편중되어 있을 뿐만 아니라 소수 재벌 대기업으로의 기업 편중도 심한 편이다.

경제난이 심각할수록 삼성과 현대 등 소수 재벌 대기업을 보호하고 이들 대기업에 기대어 경제난을 해결하기를 강조하는 경제 관료와 정치권 및 일부 보수집단의 시각이 우리 사회에 팽배해 있다. 한국사회는 산업사회를 거치면서 경제가 급속도로 성장했던 경험이 있어 이들 소수 재벌 대기업에 대한 의존성이 매우 높으며, 이들 소수의 성과에 국민 대다수가 착시 효과마저 갖고 있다. 이러한 착시 효과가 우리나라의 미래를 준비하지 못하게 만든 가장 주요한 이유이다. 여론은 계속 소수 재벌기업에 몰아주기를 강조하고 있지만 이는 절대로 문제를 해결하는 방안이 아니다. 우리 한국사회의 근본적인 문제는 과속으로 진행된 산업화와 이후 일어난 경제위기, 경제위기 극복 과정에서 기업과 산업 영역에서 일부분에 집중화되어 더욱 악화된 것인데, 수술을 할 수 없는 분위기이다.

특히 장치산업 비중이 높은 우리나라는 로봇 대체율과 자동화 비율이 빠르게 증가하면서 제조업에서의 고용 이탈이 급격하게 일어나고 있으며, 이러한 추세는 당분간 지속될 것이다. 제4차 산업혁명과 기술진보로 고용이탈의 규모가 더욱 확대될 것으로 예상되고 있다.

2016년 세계경제포럼에서 발표한 「세계 위험 보고서 2016」에 의하면 한국의 고용은 아주 높은 위험 수준으로 나타났다.[15] 스페인, 이탈리아, 프랑스, 그리스, 핀란드, 사우디아라비아 등 실업 문제가 심각한 국가들과 유사한 수준의 고용 위험성을 나타내고 있다. 이러한 구조적인 고용 위험성 속에서는 현재 청년층 실업이 가장 심각한 문제점으로 드러나, 국가적 차원에서 청년층 고용 확대를 위해 산업구조 개편과 교육 개혁에 대한 근본적인 대책 마련이 매우 시급한 시점이다. 또한 취약계층에 대한 동등한 교육 기회 제공을 위한 교육 복지제도 마련도 매우 시급하다.

국내에서도 사실 오래전부터 고용 효과를 연구개발 사업과 연계하고 있었으며 2003년 대통령이 위원장인 국가과학기술위원회에서 연구개발 사업에 대한 '고용영향평가' 반영도 제시하면서 고용친화적 성장전략 등이 논의된 바 있다. 2012년 민주통합당 문재인 후보의 공약 발표장에서도 '고용친화적 성장전략'을 선명하게 강조한 것을 비롯하여 박근혜 후보도 '창조경제를 통한 일자리 창출'을 강조한 바 있다. 그러나 공약제시는 있었지만 정책화되지 못하였을 뿐만 아니라 현장에서의 고용은 양과 질적인 측면에서 계속 악화되고 있다.

2016년 2월 23일 개최된 국민경제자문회의에서 '일자리 중심 국정 운영 방안'이 최우선 정책으로 제시되었다. 양질의 일자리 증대를 통해 잠재 성장률을 올리자는 주장들이 제안되었으며, 그 방안으로 노동시장 이중 구조의 개선, 서비스 산업의 육성, 투자 활성화 등 정부의 모든 정책을 일자리 창출에 맞추어 재구성해야 한다고 조언했다.[16] 특히 교육 문제와 노동

---

15  "The Global Risks Report"(2016), 11th Edition, World Economic Forum.
16  "경제정책 방향, 성장률에서 고용률 높이기 위주로 바뀐다", 《연합뉴스》(2016.2.24).

문제가 결합되어 있으므로 노동개혁은 교육개혁과 병행해서 진행해야 한다는 점을 강조했다. 고용률이 2015년 65.7%인데 독일(74.3%) 등 선진국보다는 상당히 낮은 편이며, 최근 고용률이 약간 상승하였지만 임시직, 비정규직이 증가하여 고용의 질은 더 낮아졌다. 2013년에도 고용 70% 로드맵을 제시한 바 있지만 성공하지 못하였다.

제4차 산업혁명으로 지칭되는 신기술의 발전으로 일자리 파괴가 광범위하게 일어나면서 고용 불안은 더욱 확대되고 보편화될 것이므로 고용의 어려움을 보편적으로 겪게 될 것이라고 전망되고 있다. 미국과 유럽 등 일부 국가에서는 '기본소득제도' 도입이 검토되고 있는 실정이다. 우리나라의 경우도 '다음(Daum)'의 창업자인 이재웅 회장을 비롯하여 일부 대선 후보 등 정치권 일부에서 '기본소득제도' 도입을 주장하고 있다.

결국 고용을 위해서는 성장이 필요하지만, 성장을 통해서 고용을 만들어낼 수 있는 고용 탄성치[17]가 산업화 시대보다는 크게 낮아졌다. 그러나 산업화 시대 경제성장에 몰두하고 집중하는 정책의 패러다임을 바꾸지 못한 채 진행되고 있는 경제 활성화 정책으로 우리나라의 고용의 질은 더욱 낮아지고, 경제적 양극화도 심각해지는 추세로 치닫고 있다.

또한 ICT의 발달로 산업 간 경계와 인간과 물질과의 경계도 사라지고 국가 간의 경계도 사라지게 될 것이다. 그 결과 극소수에게 경제적 성과가 집중되는 승자독식 현상이 전 세계적 규모에서 더욱 극심하게 진행될 것이다.

한국사회의 지속적인 성장을 위해서는 '헬조선'과 '수저시대'라고 지칭될 정도로 현재 사회적으로 심각한 문제점을 드러내고 있는 사회구조를

---

17  경제성장에 따른 고용흡수능력. 취업자증가율 / 실질 국내총생산(GDP) 증가율

근본적으로 변화시키겠다는 전환이 필요한 시점이다. 청년 실업 등을 비롯한 경제적 불평등 심화의 문제점을 해소하고 사회적 통합의 기회비용을 줄여나가야 한다. 이를 위해서는 역시 국가의 모든 자원과 인력이 모두 포함되도록 성장과 분배의 폭이 넓혀져야 한다. 성장에 참여할 수 있는 기회를 평등하게 부여하고 성장의 결실을 균형적으로 나눌 수 있는 진정한 의미의 포용적인 성장, 또한 모두를 포함할 수 있는 포용적 성장이 이루어지도록 하기 위한 새로운 정책이 마련되어야 한다.

혁신으로 해결할 수 있는 영역이나 계층은 혁신으로 해결하고, 평등으로 해결할 수 있는 영역이나 계층은 평등으로 해결하고, 그렇지 않은 경우에는 복지로 매꿔줄 수 있는 사회적 다층구조가 만들어져야 한다. 나눔의 정의가 지켜지는 포용적 성장의 원칙에 충실하도록 혁신을 위한 과학기술 정책, 평등한 교육 기회와 역량을 지향하는 교육 및 노동정책, 인간으로서 기본적이고 보편적인 삶의 수준을 유지할 수 있도록 지원받는 사회정책과 복지정책이 통합적으로 적용되는 사회 구조를 만들어나가야 한다.

## 제I부 추가 자료

(추가 자료는 저자의 블로그에서 보실 수 있습니다. http://blog.naver.com/kyoung3617)

1) 제17대 대통령 선거 공약.
2) 과학기술 경쟁력 비교(2007년).

제II부

# 제4차 산업혁명

제4장_ 기술진보는 더욱 가속화된다

제5장_ 제4차 산업혁명의 필수조건 살펴보기

제6장_ 제4차 산업혁명 시대에도 제조업은 강해야 한다

# 기술진보는 더욱 가속화된다

## 기술진보로 미래 사회가 급변하다

### 1 . 산 업 혁 명 의  4 단 계  살 펴 보 기

최근 제4차 산업혁명이라 일컫는 ICT 발달로 인한 기술 빅뱅이 전 세계적으로 매우 빠르게 진행되고 있다. 대량생산에서 대량맞춤생산(mass customization)과 개인 생산(individual production)으로 생산체제의 대변환이 일어날 것이며, 사이버 공간과 물리적 공간의 구별이 없어지게 되고 지리적 장벽도 없어져 버릴 것이다. 또한 인간이 웨어러블 기기를 장착하거나 칩을 인체에 삽입함으로써 사이버공간과 인간과의 장벽도 점점 줄어들 것이다. 전통적인 장벽들이 사라진 사회에서 경제적인 소득은 전 세계적인 규모에서 더욱 소수에 집중될 것이다.

최근의 기술혁명이 가속화되면서 사회를 변화시키는 핵심 동인인 사회

그림 II-1 산업혁명의 단계

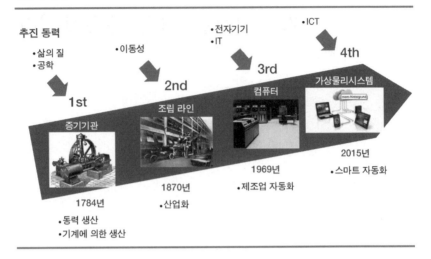

그림 II-2 제4차 산업혁명의 기술적 · 사회적 특성

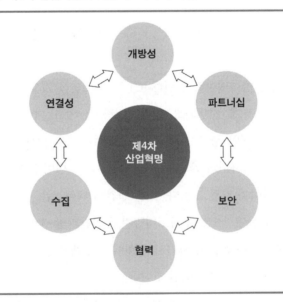

현상은 개방성(open), 연결성(connection), 수집(collection), 협력(collaboration), 파트너십(partnership), 보안(security) 등이다. 이러한 사회적 요인들이 역시 기술혁명을 더욱 가속화시킨다.

## 2. '세계경제포럼 2016'이 알려준 것들

2016년 스위스 다보스에서 열린 세계경제포럼 2016(제46회 다보스 포럼)에서 다룬 핵심 주제는 '제4차 산업혁명의 이해(Mastering the Fourth Industrial Revolution)'였다. 정보통신 기술의 발전에 이어 모든 산업 분야에 파괴적인 기술이 등장하면서 인류가 겪어보지 못한 기술혁명으로서 제4차 산업혁명[1]이 빠르게 진행되고 있고 기술을 통해 시스템 전체의 혁신(systems innovation)이 일어나고 있다는 것을 강조하였다. 로봇 사용이 보편화되면서 생산과 유통 및 소비 등 인간에 가장 필수적인 요소들이 대대적으로 바뀔 것이 예상되므로 이에 대비해야 한다는 것이다. 세계경제포럼 창립자인 클라우스 슈밥(Klaus Schwab) 회장은 "기술은 인류의 경제·사회·문화·생태적 환경을 변화시키고 있다. 공동체적 목표와 가치가 반영된 미래를 만들기 위해서는 제4차 산업혁명을 올바르게 이해하는 것이 중요하다"고 말했다.[2]

다보스 포럼이 46차례 개최되면서 산업을 핵심 주제로 다룬 것은 2016

---

1 기존 18세기의 증기기관 발명 등은 제1차 산업혁명, 19세기의 포드 시스템 등을 통한 자동화는 제2차 산업혁명, 20세기 IT 기술의 발달은 제3차 산업혁명으로 구분할 수 있고, 제4차 산업혁명은 디지털기기와 인간 사이에서 장벽이 없어지고 물리적 환경이 융합되는 것을 뜻한다.

2 박경식, "4차 산업혁명 '퍼스트 무버'되지 못하면 미래 없다", 《글로벌 이코노믹》 (2016).

그림 II-3 로봇 '휴보'

다보스 포럼 2016 회의장에서 참가자들의 시선을 집중시킨, 한국 제작 로봇 휴보(사진은 오준호 교수 제공).

년이 처음이었다. 4일간 개최된 포럼에서 제4차 산업혁명이 몰고 오는 기술적 변화와 사회적인 영향 및 이로 인한 문제점에 대한 주제들이 집중적으로 다루어졌다.

4차 산업혁명이란 기존 영역의 경계를 넘어 물리적, 인간적인 부문에서 경계가 사라지고 서로 활발하게 융합되면서 나타나는 혁명적 변화를 가리킨다. 인공지능(AI), 로봇, 바이오, 나노기술, 사물인터넷(IoT), 빅데이터, 드론, 자율주행차량, 3D 프린팅 등이 제4차 산업혁명을 일으킬 기술 사례로 꼽혔다.

한국에서 제작한 '휴보(Hubo)'는 휴머노이드(Humanoid)와 로봇(Robot)의 합성어로서, 2004년 12월 한국과학기술원(KAIST) 기계공학과 오준호 교수 팀이 개발한 걸을 수 있는 인간형 로봇이다. 휴보 로봇은 부산에서 열린 2005년 APEC 회의장에서 처음 등장하였다.

## 3. '모바일 월드 콩그레스'가 보여준 모바일의 모든 것

2016년 2월 22일에서 25일까지 모바일 월드 콩그레스(Mobile World

Congress)가 '모바일의 모든 것'이
라는 주제로 스페인 바르셀로나
에서 열렸다. 거기에서는 우리
생활을 크게 바꾸고 있는 최신
모바일 기기가 선을 보였는데 특
히 가상현실, 5G, 인지 컴퓨팅 등
첨단 모바일 기술들이 전시되었
다. 이들 모바일이 우리 삶을 어
떻게 바꾸고, 우리의 존재를 어
떻게 확장시키는지, 그 연결성은
어디까지인지, 소비자와 어떻게
연결되는지, 또한 모바일이 사회

그림 II-4  MWC 16 슬로건

자료: MWC.

의 포용성에 어떠한 영향을 미칠 것인지 등을 다루었다. 그러나 아무도 명
확한 답을 해줄 수는 없다. 모든 것이 움직이고 있는데 더욱 중요한 것은
모바일이 모든 것이 될 수 있다고 보고 있다.[3] 자율주행 자동차, 디지털 화
폐 이용, 정보 보호, 건강에서의 이용, 농업을 위한 환경정보의 신속한 수
집과 대응, 탄소중립 사회 실현방안, 모바일로 인한 산업 변화를 비롯하여
정보격차 해소를 통한 포용적 사회 구축 방안 등도 소개되었다. IT 회사인
퀄컴과 자동차 회사인 메르세데스의 AMG 페트로나스(AMG Petronas) 자
동차경주 팀(Formula One Team)이 함께 논의하는 자리를 만들어 ICT의 세
계가 만들어내는 다양한 융합도 보여주었다.

---

3  *Mobile World Congress 2016* (안내책자).

# 4. 미래 유망 기술의 상용화 시기를 전망하다

다보스 포럼에서는 2015년도 발표된 전문가 설문조사 자료를 이용하여 미래 유망 기술들이 본격적으로 상용화되는 '대전환(tipping point)'을 전망했다.

이에 따르면 가장 빠르게 상용화될 미래 기술로는 2018년에 모든 사람들이 정보를 삭제하지 않아도 될 정도로 빅데이터를 얼마든지 저장할 수 있는 정보저장장치 기술이 선정되었다.

2021년에는 로봇과 서비스가 선정 대상에 올랐는데, 작업용 로봇이 제조업을 비롯하여 농업과 판매업 등 많은 영역에서 광범위하게 사용될 것으로 전망되었다. 이렇게 되면 저임금을 찾아서 해외로 생산기지를 옮긴 제조업이 다시 자국으로 돌아와서 로봇을 이용하게 될 것이지만, 전반적인 고용은 크게 줄어들게 될 것으로 예상되었다.

2022년에는 ICT 기기 가격이 지속적으로 하락하면서 인터넷에 접속되는 기기의 수가 폭발적으로 증가하는 사물인터넷 시대가 전망되었다. 그 외에도 웨어러블 인터넷, 3D 프린팅 기술 및 제조업에서의 활용으로 자동차를 3D 프린팅으로 제조할 수 있을 것으로 보았다.

2023년에는 기기를 스마트 문신이나 칩의 형태로 몸에 이식하여 통신이나 위치 추적 및 건강관리 기능 등을 수행하는 신체 이식형 산업(built-in smartphone), 빅데이터에 의한 의사결정, 구글 안경의 사례에서 보듯이 안경이 새로운 인터페이스로 작용할 것으로 보았다. 인간은 다양한 웨어러블 기기와 생체 칩을 통해서 디지털적 존재로 인식되고, 블록체인(blockchain)으로 정부의 행정과 금융정책의 대전환이 일어날 것이며, 주머니 속 슈퍼컴퓨터도 이용될 것으로 전망되었다.

그림 II-5 대전환이 일어나는 기술변혁 시기 예측

| 2018 | 2021 | 2022 | 2023 |
|------|------|------|------|
| • 저장 기술 | • 로봇과 서비스 | • IoT<br>• 착용하는 인터넷<br>• 3D 프린팅 이용 제조업 | • 신체이식용 기술<br>• 빅데이터 이용 의사결정<br>• 인터페이스로서 안경 이용<br>• 행정과 블록체인 |
| 2024 | 2025 | 2026 | 2027 |
| • 유비쿼터스 컴퓨팅<br>• 의료용 3D 프린팅<br>• 스마트홈 | • 소비재 제작용 3D 프린팅<br>• 인공지능과 사무직<br>• 공유경제 | • 자율주행 자동차<br>• 인공지능에 의한 의사결정<br>• 스마트 시티 | • 비트코인과 블록체인 |

자료: "Deep Shift, Technology Tipping Points and Impact," 2015, Global Agenda Council on the Future of Software & Society, *Survey Report,* World Economic Forum.

현재는 인터넷 사용 인구가 전체 인구의 43%뿐이지만 2024년에는 전 세계의 거의 모든 사람들이 때와 장소의 구분 없이 인터넷에 연결될 것이며, 의료용 3D 프린팅 기술과 스마트홈 기술이 보편화될 것으로 보인다.

2025년에는 3D 프린팅으로 소비용품을 생산하게 되어 전체 소비용품의 5%에 이를 것으로 전망되었다. 인공지능이 화이트칼라의 업무를 대체하여 10년 내에 현재 미국 일자리의 반이 대체될 것으로 보이며, 공유경제도 본격화될 것으로 예상되었다.

2026년에는 자율주행 자동차가 이용되고, 인공지능이 의사결정을 하는 스마트 도시로 전환될 것이며, 2027년에는 비트 코인과 블록체인 활용이 더욱 증가할 것으로 예상되었다.

스위스 글로벌 금융그룹 UBS가 발표한 「4차 산업혁명이 미치는 영향」 보고서에 따르면 한국은 평가 대상 139개국 가운데 제4차 산업혁명에 잘 적응할 수 있는 나라 순위에서 세계 25위로서 중위권 수준으로 평가되었다.[4] ICT 분야 중 인공지능과 빅데이터, IoT 등의 제4차 산업혁명 영역에

그림 II-6 기술변혁의 미래 예측

### 미래는 언제 도달할까?

| 2015년까지 대전환이 일어났던 기술 | 응답 비율 |
|---|---|
| ● 인류의 10%가 인터넷에 연결된 의복 | 91.2% |
| ● 미국에서 1호 로봇약사 탄생 | 86.5% |
| ● 3D 프린팅으로 제작된 1호 자동차 탄생 | 84.1% |
| ● 소비재 5%를 3D 프린팅으로 생산 | 81.1% |
| ● 인류의 90%가 인터넷에 접속 | 78.8% |
| ● 미국 도로에서 전체의 10%가 무인자동차 | 78.2% |
| ● 3D 프린팅으로 만들어진 간 인체 이식 | 76.4% |
| ● 가정의 인터넷 트래픽 50% 이상 응용프로그램 및 기기에 사용 | 69.9% |
| ● 신호등이 없는 인구 5만 명 이상 1호 도시 탄생 | 63.7% |
| ● 기업 이사회에서 인공지능 기기 사용 | 45.2% |

자료: Home Page, Davos Forum 2015, World Economic Forum.

서 한국이 상위권으로 평가받지 못하는 실정이다.

제4차 산업혁명의 영향에서 국가경쟁력 순위가 높은 나라로는 경제사회적 안정과 기술혁신에서 앞선 스위스, 싱가포르, 네덜란드, 핀란드, 미국 등이 꼽혔다. 영국, 홍콩, 노르웨이, 덴마크, 뉴질랜드 등이 그 뒤를 이었다. 일본은 12위를 차지했다. 그러나 중국(28위), 러시아(31위), 인도(41위) 등은 우리나라보다는 순위가 뒤쳐졌다.

UBS는 평가요소로서 노동시장 유연성, 기술 수준, 교육시스템, 사회간접자본(SOC), 법적 보호 등 5개 요소에 가중치를 반영하고 평균을 내어 점수를 산출했는데, 우리나라는 노동시장 유연성에서 139개국 가운데 83위를 기록했으나 기술 수준(23위), 교육 시스템(19위), SOC(20위) 등에서는 상대적으로 높은 점수를 받았다.

---

4    김병수·노승욱, "[ISSUE INSIDE] '4차 산업혁명' 화두로 제시한 다보스 포럼 기술융합發 '대변혁' 온다… 일자리엔 재앙", 《매경이코노미》 제1843호(2016).

**그림 II-7** 기술 및 사회변화 예측

| 이미 인지하고 있는 현상 | 2015~2017 | 2018~2020 |
| --- | --- | --- |
| • 지정학적인 변동성 증가<br>• 모바일 인터넷과 클라우드 기술<br>• 처리능력, 빅데이터<br>• 공유경제, 클라우딩 소스<br>• 신흥국가에서의 중산층 증가<br>• 신흥국가에서 젊은층 인구 증가<br>• 급속하게 진행되는 도시화<br>• 직업 특성 변화, 탄력근무<br>• 기후변화, 천연자원 부족 | • 새로운 에너지원 공급 및 기술<br>• IoT<br>• 첨단 제조업과 3D 프린팅<br>• 수명 연장과 고령화된 사회<br>• 새로운 소비자 윤리 및 사생활 침해<br>• 여성의 경제력 및 성취감 증대 | • 로봇 및 자율주행 교통<br>• 첨단 신소재 및 생명공학 |

자료: Home Page, Davos Forum 2015, World Economic Forum.

이러한 새로운 기술과 산업이 보편화되면서 그동안 경험하지 못했던 새로운 사회적인 변화를 통해 인류의 일상생활은 물론이고 대도시, 행정, 금융, 경영 등 인간의 삶과 사회 모습이 대대적으로 변할 것이 예상된다.

# 5. 미래 직업 변화를 예측해 보다

미래에는 사회에 필요한 능력이 크게 변화하게 된다. 인간은 인공 지능을 갖는 컴퓨터로도 대체될 수 없는 분야의 능력을 필요로 하게 된다. 이에 따라 직업의 종류도 크게 달라진다.

기술에 따른 고용 격차도 확대될 것으로 전망된다. 인공지능, ICT, 바이오산업 등으로 대표되는 제4차 산업혁명이 본격화되면 전문기술직에 대한 수요가 늘어나는 반면 단순직은 고용 불안정성이 더욱 커진다. 「4차 산업혁명이 미치는 영향」 보고서는 미래에 일자리가 감소할 것으로 전망되는 산업군으로 사무관리직, 제조업 생산, 건설채광업 등을 꼽았다. 사무

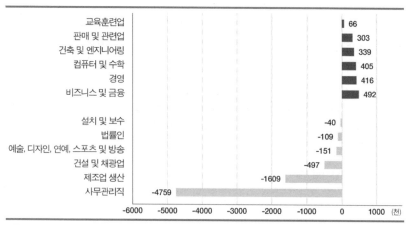

**그림 II-8** 미래 직업 변화 예측

자료: "The Future of Jobs Employment, Skills and Workforce Strategy for the Fouth Industrial Revolution"(2016), World Economic Forum.

관리직에서 470만 개, 제조업에서 160만 개, 건설채광업에서 50만 개의 일자리가 사라질 것으로 전망했다. 반면 비스니스 및 금융(50만 개) 경영(41만 개) 컴퓨터 및 수학(40만 개) 등은 일자리가 새로 만들어질 것으로 전망했다.

이러한 직업 변화로, 사무직의 고용 비중이 높은 여성의 경우 향후 5년간 새로운 직업이 하나 생길 때마다 기존 직업 다섯 개가 사라지지만 남성은 새로운 직업 한 개가 늘어날 때마다 직업 세 개가 없어질 것으로 분석되어 여성 고용 감소가 더욱 심각해질 것으로 예측된다. 특히 여성의 경우에는 미래 유망직종인 컴퓨터나 수학 분야 등에서의 참여율이 저조한 만큼 고용 상황이 더욱 열악해질 것으로 보인다.

변화된 시대에서 고용을 유지하기 위해서는 그동안 직업에 필요했던 전통적인 기술이나 자격을 넘어서 변화된 업무와 관련된 기술에 대한 이해

그림 II-9  산업 전반에서 요구되는 협업을 위한 핵심 역량의 변화 추이

**핵심 업무역량**

| 능력 | 기초 역량 | 교차 기능 역량 | |
|---|---|---|---|
| **인지능력**<br>• 인지 유연성<br>• 창조성<br>• 논리적 추론<br>• 문제 감수성<br>• 수학적 추론<br>• 시각화 | **콘텐츠 능력**<br>• 능동적 학습<br>• 구두 표현<br>• 독해력<br>• 문장 표현력<br>• 정보통신 활용 능력 | **사회적 능력**<br>• 타인과의 협력<br>• 감성 지능<br>• 협상 능력<br>• 설득 능력<br>• 서비스 지향성<br>• 타인에 대한 훈련 및<br>  교육 능력 | **자원관리 능력**<br>• 금융자원 관리<br>• 물질자원 관리<br>• 인적자원 관리<br>• 시간관리 |
| **물리적 능력**<br>• 물리적 힘<br>• 손재주 | **처리 능력**<br>• 능동적 학습<br>• 비판적 사고<br>• 자신 및 타인에 대한<br>  모니터링 능력 | **시스템 능력**<br>• 판단과 의사 결정 능<br>  력<br>• 시스템 분석 능력<br><br>**복잡한 문제 해결 능력**<br>• 복잡한 문제 해결 | **기술적 능력**<br>• 장비 유지 및 수리<br>• 장비 작동 및 제어<br>• 프로그램<br>• 질 관리<br>• 기술 및 사용자 경<br>  험 디자인<br>• 문제해결 |

**핵심 업무역량의 변화(2015~2020, 전 산업)**

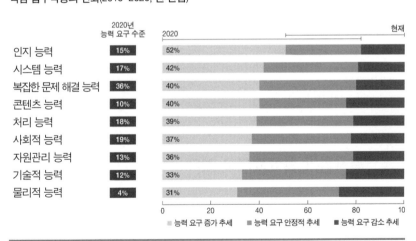

자료: "The Future of Jobs Employment, Skills and Workforce Strategy for the Fouth
Industrial Revolution"(2016), World Economic Forum.

가 필요하게 된다. 즉 전체 산업 분야에서 기존의 기술에 비해 엄청난 속도의 변화가 예상되며 상당한 정도로 파괴적인 변화 양상이 일어날 것으로 예측되는 것이다. 2020년까지 대부분의 직업에서 요구되는 핵심적인 기술의 1/3 이상이 지금은 중요하게 여겨지지 않았던 기술로 채워질 것이며, 금융이나 투자 산업 분야에서 가장 큰 변화가 일어날 것으로 여겨지고 있다. 그 이유는 컴퓨터의 발달과 엄청나게 늘어난 정보량 및 자료에 근거한 판단 등을 수행해야 하고, 소비자 중심 사회에 맞추기 위해 자료를 종합적으로 해석하고 분석하는 문제해결 능력과 시스템적 사고 능력 등 분야 간 통합적인 역량을 요구하게 되기 때문이다. 따라서 단순한 지식 기반의 학습을 넘어서 복잡한 문제를 해결할 수 있는 능력과 사고하는 능력을 육성하는 교육으로의 전환이 필요하다.

세계경제기구의 조사에 의하면 2020년에 필요한 능력으로 가장 높은 비중을 나타낸 분야는 복잡한 문제를 해결하는 능력인데, 현재 사회에서도 이 능력이 가장 많이 필요하다. 그다음 순위로는 사회적 능력, 처리 능력, 시스템 능력이다. 그런데 가장 큰 변화를 나타낼 것으로 예측된 영역은 인지능력이다.

## 2절
# 초연결사회가 현실화되고 있다

## 1. IoT와 IoE가 가속화되다

우리는 스마트폰을 사용하면서 오픈 소스 소프트웨어(Open-source

**그림 II-10** IoT 발전 단계

| 사물통신<br>Machine to Machine<br>**M2M** | 사물인터넷<br>Internet of Things<br>**IoT** | 만물인터넷<br>Internet of Everything<br>**IoE** |
|:---:|:---:|:---:|
|  |  | 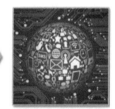 |
| 네트워크에 연결된 컴퓨터와 기계 등의 기기가 정보를 수집, 제공하여 의미 있는 정보로 발전시키는 사물 간의 수동적 통신 | 독특하게 식별할 수 있는 각각의 사물들이 IP로 연결되어 인간의 개입 없이도 정보를 생성, 공유, 처리 등의 상호 작용을 통해 지능적으로 정보를 처리하는 체제 | 사람, 과정, 데이터, 사물들이 모두 함께 모여 상호적으로 연결되어 정보를 주고받음으로써 서로 관련된 정보를 행동으로 옮겨주는 체제 |

자료: IDC Italy on Twitter.

software)를 이용하여 누군가 프로그램을 만들 수 있고, 정보를 수집하고 활용하면서 새로운 앱(application)을 만들어낼 수 있다는 것을 경험하고 있다. 사물인터넷(IoT, Internet of Things)이 점점 더 확대되고 사람, 처리 과정, 자료, 사물이 모두 연결되어 정보가 행동으로 움직일 수 있는 시대가 될 것이라고 예측하면서, 시스코(Cisco)에서는 만물인터넷, 즉 IoE (Internet of Everythings) 시대를 예고하였다. 그 외에도 IoE에서 더욱 발전하여 IoA(Internet of Anything) 시대로 나아갈 것이라고 한다.

앞으로 인간은 사이버에 연결된 옷을 입을 것이며, 특히 사이버에 연결되면 어떤 장애도 극복해낼 수 있는 초인적인 힘을 갖게 될지도 모른다. 집안과 사무실에 있는 모든 기기가 다 연결되고 내 주머니에 들어 있는 스마트폰과 집안의 TV가 중앙 컨트롤타워 기능을 하게 될 것이다. 내 소유의 기기들과 정보는 다른 사람들과 연결되어 움직일 수 있을 것이다. 또한

그림 II-11 만물인터넷의 구성 요소

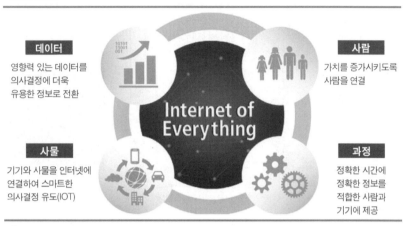

데이터
영향력 있는 데이터를
의사결정에 더욱
유용한 정보로 전환

사람
가치를 증가시키도록
사람을 연결

사물
기기와 사물을 인터넷에
연결하여 스마트한
의사결정 유도(IOT)

과정
정확한 시간에
정확한 정보를
적합한 사람과
기기에 제공

Internet of Everything

자료: Cisco.

나의 모든 움직임이 모두 데이터로 활용되어 개별 데이터의 총합은 이용
자에 따라 무한의 가치를 갖는 빅데이터가 될 것이다.

## 2. 초연결사회에서 사회 서비스가 풍부해진다

이렇게 기기들이 연결되면서 시스코가 작성한 「2013-2018 시스코 비주
얼 네트워킹 인덱스 글로벌 전망 및 서비스 도입 보고서(Cisco® Visual
Networking IndexTM Global Forecast and Service Adoption for 2013 to 2018)」에
따르면 2018년까지 연평균 11%씩 성장하면서 2018년에는 200억 개의 기
기가 연결되고, 이 중 35.2%가 M2M(Machine to Machine) 방식으로 연결될
것을 예상하였다.

이렇게 ICT를 통해 초연결화된 제4차 산업혁명 사회에서의 영향은 생
산 방식과 소비 방식 등 인간의 생활 전반에 걸쳐 아직 우리가 경험해보지

그림 II-12 제4차 산업혁명의 영향: 초연결된 스마트 사회

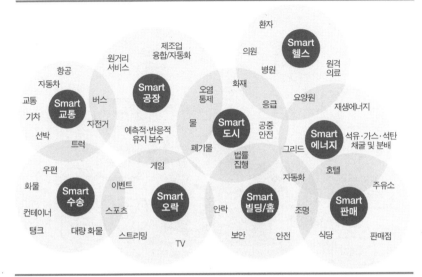

자료: "Microsoft and the Internet of Things," Sascha Corti.

못한 새로운 스마트 사회의 모습을 보여줄 것이다.

벤처 전문 조사 회사인 벤처스캐너(Venture Scanner)는 현재 860개의 IoT 관련 회사들이 스마트 홈, 스마트 헬스, 스마트 오락, 스마트 농업, 스마트 교통, 스마트 수송, 스마트 빌딩, 스마트 판매, 스마트 공장, 스마트 에너지 등을 제공하는 서비스를 열거하여 도표화해보기도 했다. 이미 많은 영역에서 스마트한 서비스가 이루어지고 있다.

현재 우리는 고속도로를 달리거나 심지어 동네 정류장에서 버스를 기다릴 때에도 이미 초연결된 스마트 사회를 경험하고 있다. 몇 정류장 전에 머물고 있는 버스의 정보를 자신의 스마트폰이나 정류장 전광판을 보고 알 수 있는바 우리는 보다 스마트하게 일정을 맞춰 생활할 수 있다. 우리나라를 비롯하여 미국, 일본, 유럽 등 중진국 이상에 거주하는 현대인들은

**그림 II-13** 실생활에서 IoT를 통해 제공되는 서비스

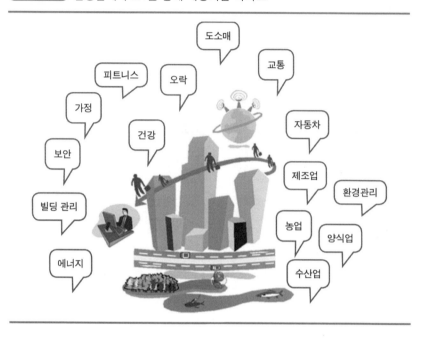

이미 제4차 산업혁명 사회에 살고 있다.

스마트 도시에서는 거리의 가로등이 관리되고 주차 시설이 안내되며 가정용 에너지 공급도 관리되는 등 중앙의 도시통제 시스템이 갖추어져 있으며, 스마트 빌딩에서는 빌딩 운영 최적화 시스템이 작동된다. 이 모든 서비스는 도시의 와이파이 시스템을 이용하여 연결되어 정보를 클라우드 시스템을 이용하여 상호 교환하면서 최적의 서비스를 판단하여 제공하게 된다. 스마트형 교통을 위해 자동화된 자동차 시스템과 교통신호등이 정보를 교환하면서 교통 흐름을 최적화하여 운영하게 된다. 그 외에도 물류 수송의 최적화, 공장 가동의 최적화 등이 진행되고 있으며 일부 지역사회에서는 스마트 공동체가 운영되고 있기도 하다.

그림 II-14  텔케어의 IoT 헬스 케어 제공 사례

자료: 텔케어 사 홈페이지.

예를 들면 스마트 헬스(IoT 헬스 케어)를 진행하는 텔케어(Telcare) 사(미국 메릴랜드 주 베데스다 시)는 당뇨병 환자의 혈당 측정 모니터링을 사업화했다. 서비스 가입자가 어느 곳에 있더라도 상시적으로 정보를 수집하여 연계 의료진에 정보를 제공하고 필요시 의료서비스를 연계시켜주는 커뮤니케이션 플랫폼(communication platform)을 개발하여 운영하는 것이다. 당뇨병 모니터링 기기는 아마존이나 텔케어에서 약 200달러에 구입할 수 있으며, 모니터링 비용은 개인의 의료보험과 연계되어 결정된다.

## 3. IoT 분야 투자가 크게 확대되다

전 세계에서 IoT 분야 투자에 활발한 10대 투자회사를 보면 인텔 캐피

털(Intel Capital), 퀄컴 벤처스(Qualcomm Ventures), 파운더리 그룹(Foundry Group), 클라이너 퍼킨스 코필드 & 바이어스(Kleiner Perkins Caufield & Byers: KPCB), 앤드리슨 호로비츠(Andreessen Horowitz), 코슬라 벤처스(Khosla Ventures), 트루 벤처스(True Ventures), 시스코 인베스트먼츠(Cisco Investments) 등이 있다. 이들 중 인텔 캐피털은 3D 신체 스캐닝을 비롯하여 생체인증 센서와 웨어러블 기기 및 IoT 인프라 기술 분야 등 IoT와 관련된 여러 기술 분야에 투자하고 있다.

인텔 캐피털과 퀄컴 벤처스에서 투자받고 있는 소테라(Sotera) 사는 안전과 보안 기술을 개발하는 회사로서 대태러 방어와 사이버 보안, 자료 분석 및 솔루션에 필수적인 기술을 개발하고 있다.

캘리포니아 주 버클리에 본사가 있는 개인무인항공기 제조기업인 3D 로보틱스(3D Robotics) 사는 퀄컴 벤처스와 트루 벤처스, 파운더리 그룹 등으로부터 2012년 이후 1억 달러 이상 투자를 받아 드론을 개발하고 있는데, 세계에서 최초로 스마트 드론을 개발했다. 솔로(Solo) 드론 중 3DR 솔로 드론 쿼드콥터는 한국에서도 판매되고 있는데 누구나 쉽게 고품질의 영상을 만들 수 있는 등 활용도가 폭넓기 때문에 농업, 건설, 산업시설, 구조, 부동산, 환경 보호 등 다양한 용도로 사용되고 있다.

3DR의 대표 드론인 솔로는 퀄컴의 1GHz CPU를 내장한 드론용 임베디드 컴퓨터를 탑재한 세계 최초의 스마트 드론으로, 임베디드 컴퓨터를 이용하여 UHD 항공 영상 촬영이 가능하다. 최대 영상촬영 길이 25분, 최고 속도 89km/h, 최고 고도 122m, 무게 1.5kg인데 가격은 190만 원 정도이다. 한국의 인터넷 쇼핑몰에서도 솔로 드론을 구입할 수 있다.

그 외에도 벤처 투자를 받아 캘리포니아 주 샌프란시스코에 있는 에어웨어(AirWare)도 드론을 개발하고 있다. 또한 IoT의 플랫폼을 개발하는 인라

이티드(Enlighted) 사는 센서에서 감지한 에너지 정보를 전달하여 빌딩의 효율적인 에너지 관리에 활용하는 솔루션 등을 개발하고 있다. 그리드넷(GRID NET)는 셀룰러(cellular) 스마트 그리드를 목표로 수많은 기기를 연결하여 초

그림 II-15  3DR 솔로 드론 쿼드콥터

자료: http://smashingdrones.com

단위로 감지하여 판단하는 M2M 소프트웨어를 개발하고 있다.

미국은 글로벌 IT 기업들이 투자한 벤처 투자 회사들의 투자를 받아 기술력을 갖고 있는 신생 벤처회사들이 활발하게 플랫폼과 인지기술과 센서 개발 및 인공지능 등 IoT의 기반이 되는 기술 분야에 활발하게 투자하고 있다. 예를 들면 IBM은 슈퍼컴 '왓슨'으로 오랜 기간 인공지능 기술개발에 투자했으며, 최근에는 구글, 페이스북, MS와 중국의 바이두까지 적극적으로 인공지능에 투자하고 있다.

우리나라도 네이버와 카카오(다음카카오)를 중심으로 IoT 기반이 되는 인공지능에 대한 연구가 진행되고 있으나 해외에 비하면 규모나 수준이 매우 미약한 편이다. 삼성은 직접적인 개발보다는 해외 유망기업에 대한 투자를 통해 인공지능 분야를 준비하고 있다. 2016년 초 세계최초 가정용 로봇 개발 벤처회사인 '지보(JIBO)'에 200억 원가량을 투자했으며 인공지능 기술 관련 벤처기업인 '비캐리어스'에도 투자했다.[5] CB인사이트의 발

5  김민철, 차세대 ICT 핵심기술 '인공지능', EBN 2016. 2. 8.

표에 의하면 삼성은 지난 5년간 주로 해외에서 투자를 많이 하여 세계 인공지능 스타트업 M&A 시장에서 투자순위 네 번째에 올랐다.

우리나라는 벤처 투자가 활발하지 못하기 때문에 신생 창업 기업들이 정부의 과제 및 투자를 바탕으로 시작하는 경우가 많은데 일부 창업 기업에서 소규모로 IoT 연구를 진행하고 있으며, 정보통신연구원(ETRI)와 KAIST 등에 소속된 연구실에서도 소규모로 연구하고 있다. 딥러닝 기반의 의료 영상 분석 솔루션을 개발하는 기업 '루닛'은 소프트뱅크벤처스를 통해 20억의 투자를 유치했으며, 정부 R&D 과제도 수행 중이다. 그 외에도 디오텍, 뷰노코리아, 마인즈랩 등은 의료 분야에 특화된 기술 및 서비스를 개발 중이다.

우리나라 기업들도 알파고 충격 이후 인공지능 등 지능정보기술 연구에 본격적으로 돌입했다. 2016년 내에 삼성전자, LG전자, 현대자동차, SK텔레콤, KT, 네이버가 각각 30여억 원씩을 출자하고 우수한 연구인력들을 파견하여 지능정보기술연구소를 세울 예정이다.[6]

다국적 기업들은 IoT 기반 기술을 확보하기 위해 자체 기술개발에도 적극적이지만 기업 인수를 통해서도 핵심기술을 확보하고 있다. 구글은 알파고를 만든 딥마인드를 비롯해 수많은 인공지능 스타트업을 사들였으며, MS도 최근 영국 인공지능 스타트업 기업인 스위프트키를 거액을 주고 인수했다. 인공지능은 자율주행 자동차나 솔루션 개발에 핵심 기술이기 때문이다. 도요타는 2016년 초 미국 실리콘밸리에 인공지능 연구센터를 세운 데 이어 최근에는 MS와 공동으로 550만 달러(약 64억 원) 규모의 빅데이터 연구소를 추가로 설립했다.

---

6  김미희, "'알파고' 열풍 타고 몸값 오른 AI 스타트업", 《파이낸셜 뉴스》(2016.4.8).

# 4. IoT 연결기기의 성장을 전망해보다

시스코의 분석에 의하면 기기들이 연결되면서 전 세계 IP 트래픽이 2016년에 비해 2021년까지 7배 증가하여 월 평균 49엑사바이트(exabytes, EB)[7]가 될 것으로 예측하고 있다. 고정형은 물론 특히 모바일 연결을 포함한 전 세계 IP 트래픽이 해마다 크게 증가할 것임을 예상하고 있다. 한국은 2018년 IP 트래픽이 68.6엑사바이트(월 5.7엑사바이트)에 달해, 2013년의 33.7엑사바이트(월 2.8엑사바이트) 대비 2배가량 증가할 전망이다.[8]

역시 시스코 자료에 의하면 트래픽을 연결하는 유형으로는 2016년 현재 월 평균 모바일 트래픽 7 EB 중 4G가 69%를 차지하였으며, 3G도 24%를 차지하였다. 2021년에는 4G가 79%까지 증가할 것으로 예상되었다. 100Mbps와 1millisecond의 지연속도를 갖고 있는 매우 용량이 큰 트래픽인 5G는 2021년이 되어도 1.5% 수준에 그칠 정도로 5G의 확산 속도가 빠르게 예측되지는 않았다. 5G의 상용화가 전 세계적으로 확산되기 위해서는 IPv6을 도입하는 등 인터넷 환경 개선이 필수적이기 때문이다.

우리나라는 평창 올림픽을 계기로 전 세계에 5G 시범 서비스를 보여주려고 박차를 가하고 있다. ICT 산업에서 한국은 신기술 테스트 베드로서의 위상이 높기 때문에 이를 계기로 5G의 활용과 제4차 산업혁명 기술에서 ICT의 위상을 전 세계에 새롭게 보여주기를 기대해본다.

현재 예측되고 있는 트래픽 증가 요인으로는 인터넷 사용자 및 기기의 증가, 브로드밴드 속도 향상과 비디오 시청 증가 등이 꼽힌다. IP 트래픽

---

7   1EB = $1000^4$bytes = $10^{18}$bytes = 100000000000000000bytes
8   하준철, 스마트카 등 트래픽 급증, 2018년까지 IP트래픽 3배 증가, 《IOT Journal Asia》(2014. 6.12).

2016~2021년 월평균 모바일 데이터 트래픽 전망

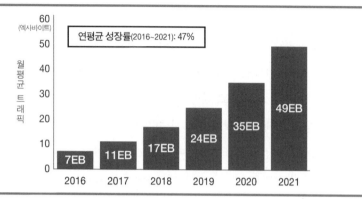

자료: Cisco VNI Mobile(2017).

연결 유형에 의한 전 세계 모바일 트래픽 비율(2016~2021)

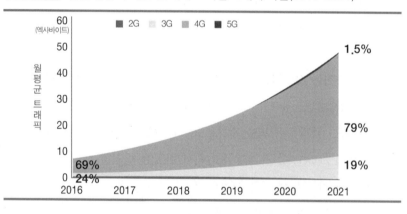

구성요소가 향후 몇 년간에 걸쳐 크게 달라질 것으로 전망되는데 non-PC 기기의 트래픽 양이 PC 트래픽 양을 처음으로 넘어설 것이 예상되며, 또한 와이파이(WiFi) 트래픽이 유선(Wired) 트래픽을 능가할 것으로 예상된다.

2018년에는 만물인터넷 시대가 본격화됨에 따라, 전 세계 인구수만큼

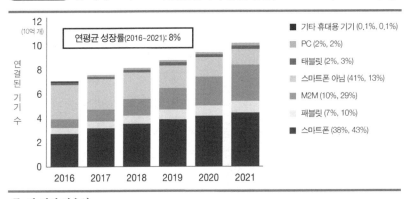

**그림 II-18** 전 세계 스마트 모바일/연결기기 성장 전망(2016~2021, LPWA 제외)

주: 각 기기 비율임.
자료: Cisco VNI Mobile(2017).

M2M 연결이 늘어날 전망인데, 특히 스마트카의 경우 차량 1대당 약 4개의 M2M 모듈이 장착될 것으로 예상된다. IOT가 장착된 자동차는 유럽, 북미 및 아시아 등의 지역에서 높은 비율로 성장할 것이 예상되는데 2030년에는 4억대에 달할 정도로 성장할 것이 예상된다.

전 세계의 연결기기를 보면 스마트기기 연결의 비중이 비스마트기기 (Non-Smart Phone) 연결보다 훨씬 높아 2021년에 82%에 이를 전망이며 이러한 현상은 세계적 추세로 나타날 것이다. 2021년에 북아메리카의 연결기기의 99%가 스마트기기이며, 유럽은 92%, 아시아도 82%에 해당될 것으로 예측된다.

## 5. 자율주행 자동차 시대가 다가온다

차량 내 와이파이(In-Car WiFi) 사용으로 자율주행 자동차는 은행도 될 것이며, 영화관도 될 것이며, 이동 사무실도 될 것이다. 세계의 무인이동

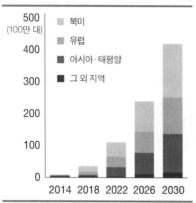

**그림 II-19** IoT 장착 자동차 예측
(세계시장, 2014~2030년)

- 북미
- 유럽
- 아시아·태평양
- 그 외 지역

자료: ABI Research.
재인용: Gil Press, "Internet of Things By The Numbers: Market Estimates And Forecasts," *Forbes*(2014.8.22).

체 시장의 규모는 향후 2025년까지 연평균 20%씩 성장할 것이라고 전망하고 있다.[9] 특히 아시아 태평양 지역의 자율주행 자동차가 가장 높은 비율을 나타낼 것이라는 전망도 있다.

제조업과 농·축산업 현장은 인조노동자인 로봇들이 움직이면서 스마트 작업장이 될 것이다. 또한 IoT 장착 차량은 2020년에는 약 7000만 대 정도로 증가할 것인데 자율적인 전자장비와 함께 물리적인 이동과 디지털 이동이 모두 가능하도록 소비자 요구를 충족하는 자동차 솔루션을 위한 시장이 크게 성장하게 될 것이다.

삼성전자는 2016년 11월 14일 커넥티드카와 오디오 분야 전문 기업인 미국의 하만을 80억 달러(9조 3380억 원)에 인수하기로 의결했다고 한다. 이는 이재용 부회장이 삼성전자의 등기 이사로 등재한 이후 사운이 걸린 중요 사안이었다. 이로써 삼성전자는 하만 인수를 통해 연평균 9% 고속 성장하는 커넥티드카용 전기장치 시장에서 글로벌 선두 기업으로 도약할 수 있는 기반을 마련했다고 발표했다. 하만은 커넥티드카용 인포테인먼트, 텔레매틱스, 보안, OTA(무선통신을 이용한 SW 업그레이드) 솔루션 등 전기장치 사업 분야 글로벌 선두 기업이다. 아마도 삼성전자는 하만이 우위

---

9    미래창조과학부 보고서, 2015.

그림 II-20 자율주행 자동차 성장 및 주요 기업 예측

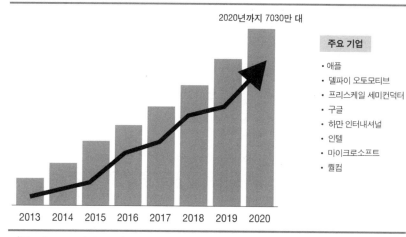

자료: Connected Car Solutions: A Global Strategic Business Report, Global Industry Analysts, Inc. 2015.5.

를 차지하고 있는 커넥티드카 분야에 삼성전자가 강점을 갖고 있는 모바일기기와 전자기기 및 부품산업을 결합함으로써 자율주행 자동차 분야를 새로운 성장동력으로 결정한 것 같다.

자율주행 자동차의 솔루션에 필요한 다섯 가지 중요한 기술로는 차량 내 와이파이(In-Car Wi-Fi) 접속 기능, 블루투스(Bluetooth), 근거리 무선통신(Near Field Communication, NFC),[10] 통합위성항법시스템(Integrated Global

---

10  10cm 이내의 아주 가까운 거리의 무선통신을 위한 기술로 쌍방향 데이터전송이 가능하며 2016년 현재 지원되는 데이터 통신 속도는 424Kbps이다. 전자태그(Radio Frequency IDentification, RFID) 기술 중 하나로 13.56MHz의 주파수 대역을 사용하는 비접촉식 통신 기술이다. 데이터 읽기와 쓰기 기능을 모두 사용할 수 있는데 NFC 기능이 탑재된 스마트폰으로 모바일 결제, 개인 인증, 영화, 공연 티켓 예약, 명함 입력, 출입통제 잠금장치 등 일상생활의 여러 서비스에서 자유롭게 사용할 수 있다. 통신거리가 짧기 때문에 상대적으로 보안이 우수하고 가격이 저렴하여 적용 범위가 광

Navigation Satellite System, GNSS),[11] 차량용 이더넷(Automotive Ethernet)[12]이 있다.[13] 이러한 토탈 솔루션을 개발하는 주요 기업체는 애플, 델피, 구글, 인텔, 퀄컴 등이다. 자율 운행 자동차뿐만 아니라 국방산업에서도 레이더와 통신기술 등은 더욱 그 비중이 증가하고 있다. 따라서 점차 통신 서비스를 위한 요소 기술, 서비스 기술 및 이에 필요한 표준화 등의 절차들이 진행되어야 한다.

## 6. 생명과학과 의료분야에서도 새로운 혁명이 가속화되다

IoT 기기와 연결되어 가장 신속하게 영역이 확대되는 분야는 바로 건강과 의료분야이다. 일단 가장 빠르게 IoT의 연결을 체감하는 분야는 이동거리, 운동과정에서의 혈압과 맥박 등의 건강 관련 정보이다. 몇만 원대의 저렴한 IoT 기기로도 이미 스마트폰과 연동하여 운동 및 간단한 건강 관련 정보를 24시간 수집하게 되었다. 게놈 정보와 IoT 정보의 결합은 생명보험 등 보험시장에도 새로운 비즈니스 영역을 개척해줄 것으로 예측된다.

생물학의 지식은 컴퓨터의 데이터 축적 용량의 확대와 분석 속도의 증가를 비롯하여 전자기능과 디스플레이를 이용한 측정기기의 발달로 최근 매우 눈부신 발전을 이룩하게 되었다. 게놈 등 유전자 정보를 이용하는 유전체학, 유전자의 발현을 연구하는 전사체학과 단백질학, 생리현상을 연

---

범위하여 차세대 근거리 통신 기술로서 주목받고 있다. 블루투스나 지그비 등 경쟁 기술에 비해 보안성과 편의성이 뛰어나다.

11 인공위성을 이용하여 지상물의 위치, 고도, 속도 등에 관한 정보를 제공하는 시스템.

12 이더넷 기술을 이용한 차량용 네트워크.

13 "Connected Car Solutions — A Global Strategic Business Report," Global Industry Analysts, Inc.(2015.5).

구하는 생리체학 등이 컴퓨터를 매개로 융합적으로 분석되면서 통합적으로 이해되어 시스템생물학으로 발전하였다.

시스템생물학은 컴퓨터상에서 생물체 모델링을 할 수 있게 되면서 생물체 유전정보 변경과 생명현상 예측도 가능해졌다. 이렇게 획득한 생물학적 지식은 최근 새로운 기능을 가진 생명체를 공학분야에 이용하기 위해 필요로 하는 목적을 수행하도록 인공적으로 합성한 게놈을 도입하여 생물체를 제조하는 합성생물학의 영역이 탄생하게 되었다.

2016년 3월 25일 과학학술지 《사이언스》지에 유전자 473개, 염기쌍 53만 1000개를 만들어 넣어서 인공생명체 'JCVI-syn 3.0'를 제조했다는 미국 크레이그벤터 연구소(JCVI) 크레이그 벤터(Craig Venter) 박사팀의 논문이 실렸다.[14] 크레이그 벤터 박사는 2000년 최초로 인간게놈을 완전 해독한 생명과학자이다. 이 인공세포는 현재까지 스스로 성장하고 증식도 가능한 인공생명체로는 유전자 수가 가장 적은 '최소 유전체'를 갖춘 미생물이다.

게놈 유전자를 인공적으로 합성하여 부품으로 사용할 수도 있다. 유전자를 도입하여 생물체의 광합성 기능을 활성화시켜 외부의 에너지 유입이 없이도 작동하는 기계제품을 탄생시킴으로써 무생물과 생물의 통합도 가능해질 것이라는 상상이 가능하다. 최근에는 유전자 가위를 이용한 유전자 편집기술이 결합하여 합성생물학의 상상 범위를 더욱 넓히고 있다.

크레이그 벤터 박사는 2010년 6월 '건강하게 오래 살기 위한' 의료 연구 벤처기업으로 유전체 분석 회사인 '휴먼 롱제비티(Human Longevity)'를 설립했다. 이 회사는 유전자와 질병의 관계를 밝히기 위한 데이터들을 수집하는데 1년에 4만 명의 유전체를 분석할 수 있는 설비 시스템을 보유하고

---

14   Hutchison CA 3rd & Venter JC(2016) Science 351: DOI: 10.1126/science.aad 6253.

있다. 창업 후 5년 만에 기업가치가 18억 9000만 달러에 달한다.[15]

질환자의 유전자 특이 정보 등 인간의 게놈 정보는 유전자 치료기술, 줄 기세포 치료기술 및 면역학 등의 기초학문 지식 등과 결합하여 정보의 활용가치를 더욱 높이고 있다. 질병의 모니터링과 예측 및 진단 등으로 기존의 사후에 진행되는 치료를 사전 예방으로 전환하는 의료혁명 시대를 예고하고 있다. 또한 개인의 게놈 정보를 분석하여 시행되는 개인 맞춤의학을 비롯하여 보다 근원적인 암 정복의 시대도 열렸다. 3D 프린터로 조직을 만들어 의약품 개발과 질병 치료에 큰 역할을 할 수 있을 것이며, 개인에게 맞춤형으로 조제약을 만들어줄 수 있게 된다. 그뿐만 아니라 치아나 귀와 눈 등의 기관, 의족과 의수를 비롯하여 줄기세포를 이용한 장기생산까지도 가능한 바이오프린팅 분야까지 광범위한 활용이 가까워지고 있다.

# 7. IoT 시장의 성장은 무한하다

IoT 시장 분석 정보를 제공하는 'IoT Analytics'는 2014년 10월 17일 IoT 시장을 분야별로 나누어 시장 규모를 예측한 자료를 발표하였다. IoT 세계시장을 크게 두 분야로, 즉 소비자와 직접 결합하는(1. Consumer-facing) IoT 2C 분야와 기업과 직접 결합하는(2. Business-facing) IoT 2B 분야로 나누었다. IoT 2C 분야는 홈 자동화와 주택 개조 및 에너지 효율화 등의 주택 분야(1a), 웨어러블 기기, 오락, 음악, 레저, 애완동물, 장난감, 드론 등의 생활 스타일 분야(1b), 휘트니스, 모니터링, 측정, 진료 등의 헬스 분야

---

15  민상식·김세리, "5년 만에 기업가치 10억 달러 돌파!! 스타트업 톱16", 《헤럴드경제》 (2016.5.21).

(1c), 연결 자동차와 e-자전거 등의 이동 분야(1d)로 다시 나누었다.

IoT 2B 분야는 상점과 편의점 등의 소매 분야(2a), 헬스(2b), 송전과 배전 및 재생에너지 등의 에너지 분야(2c), 항공, 철도, 해상, 자동차 교통체계 등의 이동 분야(2d), 도시 기반 시설, 상수원과 폐기물, 난분해물질, 조명 시설, 안전, 보안 등의 도시 분야(2e), 제조업 분야(2f), 공공 서비스 분야(2g), 환경, 국방, 농업, 접대업 등의 기타 분야(2h)로 나누었다.

2020년까지 매출액 성장을 예측한 하버 리서치(Harbor Research)의 발표에서는 소비자와 직접 결합하는 분야에서 40%, 기업과 연결되는 분야에서 60%를 차지할 것으로 전망되었다. 글로벌 인사이트(Global Insight)가 예측한 결과에서도 2022년까지 IoT 기기 수가 소비자 분야에서 48%, 기업 분야에서 52%를 차지할 것으로 전망되었다.[1]

《가트너(Gartner)》지가 2020년 IoT 분야 경제적 부가가치 톱(Top) 3를 예측한 바로는 제조업이 1순위로서 15%, 헬스가 2순위로서 15%이었으며 3순위로는 공공서비스 중 보험 한 종목이 11%를 차지했다. 시스코는 2020년 부가가치 기준으로 가장 큰 비중을 차지하는 것이 공공서비스로서 38%를 차지할 것으로 예측하였으며, 그다음으로 제조업이 27%, 소매업이 15%, 헬스가 7%, 에너지가 5%를 차지할 것으로 예측하였다.

이들 여러 예측기관의 발표를 종합하여 보면 2020년까지 가장 빠르게 성장하는 분야는 결국 제조업과 헬스 분야, 그리고 공공서비스 및 소매업 분야인 것으로 여겨진다. 따라서 많은 나라들이 제조업과 헬스 분야 IoT를 집중적으로 육성하고 있다.

사실 미국과 유럽의 산업정책과 경제구조가 크게 다르기 때문에 IoT 육성의 양상도 서로 다르게 나타난다. 미국은 실리콘 밸리와 벤처 기업에서 IoT를 견인하고 있지만 유럽은 유럽연합이나 각 정부의 정책적 지원의 영

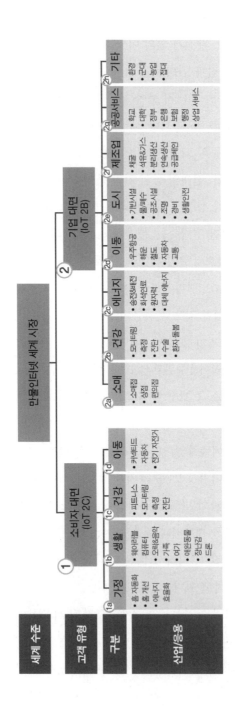

**그림 II-21** 만물인터넷: 산업과 응용에 따른 시장 세분화

향이 비교적 크게 작용하는 편이다. 특히 독일이 산업 4.0(Industry 4.0)을 통해 국가 차원에서 제조업의 IoT화를 적극적으로 추진하고 있다. 아직 산업 4.0은 가시적인 성과로까지 이어지고 있지는 않다고 하더라도, 기존 제조업과는 달리 ICT와 서비스 등이 제조업에 융합되고 제조업 비중에서 이들 분야의 비중이 더욱 증가한 그동안 경험해보지 못한 새로운 유형의 새로운 제조업이 나올 것은 분명해 보인다.

# 제 5 장

# 제4차 산업혁명의 필수조건 살펴보기

## 혁신생태계가 혁신하고 있다

### 1. 뉴욕 실리콘 앨리 혁신생태계가 뜨고 있다

최근에는 뉴욕의 맨하탄 뒷골목을 중심으로 패션, 멀티미디어, 소매업, 광고 등의 경쟁력이 강한 기존 산업과 ICT가 결합하여 새로운 창업 중심지로 새롭게 부상하고 있다. 이 지역은 속칭 실리콘 앨리(Silicon Alley)로 불리는데 실리콘 밸리와 뒷골목을 뜻하는 영어 앨리(Alley)의 합성어로, 미국 뉴욕 맨해튼 서남부 지역의 신생 벤처기업 창업 단지이다.[16] 이 지역의

---

16 "혁신의 메카 뉴욕 뒷골목… '실리콘 앨리' 스타트업 新성지가 되다", 《SUPERICH》 (2015.10.30).

그림 II-22 뉴욕 실리콘 앨리 입주 기업(2017년 4월)

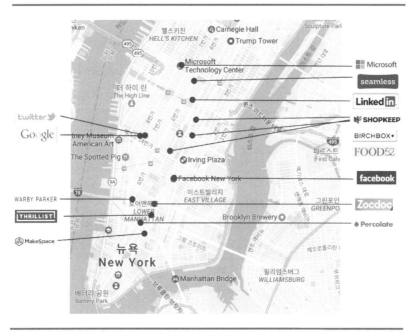

자료: 구글 지도를 배경으로 재작성.

중심 산업은 기존 산업과 ICT가 결합하여 발전한 뉴 미디어나 핀테크, 애드테크(Ad-tech) 등이다. 뉴욕은 전 세계 금융, 문화, 예술, 패션의 중심지로 창업가가 활동하기 좋은 환경을 갖추고 있기 때문에 IoT 유형의 새로운 산업들이 발전하는 터전이 되었다. 특히 뉴욕은 시 차원에서도 마이클 블룸버그 전 뉴욕 시장이 의욕적으로 벤처 단지를 세우고 혁신벤처 캐피털 자금을 조성하였으며 현재에도 벤처 창업 육성에 적극적으로 나서고 있다.[17]

---

17 "벤처 창업, 이젠 뉴욕이다. 북미/Global 시장 정보",《Kotra Academy》(2013.6.18).

# 2. 세계 주요 ICT 기업들이 융합하고 있다

미국은 ICT 분야 벤처 기업 기반이 강한 나라로서 이들 벤처 기업이 성장하여 IT 산업을 주도해오면서 혁신적 생태계 기반을 활용하여 지속적으로 플랫폼과 핵심 ICT 기술을 발전시켜가고 있다. 특히 ICT 융합 산업이 주력산업으로 성장하는 시기인 2010년에는 이미 세계 IT 산업 상위 10대 기업으로 삼성전자 1개 기업을 제외하고 모두 미국 기업이 차지하고 있다.

**표 II-1** IT 산업 시가총액 상위 기업 현황

| | 1990년 | | 2000년 | | 2010년 | |
|---|---|---|---|---|---|---|
| | 기업명 | 국적 | 기업명 | 국적 | 기업명 | 국적 |
| 1 | IBM | 미국 | Cisco | 미국 | Apple | 미국 |
| 2 | Hitachi | 일본 | Microsoft | 미국 | Microsoft | 미국 |
| 3 | Panasonic | 일본 | Nokia | 핀란드 | Google | 미국 |
| 4 | Toshiba | 일본 | Intel | 미국 | IBM | 미국 |
| 5 | NEC | 일본 | Oracle | 미국 | Oracle | 미국 |
| 6 | Fujitsu | 일본 | IBM | 미국 | Intel | 미국 |
| 7 | SONY | 일본 | EMC2 | 미국 | Cisco | 미국 |
| 8 | Nintendo | 일본 | SONY | 일본 | Samsung | 대한민국 |
| 9 | Kodak | 미국 | Nortel | 캐나다 | Hewlet Packard | 미국 |
| 10 | Fuji Film | 일본 | Ericsson | 스웨덴 | Qualcomm | 미국 |

\\\\ : 플랫폼 창조기업   : 핵심모듈 확보기업

자료: 조신, 「생태계 중심의 미래 IT경쟁력 강화 방안」(2012.12.4), 미래 IT정책 심포지엄 발표자료, 정보통신산업진흥원.

# 3. 실리콘 밸리가 다시 혁신의 중심으로 떠오른다

미국의 실리콘 밸리는 뛰어난 엔지니어들, 혁신적이고 다양한 기술력,

풍부한 벤처 캐피털, 버클리 대학과 스탠포드 대학 등의 명문 대학교, 회계와 법률과 같은 기업 인프라, 개방적이고 활발한 네트워크, 창의적인 문화 등의 장점이 있다.

물론 실리콘 밸리는 그 이름에서 알 수 있듯이 반도체 제조에 이상적인 건조한 기후 조건을 갖춘 샌프란시스코 인근에 세워진 첨단 기술 단지이다. 이 지역 인근에는 명문 대학이 있어 우수한 인력을 확보하기 용이하고, 미국 자유주의 운동의 거점이면서 문화·경제·상업의 거점도시이다. 도시가 처음 만들어질 때 금광을 찾아 사람들이 몰린 '샌프란시스코' 인근에 있다는 점도 좋은 입지 조건이다. 처음에는 캘리포니아 주 정부가 전자회사 유치를 위하여 세제 특혜 등을 준 결과 세계적인 반도체 기업이 집적된 첨단기술의 전진기지가 되었다.

실리콘 밸리가 형성된 역사를 보면 1939년에 휴렛 패커드사(Hewlett-Packard Co., HP)가 설립되었고, 1939년에 NASA의 AMES 연구소가 설립된 후 1953년에 스탠포드 대학 교수에 의해 스탠포드 인더스트리얼 파크(Stanford Industrial Park)가 조성되었으며, 트랜지스터 개발로 노벨 상을 받은 윌리엄 쇼클리(William Shockley)가 1956년에 쇼클리 반도체 연구소를 설립하였고 1957년에 페어차일드 반도체 회사가 설립되었다. 이후 1994년 웹 브라우저(Web Browser)의 대명사 넷스케이프 내비게이터(Netscape Navigator)가 개발되었으며, 1996년 마이크로소프트(Microsoft)가 인터넷 익스플로러(Internet Explorer)를 개발하였고 인터넷 익스플로러의 컴퓨터 운영체계(OS) 시장 점유율은 95%를 상회하게 되었다.[18] 즉 실리콘 밸리는

---

18 성영조, 「Silicon Valley & Tech Companies: 실리콘밸리 겉핥기」, 경기연구원(2015. 7).

1800년대 중반에 금광 러시를 따라 캘리포니아로 이주해 온 이주민이 세운 도시로서 경제적·사회적·문화적으로 상당히 뛰어난 입지적 기반이 있었고 HP가 처음 세워진 이후 지금까지 70여 년의 전통을 갖고 혁신생태계가 발전해오고 있다.

지역의 경제·문화적 특성으로 융합과 협력, 창조성, 다양성, 개방성, 혁신성과 기술력 등 혁신 생태계에 핵심적 요소들이 잘 융합하여 혁신의 메카로 부상하였고, 구글·애플·페이스북·유튜브 등을 비롯한 실리콘 밸리 입주 기업들이 최근의 ICT 혁명을 주도하고 있다.

# 4. 창업 생태계 구성 요소 살펴보기

미국에서 캘리포니아의 실리콘 밸리와 뉴욕의 실리콘 앨리(NYC)에 자리 잡은 기업의 벤처 캐피털 투자 현황을 보면, 창업 초기(씨앗 상태/시리즈 A)에는 실리콘 밸리와 NYC가 각각 1년간 250만 달러와 200만 달러를 투자받아 실리콘 밸리가 25% 더 많은 투자를 받았다.[19] 창업 중간 단계인 시리즈 B&C 단계에서는 NYC가 900만 달러인 것에 비해 실리콘 밸리가 1230만 달러를 투자 받아 37%가 더 많았다. 그러나 창업 후기인 시리즈 D+단계에서는 실리콘 밸리가 2200만 달러를 투자받아 NYC의 1330만 달러보다 65%가 더 많았다.

중간 규모의 투자가 주로 이루어지는 창업 초기와 중기에서는 실리콘 밸리와 NYC가 크게 다르지 않았지만 창업 후기에는 대규모 투자가 이루어졌다. 실리콘 밸리는 NYC에 비해 대규모 투자 면에서 훨씬 유리했다.

---

19  CB Insights/Blog, "VC Deal Sizes in Silicon Valley Dwarf NY"(2014.5.15).

**투자규모: 실리콘 밸리가 뉴욕 앨리보다 훨씬 크다**

|  | 실리콘 밸리 | NYC | 규모 차이(%) |
|---|---|---|---|
| 초기 | 2.5 | 2.0 | 25% |
| 중기 | 12.3 | 9.0 | 37% |
| 후기 | 22.0 | 13.3 | 65% |

자료: CB Insights/Blog, "VC Deal Sizes in Silicon Valley Dwarf NY"(2014.5.15).

우리나라는 창업 기업을 단계별로 구분해본다면 창업 초기에 이르는 기업이 거의 40%에 가까운 수준으로, 약 25% 수준인 핀란드보다도 거의 두 배에 가깝다.[20] 결국 창업한 기업이 성장하기 어려운데, 벤처 캐피털의 투자 규모가 작으며 특히 창업 후 초기 성장 시기의 투자 규모가 상당히 작은 것이 큰 원인으로 작용함을 알 수 있다.

창업 생태계의 구성 요소로는 대학, 연구개발 실험실, 창업 인큐베이터, 엔젤 펀드, 공익기업, 서비스 공급자, 정부기관, 벤처 캐피털과 기관투자자 등이 있다. 이들이 필요에 의해 자발적으로 결합하고 긴밀하게 협력할 수 있도록 기술 성장 네트워크가 갖춰진 생태계가 필요하다. 특히 가장 중

---

20  김영한, Matthias Deschryvere, "Ecosystem Impact in Start-up Firms: A Comparative Analysis between South-Korea and Finland"(2015.11).

요한 것은 기술 연계형 네트워크이다.

# 5. 한국의 창업 생태계, 갈 길이 멀다

최근 여러 나라에서 창업 생태계 지도를 발표하고 있다. 우리나라도 스타트업 얼라이언스 코리아(Startup Alliance Korea)에서 발표하고 있다. 컴퍼스 사(Compass.co)는 2012년부터 스타트업 에코시스템 리포트 시리즈(Startup Ecosystem Report Series)를 발표해왔는데 2015년 7월 27일에도 스타트업 에코시스템 랭킹 2015(Startup Ecosystem Ranking 2015)에서 세계적으로 창업 생태계가 잘 발달되어 있는 도시 20개를 발표하였다.[21]

창업 생태계 순위 도시로서 중국, 대만, 일본, 한국은 아직 포함되어 있지 않지만 베이징은 상위 5위, 상하이는 15위 정도로 판단된다. 서울 등 한국은 아직은 순위 대상이 아니지만 조사자료의 신뢰도를 높여서 조만간 순위에 포함시킬 예정이라고 한다.

순위를 발표하는 이유는 정보혁명이 가속화되면서 점차 기업의 수명이 짧아지고, 벤처 창업은 소기업 창업과는 다른 형태를 띠게 될 뿐만 아니라 벤처 창업의 경제사회적인 영향이 점차 커져 가므로 창업이 더욱 중요하기 때문이다. 독일의 연방공화국 경제부 장관의 싱크 탱크인 독일 생산성 혁신센터(German Productivity and Innovation Centre, RKW)의 '기업가정신 & 혁신본부장'인 토머스 푼케(Thomas Funke) 박사는 창업 생태계를 비교·판단할 수 있는 구성요소에 대한 객관적인 기준이 필요함을 역설하였다.

그는 창업 생태계의 중요한 요소 다섯 가지를 다음과 같이 열거하였다.

---

21  http://startup-ecosystem.compass.co/ser2015/

그림 II-24  창업 생태계 구성 요소

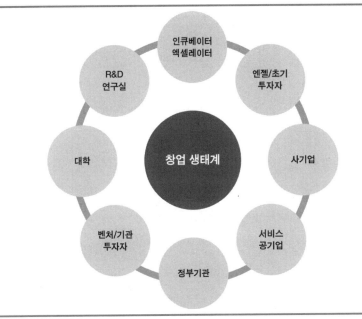

자료: 정재훈, "글로벌 K-스타트업, 실리콘밸리를 느끼다", Google 한국 블로그(2012.11.23).

첫째, 생태계가 더욱 상호적으로 연결되어 있어야 하고, 창업팀은 더욱 국제적인 구성을 갖춰야 한다. 특히 국제적으로 투자를 받고 있느냐가 중요한 평가지표라고 한다. 상위 20개 창업 생태계는 37%를 해외에서 투자받고 있다. 북미 도시는 해외에서 41%의 투자를 받고 있는데, 그 구성은 북미의 다른 도시에서 20%, 유럽에서 38%, 아시아·태평양에서 29%로 이루어진다. 구성원도 해외 인력의 비중이 높아 실리콘 밸리의 경우에는 해외 인력 비중이 45%이며, 평균 29%에 달하였다.

둘째는, 퇴로 가치(Exit Values)가 얼마에 달하는가이다. 20개 도시에서 2013년에서 2014년까지 퇴로 가치가 81% 증가하였는데 이 중 40%가 기업공개(IPO)이고 60%는 기업 합병(Acquisitions)이었다.

그림 II-25 창업생태계 세계 톱 20 순위

| | 순위 | | 성과 | 투자 | 시장 접근성 | 재능 | 창업 경험 | 성장 지수 |
|---|---|---|---|---|---|---|---|---|
| 실리콘 밸리 | 1 | ◀ | 1 | 1 | 4 | 1 | 1 | 2.1 |
| 뉴욕 시 | 2 | ▲3 | 2 | 2 | 1 | 9 | 4 | 1.8 |
| 로스엔젤레스 | 3 | ◀ | 4 | 4 | 2 | 10 | 5 | 1.8 |
| 보스턴 | 4 | ▲2 | 3 | 3 | 7 | 12 | 7 | 2.7 |
| 텔아비브 | 5 | ▼3 | 6 | 5 | 13 | 3 | 6 | 2.9 |
| 런던 | 6 | ▲1 | 5 | 10 | 3 | 7 | 13 | 3.3 |
| 시카고 | 7 | ▲3 | 8 | 12 | 5 | 11 | 14 | 2.8 |
| 시애틀 | 8 | ▼4 | 12 | 11 | 12 | 4 | 3 | 2.1 |
| 베를린 | 9 | ▲6 | 7 | 8 | 19 | 8 | 8 | 10 |
| 싱가포르 | 10 | ▲7 | 11 | 9 | 9 | 20 | 9 | 1.9 |
| 파리 | 11 | ◀ | 13 | 13 | 6 | 16 | 15 | 1.3 |
| 상파울루 | 12 | ▲1 | 9 | 7 | 11 | 19 | 19 | 3.5 |
| 모스크바 | 13 | ▲1 | 17 | 15 | 8 | 2 | 20 | 1.0 |
| 오스틴 | 14 | NEW | 16 | 14 | 18 | 5 | 2 | 1.9 |
| 벵갈로 | 15 | ▲4 | 10 | 6 | 20 | 17 | 12 | 4.9 |
| 시드니 | 16 | ▼4 | 20 | 16 | 17 | 6 | 10 | 1.1 |
| 토론토 | 17 | ▼9 | 14 | 18 | 14 | 15 | 18 | 1.3 |
| 밴쿠버 | 18 | ▼9 | 18 | 19 | 15 | 14 | 11 | 1.2 |
| 암스테르담 | 19 | NEW | 15 | 20 | 10 | 18 | 16 | 3.0 |
| 몬트리올 | 20 | NEW | 19 | 17 | 16 | 13 | 17 | 1.5 |

자료: Startup Ecosystem Ranking 2015, COMPASS Co.(2015.7.27).

셋째, 창업 생태계에 대한 투자 자금 추세이다. 실리콘 밸리는 2013년에서 2014년까지 벤처자금이 93% 증가하여 거의 2배에 달하였으며, 보스턴은 3.7배, 암스테르담은 2배, 시애틀도 2배 증가하고 있다. 실리콘 밸리에서 큰 규모의 투자가 이루어지는 창업 기업의 면면을 보면 비교적 창업 후기인 시리즈 B와 시리즈 C+ 시기에서 더 활발하게 이루어지고 있다. 창업 초기 투자 크기는 작은 편이다.

넷째, 2012년 이후 승자와 패자를 비교해보면 작은 규모의 창업 생태계는 큰 규모의 창업 생태계가 접근할 때 어려운 시기를 겪는 경우가 있는데,

그림 II-26 기업가 정신 생태계 캔버스

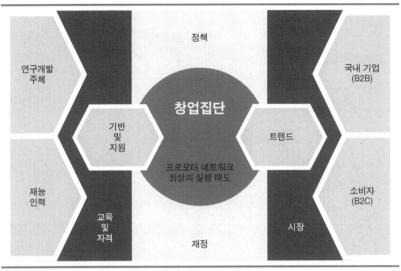

자료: 독일 생산성혁신센터(2015) 기업가 정신 생태계 캔버스.

그것은 기존의 인력과 자본이 주변의 더 큰 생태계로 이동하기 때문이다.

다섯째는, 창업자의 성평등 정도가 중요한 요소라는 점이다. 2012년에는 여성 창업 기업주가 10%에 지나지 않았지만 2015년에는 톱(Top) 20 창업 도시의 여성 창업주 비율이 18%로 증가하였다. 시카고는 여성 창업주 비율이 30%에 달한다.

이 같은 분석을 통해 토머스 푼케 박사는 창업 생태계를 활성화하기 위해 필요한 요소로서 '기업가 정신 생태계 캔버스'를 제안하였다.

우리나라는 아직 창업 생태계 순위의 평가 국가에 속하지는 않지만 스타트업 얼라이언스가 한국 스타트업 생태계 지도를 발표하고 있다. 2017년 말에 발표한 지도를 보면 최근 우리나라의 벤처 창업 생태계의 특징 중 하나는 스타트업과 창업을 위해 정부가 많은 지원을 하고 있으며, 벤처 캐

**그림 II-27** 창업 생태계: 창업 단계에 따른 지원 및 투자

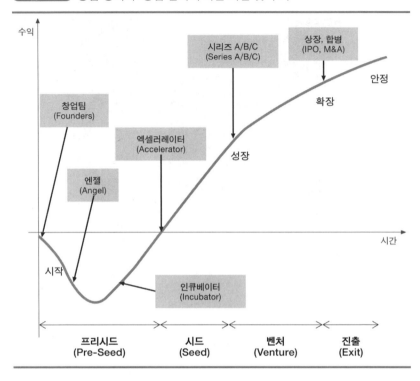

피털도 크게 증가하여 초기 단계의 창업 기업에 투자가 크게 증가하였다는 점이다. 또한 창업 기업에 투자한 경우 일정 기간 동안 창업 기업이 성장할 수 있도록 지원해주는 창업지원자가 많이 등장하였다. 그러나 역시 해외로부터의 벤처 투자는 많이 취약한 상황이다.

특히 2017년에 발표된 우리나라 2017년 창업생태계 지도를 보면 엑셀러레이터가 크게 증가했음을 알 수 있다. 정부가 추진하는 창조경제 정책으로 창업 지원 기능을 활성화하고 지원하면서 엑셀러레이터 설립이 크게 증가한 것이다. 전 세계적으로 보면 2000년대 중반부터 엑셀러레이터 설

**그림 II-28** 한국의 창업 생태계 지도

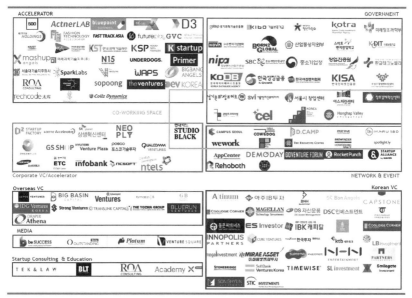

자료: 스타트업 얼라이언스(Startup Alliance).

립이 급증하였는데 미국, 영국, 이스라엘 등 벤처창업이 활발한 국가를 중심으로 2000개 이상의 엑셀러레이터가 활동하고 있다. 엑셀러레이터의 주요 기능으로는 공정한 선발, 조기 투자, 차별화된 일대일 멘토링, 코칭 중심의 단기간 집중지원 등을 들 수 있다.[22] 미국은 전형적인 민간주도형으로 진행되며, 독일은 인큐베이터를 중심으로 멘토링을 특화한 모델이며, 핀란드는 대학을 중심으로 지분 없이 창업 지원을 운영하고 있다.

과학기술 정책연구원의 김선우 박사가 발표한 보고서에 의하면 엑셀러레이터는 벤처 캐피탈과 비교해서 '작은 자본 규모의 투자 활동'이며, 인큐

---

22 김선우, 「창업생태계에서 엑셀러레이터의 역할과 이슈」, 정책특집 20-25(2015).

그림 II-29 한국 창업 기업 2017

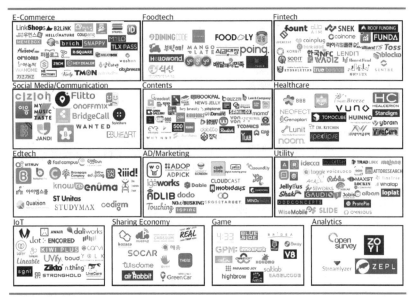

포함 기준: 시리즈 A 투자 이상의 pre-exit 스타트업.
자료: 스타트업 얼라이언스(Startup Alliance).

베이터와 비교해서는 '전문보육을 통한 시장진입'을 촉진하되 이윤을 목적
으로 하는 민간 전문기관 혹은 기업이다. 실전 창업교육과 전문 멘토링을
지원하여 창업성공률을 높이고 성장을 가속화(accelerating)시키는데 이 과
정에서 모두 초기 단계의 기업에 조언, 서비스, 자금조달, 공간을 제공하
고 그들의 사업이 확장될 수 있도록 지원해준다.

2017년 스타트업 얼라이언스에서 발표한 창업생태계 지도 보고서에서
보면 시리즈 A 이상의 투자를 받아 상장 등을 통해 진출한(Exit) 「한국 창
업기업 2017」 자료도 제공해주고 있다.

우리나라의 창업 생태계와의 컴퍼스(Compass) 순위 10위인 싱가포르의
창업 생태계를 비교해보면, 싱가포르가 벤처 캐피털을 비롯하여 스타트업

생태계가 상당히 더 정교하게 발달해 있었다. 특히 창업 초기 단계인 시리즈 A 단계를 비롯하여 창업 액셀레이터가 구조적으로 잘 갖춰져 있었다.

싱가포르는 혁신 생태계 순위가 10위지만 성장지수는 1.9로서 매우 낮은 편인데 그것은 벤처 투자가 매우 열악하기 때문인 것으로 분석되었다. 그럼에도 기업의 출구 성장(Exit growth)과 투자규모 면에서는 9위를 차지하였다. 혁신 생태계의 다섯 가지 평가지표를 보면 실적(performance)은 실리콘 밸리가 1위인 것에 비해 싱가포르는 11위, 투자 자금은 9위, 해외 수출 비중이 높은 시장 접근성은 9위를 기록하였다. 창업이 비교적 활발하게 이루어지는 지역이므로 창업 경험은 9위 수준이었다. 인력의 재능은 20위로서 최하위를 기록하였는데, 그것은 임금 수준은 아시아태평양 국가 평균보다 높았지만 인력 채용이 어렵고, 자국 인력보다는 해외 인력이 더 많아 외국 태생의 인력이 52% 이상을 차지하기 때문이었다.

인력 부문에서는 1위 실리콘 밸리, 2위 뉴욕의 실리콘 앨리가 차지했다. 우리나라는 스타트업 얼라이언스의 혁신 생태계 분석으로 싱가포르와 비교해볼 때 실적, 투자 자금, 창업 경험 등에서는 취약하지만 인력의 재능 측면에서는 우위를 기록할 것으로 보인다.

## 2절
# 혁신정책: 유연성과 자발성을 키우자

## 1. 혁신 정책의 의사결정: 현장 중심으로, 아래로부터 시작하자

최근 과학기술 분야에서 혁신의 글로벌 경쟁이 더욱 치열해지고 변화도 매우 빠를 뿐만 아니라 적용되는 범위도 매우 넓고 복잡하게 네트워킹이 되어 있다. 또한 ICT 사회로 진입한 이후에는 ICT의 빠른 발전 속도와 함께 예측 불가능성 및 불확실성이 높아 새로운 전략적 접근이 요구된다. 특히 정부 주도하에 로드맵을 따라서 과학기술정책을 수행하는 전략으로는 실제 기술 현장에서 일어나는 혁신에 보조를 맞추기가 쉽지 않다.

사실 미국의 ICT 산업의 경쟁력은 혁신 체제가 갖는 시스템의 경쟁력이다. 우리나라나 유럽과는 달리 미국에는 과학기술 전담 부처가 없다. 백악관의 대통령 과학보좌관이 미국 백악관 과학기술정책실(OSTP) 실장을 겸하면서 과학기술정책을 총괄 조정하는 역할을 한다. 따라서 대통령이 과학기술 의제를 직접 설정하여 전 국가적 차원에서 추진하게 된다. 또한 국가의 연구개발 사업은 분야별 연구 총괄 기구, 예를 들면 생물 및 의학 분야의 연구는 국립보건원, 항공우주 연구는 미국항공우주국(NASA), 기초과학연구는 미국국립과학재단(NSF) 등 각각의 연구관리기관(Agency)을 두고 있다. 실질적인 예산 배분은 백악관의 과학기술정책실장이 총괄하게 되어 있는데 대통령의 과학기술정책 의제를 설정하여 이에 맞추어 연구개발비를 배분하면서 국가의 혁신을 견인하고 있다.

우리나라는 참여정부에서 대통령 정보과학기술보좌관을 두고 국가과학기술위원회(위원장: 대통령)에 참여하면서 예산 배분 및 조정과 함께 혁신정책을 총괄하였던 것은, 과학기술부가 별도로 설치되어 있다고 하더라도 미국의 과학기술정책 구조와 유사한 모습이었다.

과학기술 현장에서는 자연스럽게 발생하는 혁신이 가치사슬을 따라 이동하는 혁신시스템이 작동하면서 개별 기업이나 기술이 국가 내에 존재하는 혁신의 주체들과 필요에 의해 서로 결합하면서 생존할 수도 있고 도태될 수도 있는 혁신의 생태계가 갖추어지는 것이 절대적으로 필요하다.

이제 개별 기업이나 국가가 지도를 놓고서 기술 발전의 변화를 찾아가는 전략은 현실에서 효과적으로 작동하기 어려울 것이다. 특히 성장동력을 확충하기 위해서는 국내외의 모든 인적·물적·기술적 자원의 활용을 극대화하는 것이 가장 필요한데, 이 과정에서 정부의 개입이나 주문보다는 현장에서의 필요가 가장 중요한 요소가 되어야 한다. 정부는 인적·물적·기술적 자원을 실력 있게 육성하는 기반적인 일에 더욱 전념하는 것이 필요하다.

## 2. 필요가 만들어내는 혁신의 경쟁력이 진짜 경쟁력이다

우리나라는 정부가 기술을 묶기 위해 융합연구를 하도록 오래전부터 강조해왔지만 기술이 융합되기는 쉽지 않다. "필요가 세상을 바꾸게 해야 한다"는 명언이 있다. 이제 개별 기업이 기술혁신을 통해 성장할 수 있으려면 독자적으로 기술을 개발할 수 있는 역량도 중요하다. 하지만 더 중요한 역량은 최고의 기술들을 찾아서 조합하거나 최고의 기술을 갖고 있는 인재들을 찾아내거나 최고의 기술에 관련된 정보를 찾아내어 이것들 모두를 어떻게 잘 조합하여 융합할 수 있느냐이다. 이러한 역량이 바로 제4차 산업혁명 시대에 필요로 하는 역량이다.

한 기업이 연구개발과 부품 개발, 디자인, 생산, 판매, 물류 등 가치 사슬 라인에서 모두 최고의 경쟁력을 갖추는 것은 어려운 일이 되었다. 물류, 마케팅, 디자인 등 제조업 기반 서비스업의 발전이 제조업의 경쟁력을 크게 높여준다는 것은 이미 제2차, 제3차 산업혁명 시기에서도 익히 당연한 일이었다. 이제 제4차 산업혁명 시기에는 ICT에 맞춰서 제조업이 플랫폼을 만들어 융합해 들어가야 한다. 그렇기 때문에 기업의 전략도 바뀌어야 하고 국가의 과학기술정책과 산업정책에서 모든 전략이 바뀌어야 한다.

국가가 모든 자원을 모듈화해주고 자생력과 경쟁력과 통합력이 발휘될 수 있도록 육성하는 전략이 필요하다. 그 모듈들이 융합하는 것은 혁신 생태계의 순환 구조에 맡겨야 할 것이다. 물론 정부의 역할로서 모듈을 육성하는 것과 모듈이 모여서 부가가치를 만드는 게임이 진행되는 장소는 유도해줘야 할 것이다. 특히 정부는 게임을 진행하는 과정에서 반칙이 일어나지 않도록 공정한 원칙이 지켜지도록 게임 과정을 관리해야 할 것이다.

애플은 제조 공장을 갖고 있지 않아도 최고의 스마트폰을 제조하는 회사로 성장하고 있다. R&D, 디자인, 마케팅은 자체적으로 진행하면서 제조 등 그 외의 것은 아웃소싱을 활용하는 것으로 유명하다. 아니면 구글처럼 플랫폼만 만들어 건물의 뼈대만 구축하고 그 외의 부분에는 모두 최고의 실력자와 결합하여 최고의 경쟁력을 갖춰나가는 아웃소싱과 인소싱 전략을 결합할 수도 있다. 개별의 가치가 사슬로 묶이면서 각자의 합보다 전체의 합의 더 커지는 네트워킹을 통한 증진효과를 획득할 수 있어야 한다.

우리나라에서 성장의 가치 사슬 네트워킹이 잘 안 되는 것은 기업의 M&A가 활성화되어 있지 않은 요인도 크게 작용한다. 생태계의 핵심은 먹이그물이다. 먹이그물이 건강하게 작동될 때에는 생태계를 구성하는 종의 개체 수도 유지되면서 생태계가 지속가능성을 확보하게 된다.

혁신 생태계에서 먹이그물이 건강하게 선순환되는 데 필요한 핵심 요소는 M&A로 이루어지는 먹이그물의 종적, 횡적 연결고리이다. M&A 또는 기업공개(Initial Public Offering, IPO)를 통해서 창업 기업이 출구(Exit)를 찾고 또 다른 투자를 만들어내어 창업과 출구와 새로운 투자의 연쇄반응을 통해 유기적인 성장이 가능한 요소가 혁신 생태계의 핵심이다.[23] 엄청난 에너지를 만들어내는 원자력 발전의 원동력도 바로 연쇄반응이다. 가치사슬을 통해 연쇄반응이 일어날 수 있도록 진입과 퇴로를 찾는 것이 모두 용이한 구조를 갖고 있어야 한다.

사실 테슬라 모터스(Tesla Motors) 사는 엘론 머스크(Elon Musk)가 페이팔(PayPal)을 매각한 자금으로 투자 합병한 회사이다. 엘론 머스크는 영화 아이언맨의 실제 모델로서 페이팔, 테슬라, 스페이스X 등을 창업한 인물이다. 1999년 X.com 설립 후 페이팔 서비스를 시작하여 회사명을 페이팔로 바꾼 후 이베이(eBay)에 매각하여 2003년 마틴 에버하드가 설립한 테슬라 모터스에 대규모 자금을 투자함으로써 설립자 지위를 얻게 되었고, 최근 전기차 돌풍을 일으키고 있다.

우리나라에서 M&A가 잘 이루어지지 않는 요인의 하나는 사회적으로 평가에 대한 신뢰가 부족하다는 점이다. 기업의 가치를 평가하여 합리적 금액이 산정되는 구조가 취약하고, 팔고 사는 주체들의 관계에서 갑과 을의 관계가 만들어져 버린다. 갑은 승자이며, 을은 늘 손해 보는 패자로 전락하기 십상이다. 그렇기 때문에 손해 보는 장사보다는 끝까지 자신의 이익을 만들기 위해 스스로 완성시켜보려고 한다. 생태계에서 스스로 상위 포식자로 진화하려는 무척 어려운 일을 시도하는 것이다.

## 3. 기업복덕방 창조경제혁신센터는 혁신이 약하다

창조경제혁신센터는 이런 어려운 일을 시도하는 창업 초기기업들에게 지역 단위로 나누어 대기업 멘토를 정해주고 사회환원 차원에서 자기 비

---

23  정재훈, "글로벌 K-스타트업, 실리콘밸리를 느끼다", Google 한국 블로그(2012.11. 23).

용도 좀 들여서 멘티들을 잘 키워보라고 격려해주는 혹은 독려하는 구조이다. 그 구조조차도 박근혜 - 최순실 게이트가 터지면서 그 순수성이 의심을 받게 되었다.

앞으로 가장 중요한 것은 신뢰성에 기반을 둔 투자 구조이다. 엔젤 펀드라는 이름도 있기는 하지만 천사(Angel) 같은 돈은 없다. 투자는 이윤을 염두에 둔 투자이다. 이윤에 대한 신뢰가 없어서 시장에서 투자자금을 모으기가 쉽지 않다.

혁신 생태계에서의 핵심 요소 세 가지인 기술력, 인재, 투자 자금을 놓고 볼 때 우리나라는 이 세 가지 부분에서 아직도 청소년기를 갓 벗어난 시기라고 보아야 할 것 같다. 독립해서 왕성하게 성장해야 하는 청년 시기에 접어들고 있는데 진입 과정에서 터덕대는 것이다. 이 세 가지 요소로 구성된 '투자 생태계와 출구 전략', '엔지니어 역량', '멘토링 시스템의 활성화', '기술적 기반', '창업 문화', '법률적, 정책적 기반', '경제적 기반', '정부 정책과 프로그램' 등을 통해 기반과 제도가 잘 발전되어야 한다.

우리나라의 산업구조는 조립형 대기업과 부품소재 기업들이 서로 폐쇄적이면서 수직적인 구조로 융합되어 있는 단조로운 먹이사슬 구조이다. 갑이 있으니까 을과 함께 공존하라고 호혜적 의미에서 상생을 강조하는 것이다. 이제 기업의 경쟁관계는 상생의 수직적 관계에서 벗어나 수평적인 구조 속에서 진정한 경쟁을 통해 자연도태와 자연선택의 관계로 전환되어야 할 것이다. 진정한 의미의 건강한 먹이그물로 형성된 생태계를 만들어나가야 한다. 각각의 모듈들이 서로 다른 톱니가 되어 맞물려서 공존하고 협력하는 가치사슬의 네트워크가 만들어져야 한다.

전통적인 산업시대에는 공단이라는 곳에 분리되어 큰 규모의 장치산업형 산업 시설이 운영되다가 점차 혁신이 산업 발전의 주요 요소가 되면서 혁신 클러스터가 강조되었다. 지금은 클러스터로 모여서 더 긴밀한 협력과 공동의 결합이 요구되고 있다.

## 4. 진리는 하나: 꼼수를 경계하고 원칙에 충실하자

진리는 하나이다. 우리나라는 과학기술정책과 산업정책에서 진리와 원칙이 약하고 특히 단기적으로 성과가 미흡하니까 말장난을 통해서 진리와 원칙을 외면하게 만든다. 혁신 생태계를 지속적으로 갖추어나가는 것이 원칙이다. 그런데 갑자기 창조경제라고 해서 창의성을 갖고 있는 사람들에게 돈을 벌도록 나서라고 한다. 선뜻 나서기도 어려워하고 돈도 벌기 어려우니까 정부가 나서서 대기업 가정교사까지 구해 도움 받으라고 묶어준다.

우리나라와 일본에서는 1차, 2차, 3차 산업을 다 융합해서 농업을 '6차 산업'으로 발전시키자고 강조한다. 연구개발이 산업화가 안 되니까 산업화를 강조하기 위해 'R&D'에서 'R&BD(Research & Business Development)'를 해야 한다고 강조한다. 이들 조어는 모두 우리나라에서만 통용되는 신조어로서 대통령 보고용이나 새로 만든 정책이라는 것을 강조하기 위해서 잠시 쓰다가 흐지부지된다. 세계 최고의 기초과학과 기술력을 비롯하여 금융과 민주주의 등 사회문화적 기반을 갖고 있는 미국에서도 실리콘 밸리가 혁신 생태계를 70여 년 넘게 지속적으로 발전시켜오는 것을 보더라도 단시일 내에 혁신 생태계는 갖춰지지 않는다는 것을 명심해야 한다. 전 세계적으로 '혁신'이라는 흐름은 바뀌지 않는다. 한국적 신조어를 계속 만들 생각을 하기 전에 원칙을 지켜나가면서 제대로 차근차근 발전시키는 자세가 필요하다. 학문은 축적이다. 축적의 역사를 잊지 말자.

# 제 6장

# 제4차 산업혁명 시대에도
# 제조업은 강해야 한다

## 제4차 산업혁명의 제조업 핵심 기술을 키우자

### 1. 새로운 유형의 제조업 출현에 중심이 되자

인간들은 고용 현장에서 퇴출될 것인가. 알파고가 인공지능을 이용하여
바둑을 두는 것에서 보듯이 인간들이 해야 할 현명한 판단들은 인공지능
이 해줄 것인가. 조만간 약 조제는 약사 로봇이 실수 없이 대신해줄 것이
다. 이렇듯 '기술 지진'이라고도 표현할 정도로 사회적 격변이 진행되고 있
다. 인간은 어떻게 존엄성을 유지하면서 살 수 있을 것인가.

우선 사회복지제도가 바뀌어야 하고, 인간의 능력도 바뀌어야 하며, 교
육제도도 바뀌어야 하고, 고용제도도 바뀌어야 한다. 특히 과학기술 대혁
명이 빠르게 진행되면서 일어나는 산업의 변화에 맞춰 직업 능력을 전환

하는 것이 용이하도록 고용 지원 교육체제와 사회복지 제도를 복합적으로 구성해야 한다. 전통적인 도시의 모습도 크게 변하게 될 것이다. 또한 행정, 지방자치, 조세제도 등 많은 사회제도들이 바뀌게 될 것이다.

인류는 기술혁명에 따라 역사가 바뀌었다. 석기시대, 청동기시대, 철기시대에 따라 국가의 흥망성쇠가 바뀌었다. 증기기관과 방직기계 등 기계혁명을 수반했던 제1차 산업혁명, 컨베이어 시스템을 따라 진행되는 자동화가 제2차 산업혁명이며, IT와 컴퓨터를 사용하면서 인터넷 혁명이 더욱 진행된 것은 제3차 산업혁명이다. 산업혁명은 사회와 인간의 노동의 방식과 생활방식을 바꾸는 원동력으로 작용하였으며, 세계의 권력 지형도 바꾸었다.

역시 기업 지형도 바뀐다. 매킨지의 분석에 의하면, 제2차 산업혁명 시대와 제3차 산업혁명 시대를 거쳤던 시기인 1920년대부터 2010년대까지 S&P 500 회사들의 평균 기업 수명을 볼 때 1920년대에는 67년이었지만 2010년대에는 15년으로 떨어졌다. 또한 2000년에서 2010년까지 사이에 《포춘》지가 선정하는 500개 기업의 40%가 바뀌었다. 조만간 《포춘》지 선정 1000개 기업 중 70%가 바뀔 것이며, 2020년까지는 오늘날 존재하던 S&P 500 회사의 75% 이상이 사라지고, 2025년까지는 《포춘》지 500개 기업의 45%가 신흥국가에서 나올 것이라고 전망될 정도이다.

최근 기술혁명의 속도는 점점 더 빨라지고 있다. 찰리 채플린이 감독하고 출연한 1936년에 제작된 판토마임 영화 〈모던 타임스〉에서는 공장의 컨베이어 벨트 앞에서 주인공이 볼트를 조이다가 공장을 벗어나도 볼트를 조이려고 달려드는 우스꽝스러운 모습을 보인다. 이 영화는 찰리 채플린이 유럽 여행을 통해 대공황과 자동화 및 실업을 관찰하면서 컨베이어 시스템으로 움직이는 공장의 상황을 영화화한 것이다. 지금까지의 기술혁명

그림 II-30 점점 더 스마트해지는 모든 것들

을 보면 자동화로 많은 일자리가 사라졌지만, 기술의 변화가 새로운 시장을 만들어내어 더 많은 노동 수요를 창출해왔다.

기술과 시장이 밀고 당기면서 모든 영역이 점점 더 영리해져 가고 있다.[24] 스마트 폰의 발전을 통해 이미 스마트 홈 부분에서 상당한 진전이 있었고, 조만간 스마트 자동차 시대에 접어들게 될 것이며, 그 정점에는 역시 제조업의 스마트화를 통한 스마트 공장으로 발전하게 될 것이다. 스마트 공장의 진행도 이미 많은 부분에서 진전을 보고 있다.

## 2. 제4차 산업혁명 시대의 핵심 산업기술을 육성하자

최신 자동화 및 디지털 기술로 제조 공정을 혁신하는 '산업 4.0'은 제조

---

24  http://www.slideshare.net/sarathygurushankar1/shaping-towards-a-connected-world-of-supply-chain-industrie-40

그림 II-31 산업 생산을 바꾸는 아홉 가지 기술

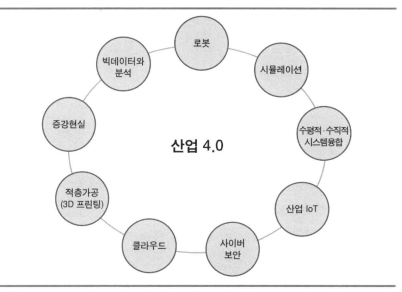

자료: Boston Consulting Group(BCG), Industry 4.0: The Future of Productivity and Growth in Manufaturing Industries.

업을 새로운 수준으로 끌어올릴 것으로 기대된다. 보스턴 컨설팅 그룹 (BCG)이 2015년 4월 발표한 「산업 4.0: 제조업의 생산성과 성장의 미래」라는 제목의 보고서[25]에서는 향후 10년 동안 제조업을 크게 혁신시켜줄 것으로 예상되는 아홉 가지 기술로서 로봇, 빅데이터와 분석, 3D 프린팅, 클라우드, 산업 IoT 등을 제시하였다. 이는 독일이 '산업 4.0'이라는 제조업 진흥 정책을 추진하고 있으므로 BCG에서 독일을 대상으로 예측 연구를 해본 결과이다. BCG는 독일에서 추진하는 '산업 4.0'의 긍정적 결과로 인해 10년에 걸쳐 생산성이 5~8% 증가할 것이며, GDP는 매년 1%씩 증가할 것

---

25 Boston Consulting Group(BCG), Industry 4.0: The Future of Productivity and Growth in Manufaturing Industries(2015.4).

이라고 예측하였다.

BCG가 제시한 아홉 가지 기술은 산업 부문의 디지털화와 연관되어 있어 산업 분야에서 예상되는 효과가 광범위하게 상호 연결되어 있는 기술들이다. 이 기술에 의해 자율로봇이 생산에 종사하는 사람들과 연동되기도 하고 격리되기도 하고 최적화되어 통합되기도 하며 공급 업체, 생산자 및 소비자 간의 전통적인 생산관계를 변화시키고 효율성을 향상시켜준다. 또한 제조 과정에 대한 고도화된 분석을 통해 제조혁신 방법론인 린 생산방식[26]을 강화하고 수평적·수직적 네트워크 및 정보 통합을 통한 가치 사슬 전체의 생산성을 향상시킬 수 있다. 제조설비 가동을 높이고 불량률을 최소화하며 재고를 최소화하고, 생산성을 올려 최적 비용의 생산을 도모하고 순이익을 제고시킬 것으로 예측된다.

BCG의 예측에 의하면 독일에서 '산업 4.0'을 통해 인간을 대체할 기계의 등장으로 고용이 사라지기보다는 향후 고용의 수요와 기술의 종류가 달라질 것이라고 한다. 숙련도가 낮은 반복적인 일자리는 기계로 대체되지만 기계공학 분야와 자동화 분야에서 고용이 10% 증가함으로써 결국 순고용은 6%가 증가하여 2025년까지 약 600만 내지 650만 명의 고용증가가 발생한다는 것이다.

BCG의 파트너이자 공동 저자인 미카엘 뤼스만(Michael Rüßmann)은 "독일은 기계 구축 및 자동화 분야에서 글로벌 리더십 역량을 더욱 확대하고

---

26 린 생산방식(lean manufacturing): 일본의 도요타 자동차에서 처음으로 개발하여 적용한 유연생산방식으로서, 불규칙한 수요에 맞게 생산량을 조절할 수 있도록 효율성을 높였다. 린(lean)이라는 의미처럼 군살을 뺀 생산방식으로, 컨베이어 시스템의 낭비적 요소를 극복하기 위해 생산 설비 등 생산 능력을 필요한 만큼만 유지하고 소단위로 활동하면서 작업 범위를 쉽게 확대 혹은 축소할 수 있도록 유연하게 운영함으로써 생산효율을 극대화시키는 방식이다.

생산성과 성장을 대폭 향상시키며 고도로 숙련된 일자리를 창출할 수 있는 훌륭한 기회를 갖고 있다. 그러나 이 장점을 장기적으로 유지하기 위해서는 독일 기업들이 생산성과 관련된 IT와 소프트웨어 역량을 구축하고 전략 분야에서 고도로 숙련된 인력을 육성하는 데 훨씬 더 많이 투자해야 한다"고 강조하였다.

독일은 '산업 4.0'을 통해 기술격변기에 자동화를 통해 산업 현장에서 제조업 일자리를 감소시키는 것이 아니라 오히려 변화를 이끌어가면서 기술과 역량 전환을 통한 혁신성장으로 고용을 오히려 늘리고 수익을 극대화하는 기업의 역할을 더욱 강조하고 있다.


## 2절
# 한국의 제4차 산업혁명의 경쟁력은 아직 취약하다

2016년 다보스 포럼에서도 빌 게이츠 등 다국적 기업을 통해 기술혁명의 선봉에 서서 전 세계로부터 경제적 수익을 끌어 모으는 측에서는 '역사에서 보듯이 기술혁명은 새로운 일자리와 시장을 창출할 것'이라고 낙관론을 폈다. 그러나 한편에서는 일자리가 사라져버리고 전 세계적 규모로 공간의 한계를 넘어 혁신의 경쟁력을 따라서 집중되는 극심한 경제적 불평등을 완화하기 위해, 인류의 지혜를 모아 사회 경제 시스템의 개혁을 통해 부의 재분배를 도모할 수 있는 방안을 논의해야 한다고 주장하였다.

그러나 최근 국내에 번역되어 소개된 인공지능학자인 제리 카플란이 쓴 '인공지능 시대의 부와 노동의 미래'라는 부제목의 책『인간은 필요 없다 (Humans Need Not Apply)』는 그 제목에서 보듯이 이제 산업현장에서 인간의 노동이 더는 필요하지 않을 시대가 올 것이라고 주장한다.[27] 이 책은 이미 오래전에 제레미 리프킨이 쓴 저서 『노동의 종말』이 현실화되고 있음을 확인하고[28] 더 심각한 상황을 예언하고 있다. 인공지능 기술로 인해 생겨날 노동시장의 불안과 소득 불평등에 대해 강조하는데, 결국 인류가 인공지능과 공존하기 위해 고민해야 할 시기라는 것이다. 이 책은 그 해결책이 있다고 주장한다. 또한 경제적 불평등 해소를 위하여 새로운 부를 어떻게 분배할 것인가를 고민해야 한다고 강조한다.

한국은 전 세계적으로 볼 때에도 유례가 없을 정도로 최근 고용의 질이 열악해졌고, 앞으로도 고용 규모가 증가할 것 같지 않아 보이는 등 고용 문제가 심각해질 것으로 판단되고 있다. 또한 김영삼 정부에서 정보통신부를 만들고 김대중 정부와 노무현 정부를 거치면서 IT가 급성장하였기에 IT 국가라고 자부하고 있었지만 실제 ICT 중심의 제4차 산업혁명 시대를 맞아 기술혁명에서 선두주자로 자리 잡지 못했다. 2016년 다보스 포럼에서 발표된 제4차 산업혁명 적응 순위에서 한국은 25위에 그쳤을 뿐이다.

실제 반도체와 스마트폰 위주의 IT 기기 중심의 제조업 성장에 가려져 소프트웨어와 통신 서비스 등 ICT 산업의 다양한 분야에서의 균형 성장이 부족했다. 물론 가상현실, 증강현실 등 일부 부분적인 기술 영역에서 두각을 나타내는 분야도 있기는 하지만 제4차 산업혁명의 플랫폼을 구축할 수 있는 기반인 ICT 서비스 분야의 취약함을 비롯하여 제도적 후진성 등 여러 부분에서 기술변화에 대한 신속한 대응도 어려울 뿐만 아니라 아래로부터의 혁명을 이끌어낼 수 있는 기반기술도 부족하여 이러한 평가를 받

---

27  제리 카플란, 『인간은 필요 없다(Humans Need Not Apply): 인공지능 시대의 부와 노동의 미래』, 신동숙 옮김(한스미디어, 2016).
28  제레미 리프킨, 『노동의 종말』, 이영호 옮김(민음사, 1996, 2005).

은 것으로 여겨진다. 즉 ICT 분야의 불균형적 성장과 일부 전자 산업 중심의 재벌 대기업의 착시 효과로 한국의 ICT 산업의 현주소를 직시하지 못한 측면도 있었다. 오죽하면 신문기사 중에 "ICT에는 스마트폰만 있는 것이 아니다"라는 제목도 있었겠는가.

과학기술의 기초연구와 기반이 부족해서 기술 간 융합과 응용 역량도 취약했다. 또한 소수 재벌 대기업의 도전성이 크게 약화되고 중소기업은 취약하여 산업구조상 기술혁명이 쉽지 않은 풍토가 되었고 혁신이 일어나기에는 사회적 구조와 제도가 상당히 경직되어 있다. 혁신기업이 투자를 받는 기술금융이나 클라우딩 펀딩도 쉽지 않은 실정이고 주민등록 기반의 사회에서 빅데이터 활용도 쉽지 않다. 빅데이터가 아무리 많은 양이 모이더라도 분석되어 활용되지 않는다면 의미가 없는 단순한 자료일 뿐이다. 특히 최근의 ICT의 소프트웨어와 서비스 산업을 중심으로 다양화된 기기가 자연스럽게 융합되어 다양성, 개방성 등 소프트한 문화 속에서 소비자 중심으로 발전되고 있는 제4차 산업혁명의 기술혁명을 이끌어내기에는 문화적·과학기술적·산업적·제도적으로 많이 미흡했다.

그 결과 IoT 시장 규모가 전 세계에서 10위권에도 들어가지 못했기에 정보기술 강국의 입지가 흔들리고 있다는 평가이다.[29] 한국은 막강한 제조업 기술과 인터넷 환경 때문에 사물인터넷을 위한 기반 환경은 세계 최고 수준이지만 산업 및 생활 속에서 IoT 활용도가 낮았다. 또한 성장전략으로 정권이 바뀔 때마다 녹색성장 혹은 창조경제 등을 제시함으로써 과학기술 정책은 계속 바뀌어왔다. 실제 창조경제 정책은 국가 차원의 체계적인 과학기술정책 수립보다는 결국 대기업이 중소기업의 멘토가 되게 하

---

29  재인용: http://www.kimdirector.co.kr/bbs/view.php?id=windowstip&no=405

여 창업경제로 일자리를 확충하겠다는 것에 치중하게 되었고, 산업 육성은 분야별로 파편화됨으로써 전 국가적 산업정책 수립에 한계점을 드러냈다. 이는 EU와 미국, 중국, 일본 등 외국의 경우 국가 차원에서 ICT의 육성계획과 지원방안을 수립하여 추진하는 것과 대조를 이룬다.

이런 상황에서 통합적인 접근이 필요한 과학기술정책은 더욱 대상이 축소되어 연구개발 관리 정책의 범위를 벗어나지 못하였다. 연구개발에 투입된 예산은 크게 증가하였지만 시스템을 활용한 효율성은 증대되지 못하였으므로 한국의 과학기술과 산업 경쟁력 순위는 후퇴하는 실정이다.

## 3절
# 독일의 산업 4.0 전략에서 배우자

독일연방공화국의 대외무역 및 국내 투자 진흥 기관으로서 독일 시장에 진출하려는 외국 기업에 자문을 제공하고, 해외 시장으로 진출하려는 독일 기업에게 대외무역 관련 정보를 제공하는 '독일무역투자기관(Germany Trade & Invest)'이 "독일, 스마트 솔루션, 더욱 똑똑해지는 기업(Germany. Smart Solutions. Smarter Business)"[30]이라는 슬로건을 만들어냈다. 독일은 제4차 산업혁명을 계기로 제조업에서의 리더십을 확보해서 시장을 견인하고 최상의 공급자로서 역할을 할 수 있는 계기로 만들기 위해 산업 진흥 정책의 일환으로 '산업 4.0(Industy 4.0)'을 추진해서 10년 내지 15년간 추

---

30 INDUSTRIE 4.0, Smart Manufacturing for the Future. Germany Trade & Invest, 2014.

**그림 II-32** 독일의 산업 4.0에서 설정한 요소 기술

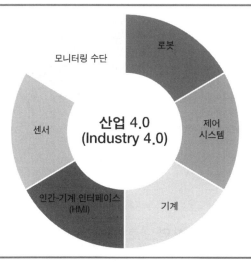

자료: "Automation Industry: Industry 4.0 Challenges and Solutions for Storage Devices,"
*White Paper*, Embedded Computing Design(2015.12.3).

진할 혁신 목표를 설정한 '고도기술 전략 2020 실행계획(High-Tech Strategy 2020 Action Plan)'을 추진하고 있다.

독일이 '산업 4.0'을 추진하게 된 것은 제조업 강국으로서 제4차 산업혁명을 통한 기술의 빅뱅 속에서 제조업의 가능성을 재발견하고 제조업의 세계적인 우위를 지속적으로 유지, 확보하기 위해 ICT를 활용하겠다는 것이다. '산업 4.0'에서 추진하는 목표는 결국 스마트 공장을 만들어내는 것으로 제조업과 ICT를 융합하여 혁신과 함께 인터넷 기반의 생산 기술과 서비스 제공(innovative, internet-based production technology and service provision)을 하는 것이다.

이를 위해 사물인터넷을 비롯한 가상 - 물리 시스템(Cyber-Physical System) 등을 기반으로 한 제조업, 자동화, 소프트웨어 기반의 임베디드 시스템 보

강과, 기존의 강한 산업 네트워크와 접목한 장기적인 성공을 목표로 하고 있다.

범정부적인 협력과 연구개발을 통한 혁신전략을 2006년 시작한 이래 장기적인 제조업 혁신전략으로 수립된 것이 바로 '산업 4.0'이다. 특히 산업 4.0 프로젝트의 장기적인 성공(long-term success of the INDUSTRIE 4.0 project)을 목표로 하고 있다.

## 4절
# 중국은 제4차 산업혁명으로 새롭게 부상하고 있다

한국, 중국, 일본은 서로 부품 소재와 완성품 측면에서 생산 연관관계가 높았고 서로 유사한 산업을 집중 육성하였던 특성이 있기에, 성장동력 분야에서 매우 유사한 목표를 갖고 있다. 특히 한국과 일본은 수출 유사성이 매우 높은 편이다. 그런데 최근 산업구조조정을 거치면서 중국이 ICT 분야에서 크게 부상하고 있다. 선진국의 제조업이 본국으로 회귀하는 경향도 있지만 근본적으로 중국은 수출 중심의 '세계의 굴뚝'에서 벗어나 내수 위주로 성장하려는 정책을 채택하면서, 중간재 자급률을 점차 높이고 국가 차원에서 가공무역을 억제하고 있다.[2] 그동안 한국의 부품 소재의 경쟁력이 크게 증가하였고 중국의 제조업 성장으로 부품 소재의 대중국 수출이 크게 증가한 바 있으나 이제는 중국에 대한 중간재 수출의 성장이 한계점에 도달한 상황이다.

중국은 제조업 경쟁력 순위도 빠르게 높아지고, 제조업 부가가치 비중도 빠르게 증가하여 미국의 부가가치 비중인 20 % 수준에 근접하고 있다.[3]

중국은 산업 고도화를 강도 높게 추진하고 있는데 2000년대에 들어 가공무역에 대한 제한이 본격화되면서 수입금지품목 수가 2014년 현재 1871개 품목에 달하였다. 부품 소재 산업 중심의 성장이 빠르게 진행되면서 중국 제조업 경쟁력도 크게 상승하였다. 중국의 중간재 수입 비중이 점차 낮아지고 자급률은 상승하는 추세를 나타냈다. 그 결과 2012년까지 만년 적자를 유지하던 부품소재 산업의 무역수지가 2013년부터 흑자로 전환되어 2013년 224억 달러, 2014년에는 451억 달러로 흑자 규모가 확대되고 있다.

한국의 대중국 수출 품목으로 석유화학, 철강, IT(반도체, 평판디스플레이 패널) 등 중간재가 주력 품목인데 중간재 비중이 2000년 84.9%에서 2013년 73.2%로 다소 낮아지기는 했지만 여전히 중간재 수출 비중이 70%를 넘는 수준이다.

현대경제연구원의 보고서에 의하면 중국의 자급률이 1%p 상승할 경우 한국의 대중국 수출은 약 4.2%, 제조업 부가가치는 1.2%, GDP는 0.2% 감소할 것[4]으로 추정되었다.[31] 특히 제조업 중에서도 전기 및 전자기기, 석유화학, 기계 등의 부가가치 하락률이 각각 2.8%, 1.7%, 1.0%를 나타낼 것으로 추정되었다.[5]

중국은 최근에는 제조업을 고부가, 고기술 체제로 전환하기 위해 '중국 제조업 2025' 전략을 수립하여 기술 집약형 스마트 제조업 강국으로 성장하려는 제조업의 비전을 제시하고 산업구조 고도화를 지속적으로 추진하고 있다.

한국 수출의 25%를 차지하는 중국의 경제는 향후 구조조정을 마무리하

---

31 중국 경제의 자급률 상승이 한국경제에 미치는 영향 - 중국 자급률 1%p 상승 시 한국 GDP 0.5% 감소. 2015.07. 22, 현안과 과제, 현대경제연구원, 15-25호.

고 '뉴 노멀(New Normal)'을 통해 산업구조 고도화에 성공하여 세계 최고의 제조업 경쟁력을 갖는 기술혁신국가로 자리매김할 것으로 예상된다. 최근 진행된 모바일 월드 콩그레스(Mobile World Congress, MWC) 2016, 전자제품 전시회(CES) 2017에서 중국은 ICT 산업 강국으로 성장하고 있음을 과시한 바 있다.

## 제II부 추가 자료

(추가 자료는 저자의 블로그에서 보실 수 있습니다. http://blog.naver.com/kyoung3617)
1) 사물인터넷의 분야별 예측(총시장의 비율, %).
2) 중국의 가공무역 비중 및 한국의 중간재 수출 비중 추이.
3) 유럽, 중국, 미국의 전 세계 제조업 부가가치 비중, 1990~2012.
4) 중국의 자급률 상승이 한국 대중수출 및 GDP에 미치는 영향.
5) 중국의 자급률 1% 상승 시 국내 주요 산업별 부가가치 변화율.

# 제III부

# 한국의 경제 및
# 산업 경쟁력과 고용

제7장_ 경제 및 고용 살펴보기

제8장_ '선택과 집중' 전략으로 산업 경쟁력이 성장하다

제9장_ 정보통신(ICT) 산업 살펴보기

제10장_ 한국 제조업은 고용절약형으로 성장했다

제11장_ 한국 제조업은 고용의 질을 악화시키면서 성장했다

# 경제 및 고용 살펴보기

.

## 국민총생산액이 빠르게 증가했다

### 1. 한 국 의  G D P  성 장 은  눈 부 셨 다

우리나라의 국민총생산액(GDP) 규모는 OECD 자료로 보면 구매력평가 (PPP) 기준으로 2015년도 1조 7476억 US달러로서 OECD 가입 국가에서 15위인데, 2005년도 이후 가입국 40개국 대상으로 보아 이 순위에 큰 변동 은 없었다.[1] 2013년도에는 1조 3056억 달러로 OECD 가입 국가에서 12위 이며 이 순위는 인도를 포함하면 13위였다. 2011년 이후에는 스페인이 1 순위 하락하면서 우리나라의 순위는 14위에서 13위로 한 단계 상승하였 다. 2015년에는 캐나다가 1순위 상승하여 한국은 1순위 하락함으로써 15 위를 기록하였다.

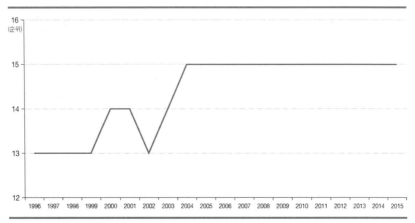

* 1996, 1999년: 인도, 브라질 미포함 총 38개국.
  2000~2003년: 인도 미포함, 총 39개국.
  2004년 이후: 인도 포함 총 40개국.
자료: Dataset: National Accounts at a Glance.

세계은행 자료에 의한 명목가치 기준으로도 2015년에 우리나라 GDP가 1조 3778억 US달러로서 세계 11위를 기록하였다. 한국의 GDP는 명목가 치 기준으로 미국의 1/13배, 중국의 1/7.9배, 일본의 1/3배, 독일의 1/2.4 배, 인도의 1/1.5배 정도이다.

한국의 GDP 순위는 1961년 38위, 1965년 40위에 지나지 않았지만 1960년대 후반부터 지속적으로 빠르게 성장하여 1970년 30위, 1983년 20 위로 지속적으로 급상승하였으며, 1990년 15위, 1995년 11위에까지 이르 게 된다. 그 이후 외환위기를 겪으면서 순위가 다소 하락하였지만 다시 순 위를 회복하여 2005년에는 10위까지 상승하였다. 이후 러시아와 인도의 급성장으로 순위가 다소 하락하였지만 유가 하락과 세계경제 침체로 러시 아, 스페인, 멕시코, 호주 등이 순위가 하락하면서 우리나라는 2015년 11

**그림 III-2** 한국의 GDP 성장률(1960년 이후~2015)

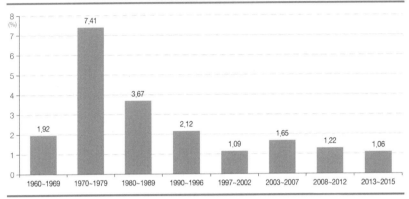

자료: 세계은행 홈페이지(http://www.worldbank.org/).

위를 다시 회복하였다.

한국은 특히 1980년대에 급성장하면서 1990년 15위를 기록하는 등 세계가 놀랄 정도로 산업성장을 거두었다. 또한 외환위기 이후 2003년부터 2007년까지의 참여정부 시기에는 세계적 경기 활성화의 영향과 중국의 성장으로 한국도 비교적 성장률이 높았다. 특히 이 시기에 중국, 러시아, 브라질, 인도 등 신흥 경제국들은 2003년에서 2007년까지 5년간 2, 3배의 경제성장을 이룩하였다. 그러나 2012년 이후 최근 러시아의 경제성장이 크게 낮아졌을 뿐만 아니라 일본의 경기침체도 지속되고 있으며 중국의 경제성장도 지체되는 경향을 보이고 브라질, 스페인, 이탈리아, 호주 등의 경제 부진도 이어지는 등 GDP 상위 20개국이 평균 마이너스 성장을 기록하고 있다. 그러나 우리나라는 미국과 영국, 인도 등과 함께 마이너스 성장을 기록하지는 않았다.

## 2. 한국의 1인당 GDP는 20위권이다

세계은행 자료에 의하면 우리나라의 1인당 GDP 규모는 명목가치 기준으로 2015년 2만 7222US달러로서 전 세계 국가 중 29위, OECD 국가 중에는 23위를 기록하였다.[2] OECD 자료에서는 구매력 평가(PPP) 기준 US달러로 보면 2015년에 3만 4518달러였다. OECD 전체 국가의 평균인 3만 9952달러나 EU 28개국 평균인 3만 7691달러보다 낮았다. 이탈리아의 3만 5942달러, 이스라엘의 3만 5436달러, 스페인 3만 4521달러와 유사하였다. 일본의 3만 7372달러보다는 2803달러가 낮을 뿐이다.

OECD 가입 35개국을 포함하여 OECD와 긴밀하게 협력하는 신흥 경제국인 중국, 인도 및 브라질 등이 포함된 40개국에서의 순위를 보면, 외환위기였던 1997년 이외의 시기에는 24~22위의 순위 범위에서 큰 변동이 없었다.

우리나라의 1인당 GDP가 가장 빠르게 성장한 때는 산업성장 시기인 1970년대였다. 5년 구간으로 볼 때 1970년에서 1975년까지, 1976년에서 1980년까지 1인당 GDP가 2배씩 증가하였으며, 특히 서울 올림픽 개최를 기점으로 1986년부터 1995년까지 1인당 GDP가 4.3배 증가하여 1만 2400US달러를 기록하게 된다. 이는 처음으로 1만 달러를 돌파한 1994년에 비해서도 20%가 급상승한 것으로, 1996년에는 1만 3254달러에 도달하였다. 그러나 1997년 외환위기를 기점으로 1998년 8134달러 수준까지 떨어졌다가 2002년 다시 1만 2000달러 수준으로 회복하였다. 참여정부 시기인 2003년에서 2007년까지 2만 3101달러 수준까지 1.6배 상승하였다. 2009년에서 2014년까지 1.5배의 증가를 보여 2만 7989달러로 급상승하였지만 2015년에 마이너스 성장을 기록하였다.

**그림 III-3** OECD 내 한국의 1인당 GDP 순위

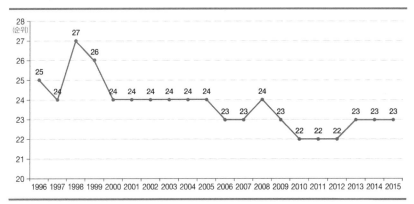

* 1996~1999년: 인도, 브라질 미포함 총 38개국.
  2000~2003년: 인도 미포함, 총 39개국.
  2004~2009년: 총 40개국.
  2010~2011년: 인도, 브라질 미포함 총 38개국.
  2012~2013년: 인도, 브라질, 러시아, 인도네시아 미포함 총 36개국.
  2014~2015년: 인도, 브라질, 러시아, 인도네시아, 중국, 남아프리카 미포함 총 34개국.
자료: OECD Statistics.

1인당 국민순생산액과 국민총소득액으로 비교해볼 경우에도 2014년에 23위의 순위에는 차이가 없다. 국민순생산액은 2만 7899달러였으며, 국민순소득은 3만 4622달러였다.[3] 이는 OECD 전체 국가 평균보다는 낮은 수준이나, EU 전체 국가 평균보다는 높은 수준이다.

우리나라는 1996년 말 OECD에 가입한 이후 국민총생산을 비롯하여 1인당 국민총생산, 국민순생산액, 국민순소득 등의 지표에서 순위 변동은 거의 없었다. 한국은 신흥국가로서 1970년대와 서울 올림픽을 계기로 괄목할 만한 수준의 산업성장을 이룩한 국가이지만 OECD 가입 시점인 1997년 이후 국가별로 비교한 상대적 속도에서는 큰 차이가 없다.

## 산업 부가가치 성장이 최근 정체되다

### 1. 한국 산업 부가가치의 절대 규모가 작다

산업 부가가치 측면에서 보면 한국은 1980년대의 10년 동안 1970년대보다 4.3배의 매우 빠른 산업성장을 이룩하였다. 1990년대에는 외환위기를 겪는 등 성장이 지체되기도 하였으나 2000년대에는 산업 부가가치 성장이 다소 회복되었다. 그러나 2010년대에 들어서 성장속도가 늦어지고 있다. 특히 2011년 대비 2013년도는 산업 부가가치 성장률이 1.08%로서, 제조업 부활을 추진했던 미국의 1.09%보다도 0.01%p가 낮았다. 물론 일본은 더욱 낮아서 0.83%을 기록하였다.

세계적으로 경제침체가 나타나면서 독일, 영국, 프랑스도 성장이 지체되기는 하였지만, 이들 국가는 산업의 성숙 정도가 높아 저성장 유형을 나타내는 선진국임에도 우리나라보다 다소 낮을 뿐이었다. 따라서 국가 산업의 성숙 정도를 고려하여 선진국과 비교해보면 한국의 부가가치 성장률은 외환위기 이후 크게 높아지지 않은 것으로 판단해야 한다.

세계의 굴뚝으로서 제조업 성장이 눈부셨던 중국은 1990년대에는 3배, 2000년대 5배 이상의 산업 부가가치가 성장하였지만, 2010년 이후에는 성장의 조정을 겪으면서 산업 부가가치의 성장률이 1.23배로 크게 낮아졌다.

2013년 산업 부가가치 측면에서 한국을 1이라고 볼 때 미국은 12.5배, 중국은 8.0배, 일본은 3.5배, 독일은 2.6배에 달하였고 영국과 프랑스는 약 1.8배 정도였다.[4] 따라서 인구 규모도 선진 강대국보다는 비교적 적은 편이지만 아직 외형적인 측면에서 산업 부가가치의 절대 규모는 선진국에

**표 III-1** 국가별 산업 부가가치

| 구분 | 1981년도 | 1991년도 금액 | '81년 대비 | 2001년도 금액 | '91년 대비 | 2011년도 금액 | '01년 대비 | 2013년도 금액 | '91년 대비 | '01년 대비 | '11년 대비 |
|------|---------|--------------|-----------|--------------|-----------|--------------|-----------|--------------|-----------|-----------|-----------|
| 한국 | 57,539 | 248,110 | 4.31 | 365,477 | 1.47 | 831,640 | 2.28 | 900,497 | 3.63 | 2.46 | 1.08 |
| 미국 | 2,313,918 | 4,212,408 | 1.82 | 7,350,019 | 1.74 | 10,287,972 | 1.40 | 11,234,696 | 2.67 | 1.53 | 1.09 |
| 일본 | 837,742 | 2,469,195 | 2.95 | 2,795,093 | 1.13 | 3,816,475 | 1.37 | 3,155,426 | 1.28 | 1.13 | 0.83 |
| 독일 | 500,889 | 1,271,064 | 2.54 | 1,259,199 | 0.99 | 2,373,850 | 1.89 | 2,361,836 | 1.86 | 1.88 | 0.99 |
| 프랑스 | 396,300 | 803,764 | 2.03 | 838,473 | 1.04 | 1,658,277 | 1.98 | 1,612,689 | 2.01 | 1.92 | 0.97 |
| 중국 | 260,826 | 364,965 | 1.40 | 1,090,672 | 2.99 | 5,840,639 | 5.36 | 7,211,866 | 19.76 | 6.61 | 1.23 |
| 영국 | 386,239 | 750,200 | 1.94 | 1,003,713 | 1.34 | 1,601,519 | 1.60 | 1,649,912 | 2.20 | 1.64 | 1.03 |

자료: OECD Statistics.

비해 현저하게 작은 편이다.

## 2. 수출의 순부가가치가 적다

OECD 국가 내에서 산업 부가가치 생산액 규모를 보면, 한국은 국내 창출 부가가치 수출액의 규모는 3580억 달러로서 10위 수준이다. 중간재 수입 등으로 구성되는 해외 창출 부가가치 유입액 규모는 3360억 달러 수준으로서 수출이 갖는 순부가가치 규모는 220억 달러 수준에 지나지 않는다. 이는 산업성장 시기에 성공적으로 작동하였던 대기업 중심의 효율 주도 산업성장 전략이 한계점에 도달하였으므로 새로운 성장 패러다임을 이끌어낼 수 있도록 혁신성장 전략을 채택해야 함을 시사한다. 특히 2000년대 이후 산업성장 전략의 획기적인 전환이 이루어졌어야 했지만 그러지 못한 안타까움이 있다.

그동안 정부를 비롯하여 기업과 연구기관에서 혁신 성장 전략의 필요성

그림 III-4 부가가치 수출 및 유입액 주요국 비교(2011년, OECD)

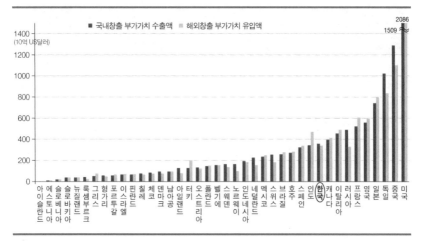

자료: OECD Statistics.

을 역설하였고 또한 노력하였지만 성장의 패러다임을 획기적으로 전환하지는 못하였다. 정부 주도의 투입 중심 산업 전략으로는 이루어내기 어려운 변화가 오래전부터 가시화되고 있었으며 그 정도는 최근 제4차 산업혁명으로 새로운 기술의 빠른 출현과 소멸, 융합 등이 현장 중심적으로 진행되고 있으므로 전략의 전환 필요성은 더욱 커졌다고 보인다.

# 제 8 장

# '선택과 집중' 전략으로 산업 경쟁력이 성장하다

## 한국의 제조업 경쟁력 살펴보기

### 1. 제조업 경쟁력 성장은 세계적이다

유엔공업개발기구(United Nations Industrial Development Organization, UNIDO)에서 전 세계 143개국을 대상으로 2012년도 기준으로 평가한 제조업 경쟁력 지수(Competitive Industrial Performance Index, CIP Index)에서 한국은 4위를 기록했다.[1] 1990년도에 17위이던 순위가 지속적으로 상승하여 2006년에 4위를 기록한 이후 지속적으로 4위를 유지하고 있다. 제조업 영향력 지수도 한국이 5위로서 1위 미국, 2위 중국, 3위 일본, 4위 독일의

---

[1]    UNIDO, Competitive Industrial Performance Report 2014.

표 III-2  제조업 경쟁력지수 국제비교(UNIDO)

| 국가명 | 1990 | 1995 | 2000 | 2002 | 2004 | 2006 | 2008 | 2010 | 2011 | 2012 순위 | 2012 CIP 지수 |
|---|---|---|---|---|---|---|---|---|---|---|---|
| 독 일 | 1 | 2 | 2 | 1 | 1 | 1 | 1 | 1 | 1 | 1 | 0.5539 |
| 일 본 | 2 | 1 | 1 | 2 | 2 | 2 | 2 | 2 | 2 | 2 | 0.4855 |
| 미 국 | 3 | 3 | 3 | 3 | 3 | 3 | 3 | 3 | 3 | 3 | 0.4374 |
| 한 국 | 17 | 13 | 12 | 11 | 7 | 4 | 4 | 4 | 4 | 4 | 0.4144 |
| 중 국 | 32 | 27 | 22 | 21 | 19 | 17 | 13 | 7 | 8 | 5 | 0.3462 |
| 스위스 | 7 | 7 | 9 | 10 | 9 | 9 | 6 | 5 | 5 | 6 | 0.3395 |
| 싱가포르 | 12 | 11 | 10 | 14 | 12 | 10 | 10 | 6 | 6 | 7 | 0.3271 |
| 타이완 | 13 | 12 | 14 | 13 | 13 | 12 | 15 | 13 | 13 | 11 | 0.2998 |
| 프랑스 | 6 | 6 | 6 | 5 | 5 | 7 | 8 | 10 | 12 | 12 | 0.2978 |
| 이탈리아 | 4 | 4 | 4 | 4 | 4 | 5 | 5 | 9 | 9 | 13 | 0.2961 |
| 영 국 | 5 | 5 | 5 | 7 | 8 | 8 | 11 | 14 | 14 | 14 | 0.2751 |
| 스웨덴 | 14 | 14 | 15 | 15 | 15 | 14 | 14 | 15 | 15 | 16 | 0.2584 |

자료: UNIDO, Competitive Industrial Performance Report 2014.

다음 순위를 기록하여 제조업 강국의 면모를 나타내고 있다.

한국의 제조업 수출 비중은 0.99로서 세계 2위인데(1위는 버뮤다), 중국의 수출 비중과 동일할 정도로 수출에서 제조업이 차지하는 비중이 매우 높다. 그러나 인구 1인당 제조업 부가가치는 0.3으로서 독일이나 스웨덴보다는 낮지만 일본·미국·영국·이스라엘·중국 등의 국가보다는 월등하게 높아, 한국의 제조업 수출품목 경쟁력이 지속적으로 상승하였음을 알 수 있다. 특히 수출품 질적 지수(Industrial Export Quality Index)는 0.92로서 세계 2위인데 세계 1위인 일본의 0.95보다 약간 낮은 편이다.[5]

제조업 수출에서 중·고위 기술 활동이 차지하는 지수(최저 0, 최고 1.0)도 비교적 높은 편인데 일본 0.95, 독일 0.87에 이어 한국은 0.85를 기록하였다.[6] 참고로 영국은 0.75, 미국은 0.75, 중국은 0.70, 프랑스는 0.78로 나타났다. 우리나라는 제조업 수출액 기준으로 중·고위 기술 제품이 차지하는 비중이 0.71인데, 일본은 0.80, 독일은 0.73이며, 미국은 0.63, 중국은 0.58이었다. 또한 부가가치 기준으로 중·고위 기술 제품이 차지하는 비중이 한국은 0.6으로 나타나는데, 독일 0.6, 일본은 0.56, 미국은 0.51, 중국은 0.41로서 우리나라의 첨단 기술 제품 경쟁력이 상당히 높음을 알 수 있다.

첨단 기술 분야로서 정교한 기술과 혁신 가능성이 높은 기술의 수준을 판단할 수 있는 지표인 산업화 집약도(Industrial Intensity)도 한국은 비교적 높은 수준이다. 1위 싱가포르 0.87, 2위 아일랜드 0.78, 태국 0.78에 이어 한국은 4위로서 0.77로 나타났다. 이는 중국 0.71을 비롯하여 주요 선진국인 일본 0.64, 독일 0.64, 미국 0.48보다 높은 수준으로서, 한국은 제조업 경쟁력에서 매우 빠른 속도로 세계적인 수준으로 성장했음을 알 수 있다.

## 2. 부가가치의 제조업 편중이 세계 최고 수준이다

한국은 GDP 대비 제조업 부가가치가 '세계의 굴뚝'이라는 중국 다음으로 매우 높을 뿐만 아니라 제조업 수출 비중도 매우 높은 국가이다. 한국은 OECD 자료에 의하면 전 산업 대비 제조업 부가가치 비중이 세계에서 가장 높은 국가이다. 2012년 UNIDO 자료에 의하면 절대규모로는 세계 제조업 수출액의 4%, 부가가치도 4%로서 세계 순위 7위를 나타냈다.[7] 미국은 제조업의 수출 절대규모가 8%, 세계 3위이지만 부가가치 절대규모는 19%, 세계 1위이다. 중국은 절대규모는 16% 1위이지만 부가가치 규모는 미국보다 낮은 17%를 나타냈다. 특히 1990년까지는 제조업 성장과 고용 확대가 함께 이루어졌으나, 외환위기 이후 인력 구조조정과 함께 기술혁

**그림 III-5** 주요국 제조업 부가가치 비중(2014년도, OECD)

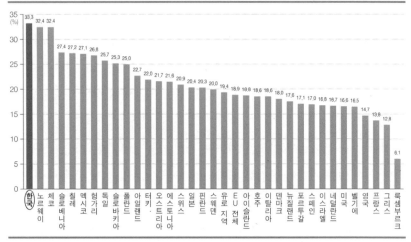

자료: OECD Statistics, 각국에서 전체 산업 대비 제조업의 비중을 계산한 값.

신 등으로 경쟁력을 강화한 재벌 대기업들이 세계시장에서 수출 중심의 제조업 분야에서 두각을 나타낸 결과이다.

한국이 제조업, 특히 첨단산업 분야인 중·고위 기술 분야에서 뛰어난 성과를 보이면서 이처럼 괄목할 만한 성장을 했다고 하더라도 제조업의 수출액 대비 부가가치 비율이 0.58로서 제조업 부가가치도 비교적 높은 구조를 나타냈다.[8] 그러나 수출액 대비 부가가치는 일본(1.36)이나 미국 (1.67) 등의 선진국보다 상당히 열위에 있었다. 인구 1인당 제조업의 수출 액과 부가가치액은 스위스, 스웨덴, 독일, 타이완에 이어 세계 5위이다. 특 히 GDP 대비 제조업 부가가치 측면에서는 제조업 강국인 독일과 일본보 다도 높은 편이다.

중국의 GDP 대비 제조업 부가가치는 1990년대 32위에서 꾸준히 빠르 게 상승하여 2010년 7위, 2012년도에는 5위를 기록하였다. 중국은 내수 중심과 부품 소재 등과 같은 중간재 육성을 통한 산업 고도화 정책인 '뉴 노멀(New Normal)'을 위한 '중국 제조업 2025' 전략을 추진 중에 있어, 향후 중국의 제조업 경쟁력 순위는 더욱 상승하여 한국의 제조업 경쟁력 순위를 앞지를 것으로 여겨진다.

## 3. 제조업 경쟁력, 다소 하향할 것으로 전망된다

우리나라는 중·고위 기술 분야 하이테크 산업 중심의 수출 구조를 가진 나라로서 경쟁력이 비교적 세계 상위로 평가되고 있지만, 하이테크 산업의 무역수지는 2007년 이후 크게 개선되지 못하고 있다.[9] 물론 세계적인 경기침체로 교역량 자체가 감소한 것에도 그 원인이 있겠지만, 미국이나 일본이 무역수지가 크게 감소하면서 이들 국가의 감소폭만큼 중국의 무역수지가 증가하는 것으로 보아 하이테크 산업의 무역경쟁에서 중국과의 경쟁으로 성과를 크게 내지 못하고 있다고 판단된다. 즉, 세계교역에서 한국에 추가적으로 돌아온 몫은 거의 없었다. 특히 우리나라가 ICT 산업에서 신규 품목 개발과 새로운 시장 확보에 성공하지 못한다면 하이테크 산업 무역수지의 감소로까지 이어질 우려가 있다.

딜로이트 컨설팅과 미국 경쟁력 위원회가 2015년 CEO를 대상으로 조사한 자료에 의하면 2016년도의 우리나라 제조업 경쟁력 지수는 5위 수준으로 예상되며, 향후 5년 후에는 인도보다 한 순위 뒤쳐져 6위가 될 것으로 전망된다.[2]

---

2  http://www2.deloitte.com/content/dam/Deloitte/global/Documents/Manufacturing/ gx-mfg-rankings-competitiveness-index.pdf, Deloitte and US Council on Competitiveness I 2016 Global Manufacturing Competitiveness Index, 2015 Deloitte

# 소수 품목 집중형 산업구조, 장치산업 비중이 높다

## 1. 한국의 제조업 6대 산업 살펴보기

한국의 산업구조는 일부 소수 품목 집중형으로 성장하였다. 부가가치 측면에서 1위 산업은 전자제품으로서 전자부품, 컴퓨터, 영상, 음향 및 통신장비 제조업인데 2014년 기준 23.8%를 기록했으며 24% 선을 지속적으로 유지하고 있다.[10] 부가가치 2위 산업은 자동차 산업으로서 2007년에는 11.8%를 기록하였고 2009년에 10% 이하로 하락했지만 이후 다시 증가하여 2014년에 12.2%를 차지한다. 3순위는 화학산업으로서 의약품을 제외한 화학물질 및 화학제품 제조업으로 2007년 7.6%에서 2011년 9.8%까지 성장했지만 이후 하향 추세를 보여 2014년에는 9.0%이었다. 4위 기계장비와 5위 금속가공은 다소 성장하는 추세를 보여 2014년도에 각각 7.2%와 5.8%를 나타냈다. 1차 금속 제조업은 2008년 9.2%까지 기록하다가 지속적으로 하향 추세를 나타내면서 2014년에는 5.5%까지 낮아졌다.

이들 6대 산업이 차지하는 부가가치를 모두 합하면 제조업 전체 부가가치의 63.7%를 차지한다.[11] 이들 6대 산업은 대부분 중고위 기술 수준인 첨단산업이며 화학산업과 1차금속 제조업을 비롯한 자동차 및 트레일러 제조업 등 대규모 자본이 투입된 중화학공업으로서 대표적인 장치산업에 해당된다.

---

Development.

표 III-3 제조업 경쟁력 지수 예측(딜로이트 그룹)

| 국가 | 현재의 경쟁력 지수 | | | | 5년 후 경쟁력 지수 | | |
|---|---|---|---|---|---|---|---|
| | 2016년 | | 2013년 | 트렌드 | 국가 | 순위 | 지수 |
| | 순위 | 지수 | 순위 | | | | |
| 중 국 | 1 | 100.0 | 1 | = | 미 국 | 1 | 100.0 |
| 미 국 | 2 | 99.5 | 3 | ▲ | 중 국 | 2 | 93.5 |
| 독 일 | 3 | 93.9 | 2 | ▼ | 독 일 | 3 | 90.8 |
| 일 본 | 4 | 80.4 | 10 | ▲ | 일 본 | 4 | 78.0 |
| 한 국 | 5 | 76.7 | 5 | = | 인 도 | 5 | 77.5 |
| 영 국 | 6 | 75.8 | 15 | ▲ | 한 국 | 6 | 77.0 |
| 대 만 | 7 | 72.9 | 6 | ▼ | 멕시코 | 7 | 75.9 |
| 멕시코 | 8 | 69.5 | 12 | ▲ | 영 국 | 8 | 73.8 |
| 캐나다 | 9 | 68.7 | 7 | ▼ | 대 만 | 9 | 72.1 |
| 싱가포르 | 10 | 68.4 | 9 | ▼ | 캐나다 | 10 | 68.1 |
| 인 도 | 11 | 67.2 | 4 | ▼ | 싱가포르 | 11 | 67.6 |
| 스위스 | 12 | 63.6 | 22 | ▲ | 베트남 | 12 | 65.5 |
| 스웨덴 | 13 | 62.1 | 21 | ▲ | 말레이시아 | 13 | 62.1 |
| 태 국 | 14 | 60.4 | 11 | ▼ | 태 국 | 14 | 62.0 |
| 폴란드 | 15 | 59.1 | 14 | ▼ | 인도네시아 | 15 | 61.9 |
| 터 키 | 16 | 59.0 | 20 | ▲ | 폴란드 | 16 | 61.9 |
| 말레이시아 | 17 | 59.0 | 13 | ▼ | 터 키 | 17 | 60.8 |
| 베트남 | 18 | 56.5 | 18 | = | 스웨덴 | 18 | 59.7 |
| 인도네시아 | 19 | 55.8 | 17 | ▼ | 스위스 | 19 | 59.1 |
| 네덜란드 | 20 | 55.7 | 23 | ▲ | 체 코 | 20 | 57.4 |

자료: 2016 Global Manufacturing Competitiveness Index, 2015 Deloitte Development.

## 2. 주요 산업은 부가가치 비중과 고용 비중이 미스매치를 보인다

전자산업은 2014년도 부가가치 비중이 23.9%에 달했지만 고용 비중으로는 13.7%에 지나지 않았고 그 격차가 가장 큰 것으로 보아 부가가치에 비해 고용 창출률은 월등하게 낮은 편이었다. 그 이유로는 반도체와 스마

**그림 III-6** 제조업 6대 산업의 부가가치 및 고용비중 비교(2014년도, %)

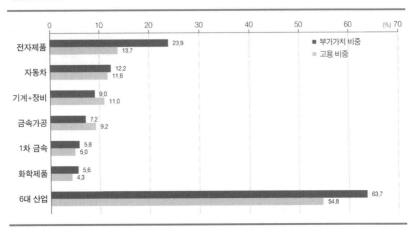

자료: 국가통계포털.

트폰 제조 등 대표적인 반도체 제조 공정이 장치 산업, 그리고 자동화율이 높은 소수 품목의 비중이 높은 것이 원인인 것으로 판단된다.

대표적인 장치산업인 자동차 산업도 부가가치 비중은 12.2%였지만 고용 비중은 11.6%에 해당되었다. 또한 1차 금속제조업이나 화학산업의 경우 부가가치에 비해 고용 창출이 상대적으로 적은 산업이었다. 한편 금속가공 제조업이나 기계 장비 제조업은 부가가치에 비해 고용창출이 상대적으로 높은 편이었다.

우리나라의 6대 산업은 제조업에서 전통적인 주요 산업인데 정부의 전폭적인 지원과 함께 개별 기업의 공격적인 투자와 기술 도입 및 연구개발, 또한 풍부한 우수 인력 공급을 통해 후발주자인 우리나라를 제조업 세계 4위 국가로 빠르게 성장시킨 주요 동력이었다. 우리나라 재벌 기업들의 성장도 이들 산업의 성장에 크게 힘입었다.

그런데 이들 6대 산업은 기술 주기로는 이미 성숙 단계 산업으로서 기술

혁신에 의한 파괴적 성장이 일어나기 어려운 부분으로 점차 부가가치가 하락하고 있으며, 비용 절감형 성장 혹은 현상 유지에 의존하고 있으므로 신규 고용을 창출할 여력이 없을 뿐만 아니라 고용조건도 지속적으로 열악해지는 편이다.

특히 한국 산업구조에 대한 더욱 위협적인 요인은, 제4차 산업혁명으로 물리적 공간에서 존재하는 산업이 사이버 공간과 결합하여 새로운 산업의 유형으로 발전하고 있기 때문에 많은 산업 영역이 조만간 새로운 유형의 융합형 산업으로 대체되리라는 점이다.

## 3. 제조업 대형 사업장의 고용 감소폭이 더욱 크다

2014년 기준 제조업 종사자 수는 396만 명인데 이 중 10인 이상 사업체에 근무하는 종사자의 수가 290만 명으로서 73.4%인데 2012년 74.1%보다 0.7%가 감소하였다.[12] 약 100만 명가량이 10인 이하 제조업 사업장에 종사하는 것으로 여겨지는데 이들의 고용 조건은 작업 환경과 근무조건 등이 상당히 열악하며 고용 불안정성도 높다.

제조업 종사자 중 2014년도 10인 이상 사업장 종사자인 290만 명 중에서 25.5%가 대기업(종사자 300명 이상 기업)에서 근무하고 있으므로 299명 이하의 중소기업에서 근무하는 비중은 74.5%에 달한다.[13] 10명에서 19명까지의 소기업에서 근무하는 비중은 15.8%이며, 총 100인 이하 제조업 사업장에서 근무하는 비중이 55.8%에 해당한다. 종사자 10인 이상 기업 중 대기업 종사자 수는 1999년에 66만 1779명으로서 30.2%이었으나 15년이 지난 2014년에는 73만 9338명, 25.5%로 대기업 고용 비중이 4.7%p나 감소하였다. 이와 반대로 49명 이하 소기업 종사자 비중이 1999년에는

36.7%이었으나 2014년에는 40.2%로 3.5% 포인트가 증가하였다. 결국 대기업 구조조정 과정에서 많은 업무가 간접 고용형태로 진행되고 있었다.

2014년도 10인 이하 종사자 기업까지 포함한 제조업 전체 사업장 기준으로 보면 300인 이상 대기업 종사자는 18.7%에 지나지 않으므로, 299인이하 전 사업장에 종사하는 근무자는 제조업 전체 종사자의 81.3%에 해당한다.

## 4. 제조업 소형 사업장의 부가가치와 임금의 하락폭이 크다

제조업 규모별 종사자 1인당 부가가치를 비교해보면 2014년도에 10인이상 사업장 전체가 1인당 부가가치가 1.66억 원이었으나, 전 사업장을 기준으로 보면 1인당 1.22억 원밖에 되지 않는다.[14] 좀 더 세분해서 보면, 10인 이상 19인 이하 사업장은 1인당 부가가치가 7500만 원이며, 20인 이상49인 이하는 8500만 원, 50인 이상 99인 이하의 경우는 1억 원이었다. 100인 이상 199인 이하 기업인 중견기업의 경우도 1.24억 원밖에 되지 않았으며, 200인 이상 299명 이하의 중견기업도 1.37억 원에 지나지 않았다. 300인 이상 499명 이하 사업장은 1.77억 원, 500인 이상 999명 이하 사업장은2.27억 원이었으며 1000명이 이상 대기업은 3.92억 원이었다. 즉 1000명이상 대기업 사업장의 1인당 부가가치에 비해 10인 이상 19인 사업장의 1인당 부가가치는 19%에 지나지 않았다.

300인 이상 대기업과 299명 이하 10인 이상의 중소기업으로 구분하여보면 대기업의 1인당 부가가치는 3.23억 원이었으며, 중소기업은 0.97억원으로 1억 원도 채 되지 못하는 상황이다. 즉 우리나라 중소기업의 1인당부가가치는 대기업의 약 30%에 지나지 않으며, 대기업과 중소기업의 1인당 부가가치 차이는 최근 그 격차가 더욱 크게 벌어지고 있다. 산업화 시대에 대기업 대비 중소기업의 부가가치가 거의 70% 수준에 달했던 것과 비교하면 한국의 중소기업의 기업 경쟁력은 크게 하락하고 있는 것이다. 특히 한국의 경우 중견기업들조차 부가가치가 점차 하락하고 있는 실정에 주목해야 한다.

이러한 상황은 결국 한국사회의 양극화 확대 및 사회적 갈등의 가장 큰 요인으로 작용할 가능성이 높다. 결국 중소기업의 경쟁력을 어떻게 끌어올리느냐가 한국사회 문제의 해결에 가장 관건일 것이다. 현재처럼 대기업과의 수직적인 협력 구조 속에서, 중소기업이 기술혁신의 기회에 많은 제약을 받는 상황에서 벗어나야 한다. 기술 벤처 중심으로 기술 창업과 함께 혁신적 역할을 통해 중소기업의 구조적 열악함을 해소하지 않는다면 한국의 사회 문제는 더욱 악화될 것으로 여겨진다.

2015년도 근로자 1인당 월평균 임금은 389만 원으로 전년보다 6.6% 상승했다.[3] 상시근로자 5~299명인 중소기업의 상용근로자 임금은 작년에 월평균 311만여 원인 반면 300명 이상인 대기업은 501만여 원이었다. 중소기업 근로자의 평균 임금은 대기업 대비 62.0%로, 관련 통계가 나오기 시작한 2008년 이후 가장 낮은 수준을 기록했다.[4] 외환위기 이전에는 대기업과 비교한 중소기업의 임금이 80% 수준이었다. 그러나 2009년 65.0%였던 이 비율은 2010년 62.9%, 2011년 62.6%로 떨어졌으며 2012~2013년엔 64.1%까지 개선되었지만 2014년 다시 62.3%로 하락하였고, 2015년도에는 최저치를 기록했다.[5]

---

3   통계청, 2016.3.1.
4   "[사설] 중산층 허무는 기업간 임금격차", 《아시아경제》(2016.3.2).
5   "중소기업 임금, 대기업의 62% 수준… 격차 사상 최대", 《한국경제》(2016.3.1).

**그림 III-7** 제조업 사업장 규모별 1인당 부가가치(2014년도)

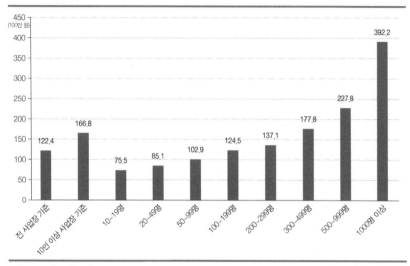

자료: 국가통계포털.

2014년도 이후 고용이 양적으로 다소 개선되는 조짐이 있지만 대기업 대비 중소기업의 임금 수준이 더욱 열악해진 것으로 보아 오히려 고용의 질은 악화되는 추세로 판단된다. 대기업 대비 중소기업의 임금 격차가 계속 벌어지는 것은 중소기업의 경영이 갈수록 악화되면서 임금 지급 능력이 더욱 하락하였기 때문이다. 제조업 분야 중소기업이 전체 고용의 80% 이상을 차지하는 상황에서 대기업 대비 중소기업 임금 수준이 떨어지는 것은 중산층의 기반이 취약해져 감을 의미한다. 소득 분위 계층 조사에서 중산층의 소득 분위의 하락 비율이 상대적으로 높게 나타났다. 외환위기 이전 중산층 비중은 70%대 중반이었지만 최근 중산층 비중이 60%대 중반으로 하락하였다. 산업구조적 측면에서 대기업의 독점력이 커지면서 생기는 중소기업의 수익 구조와 입지 악화가 중소기업 근로자의 임금 상승을 불가능하게 만든 중요한 요인이었을 것이다. 특히 ICT 산업에서 일부 소수 품목 생산에 주력하면서 한국은ICT 제조업 국가라는 이미지 때문에 점점 더 ICT 제조업에 몰아주려는 관치경제와 이로 인한 정경유착을 비롯하여 재벌 대기업이 승자의 함정에 빠져 점점 더 모험정신을 상실하는 현상에서 깨어나야 한다. 또한 과보호되고 있는 통신 및 방송산업을 비롯하여 ICT 서비스업에서의 경직성에서 벗어나서 새로운 기술혁명에 걸맞은 산업 문화와 상생적 구조를 만들어나가야 한다.

# 제 9 장

# 정보통신(ICT) 산업 살펴보기

## ICT 플랫폼이 미래를 바꾼다

한국은 세계 4위의 제조업 강국이다. 그러나 한국의 제조업 경쟁력이 높은 수준을 계속 유지할 것인가에 대해서 많은 우려가 있는 것이 사실이며, 제8장에서 살펴본 여러 지표로 볼 때 여러 부문에서 하향 추세가 나타나고 있다. 또한 세계경제포럼에서 2016년 발표한 제4차 산업혁명 적응력은 25위로 나타나 향후 제4차 산업혁명 기술이 실용화되었을 때의 한국 경쟁력은 크게 뒤처지는 것으로 조사되었다.

미래의 제조업 경쟁력은 제조업 기술을 어떻게 ICT와 융합시켜 어떤 플랫폼을 만들어 어떤 서비스를 제공할 수 있는가의 경쟁력이 결정적인 영향을 줄 것이기 때문이다. 즉 제조업 패러다임이 바뀌면서 제조업의 권력 흐름도 바뀌게 될 것이다. 대량 공급 시대의 공급자 중심에서 맞춤형 소량

주문 시대로 패러다임이 전환되면서 선택권은 공급자로부터 소비자에게 넘어가면서 소비자 욕구의 다양성이 더욱 중요 변수가 될 것이며, 또한 다양성이 더욱 중요한 핵심 가치가 될 것이다. 2016년 열린 제46회 다보스 포럼의 공동의장인 아미라 야흐야위(Amira Yahyaoui)는 "제4차 산업혁명은 가치의 혁명"[6]이라고 했다. 가치가 창출되고 발전하는 문화와 경제 시스템이 제4차 산업혁명의 경쟁력을 좌우할 것이다.

결국 소비자가 선택하는 것은 제조업 기기 자체보다는 제조업 기기와 묶여져서 ICT를 통해서 제공되는 제조기기의 가치 있는 서비스 컨텐츠일 것이다. ICT 융합을 통해 기하급수적으로 배가되는 컨텐츠의 가치를 만들어낼 수 있는 '파괴적 혁명'이 바로 경쟁력의 근간이다.

유럽연합은 ICT의 파괴적 가치에 주목하고 2010년에 발표한 '유럽 2020'에서 스마트 성장 전략으로서 '혁신'과 '디지털 사회'를 제시한다. 로봇과 3D 프린팅, 인공지능 등 다양한 디지털 정보와 데이터와 활용이 융합하는 디지털 사회를 준비하고 있다.

물론 우리나라도 디지털 사회를 국가 전략으로 준비해오고 있다. 그러나 국가적으로 통합되는 ICT 전략은 찾아보기 어렵다. 우리나라 ICT 산업의 패러다임을 전환시켜 특정 품목 중심의 제조업에서 ICT 산업의 영역을 서비스 등 활용 영역으로 확대해나가야 했다. 그럼에도 정부는 여전히 제조업 품목 중심의 업무 체제를 유지한 채 파편화된 산업육성전략을 세우고 점점 더 강도 높은 정부 주문형 연구개발 사업에 더 많은 예산을 사용하면서 성장에 매달리고 있다.

2015년 포르투갈의 리스본에서 열린 ICT 회의에서 혁신(Innovate), 연결

---

6   The fourth of industrial revolution should be a revolution of values.

(Connect), 변혁(Transform)의 슬로건을 내걸어 ICT 기술을 이용한 초연결 사회가 점차 인간 삶의 모든 영역이 연결되는 구조로 바뀌는 모습을 제시한 바 있다. 《가트너》지는 2020년에는 73억 개의 컴퓨터, 태블릿, 스마트폰과 함께 260억 개의 기기가 IoT로 연결될 것으로 예측하였고, 이를 통해서 새로운 시장과 비즈니스 기회가 제공될 것이며 Internet of Service (IoS) 사회가 열릴 것으로 보고 있다.

<br>

## 2절
# 한국은 ICT 1등 국가가 아니다

### 1. 혁명의 원동력 ICT의 파괴력을 간과했다

사실 전략적 측면에서 한국의 ICT 산업의 중요성은 더욱더 강조되어야 했다. 물론 기업 등 민간 부문의 비중이 커져서 산업 몰아주기 방식의 정부 주도 IT 육성 전략은 바뀌어야 하는 것은 맞았지만 지속적으로 한국 ICT 산업의 미흡한 부분들을 육성하고 기초 영역을 강하게 만드는 전략을 추진해서 응용력이 강하도록 ICT 산업의 완성도를 넓히는 방향으로 정부가 역할을 했어야 했다.

참여정부에서도 IT 839 정책을 통해 통신과 서비스 영역을 포함시켜 IT 육성정책을 펼쳤다. 그러나 기존 정부의 IT 육성 정책의 맥락 속에서 10대 차세대 성장동력 육성에 집중하면서 IT 기기 중심으로 성장정책을 펼쳤던 점에서는 한계가 있었다. 사실 ICT 서비스 산업 육성에 보다 박차를 가했어야 하는 아쉬움이 크게 남는다. 또한 ICT의 파괴력을 인지하였음에도

IT 제조업과 규제정책 중심으로 정책을 수행하는 구조에서 탈피하지 못했다. 또한 ICT 산업의 기초연구가 미흡하여 산업 육성의 저력과 기반이 약한 점을 보강해야 함에도 제대로 전환하지 못하였던 점이 아쉽다. ICT 제조업이 확대될수록 기술 도입과 부품 수입의 비중이 커지기 때문에 ICT의 기초체력이 약하다는 문제점이 부각되었지만 ICT 산업 변화가 워낙 빠르게 진행되고 있어 쫓아가기 바빴다. 기초연구 역량을 크게 강화하는 국가 연구개발 체제 전환이 쉽지 않았다.

그러나 이명박 정부에서는 오히려 ICT를 분산시키는 전략을 채택했다. 전통산업 등의 기업 부문에서 IT 활용도가 낮아 이를 극복한다는 필요성은 있었지만 IT 산업 자체가 새로운 산업 영역으로 발전한다는 ICT 특성을 간과한 정책이었다.

또한 이명박 정부의 ICT 정책을 바라보는 시각은 박근혜 정부에서도 연속되고 있다. ICT 영역에서 방송통신 정책에 집중하는 행정부처 구조와 함께 ICT 산업의 융합력과 파괴력이 간과된 소규모 개별 벤처, 중소기업의 창업을 강조하는 창조경제 정책을 추진하였다.

한국은 일부 특정 품목의 IT 기기 제조업에서의 성과로 'IT 일등국가'라는 함정에 빠져 있었다. 국가의 연구개발비 투자 전략에서 IT 부문은 축소하고 점차 BT 부문 확대 의견을 제시하기도 했다.

정부의 제3차 과학기술기본계획에 의거하면 중장기 분야별 정부 R&D 투자 비중 변화 추이에서 이미 2007년 이후부터 정보통신 및 전자 분야의 연구개발 투자를 줄이는 것으로 설정하였다.

정보통신 기술의 변화 속도와 파급력 및 사회적 영향력 등에 대한 판단 미흡으로 정보통신 정책의 방향성과 비전이 제대로 설정되지 못하였고, 또한 국가 차원의 정책 집중도도 약화시키게 된 것이다. 특히 최근 제4차

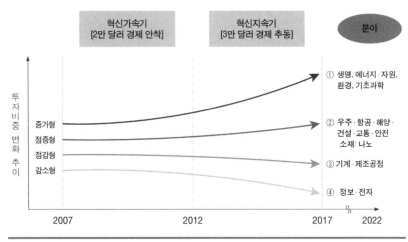

**그림 III-8** 중장기 분야별 정부 R&D 투자 비중 변화 추이

자료: 제3차 과학기술기본계획(2013년 7월 8일).

산업혁명으로 일컬어지는 정보통신기술의 폭발력을 예측하지 못하였기 때문이며, 삼성전자와 LG전자, 현대자동차 등 일부 제조업 분야 대기업의 성장을 국가 전체의 성장으로 판단하고, 그 산업 구조적 특성 등에 대한 분석조차 미흡하였기 때문이다.

이제 알파고를 본 정부는 인공지능에 수백억 원의 투자를 하겠다는 등 졸속으로 때늦은 투자대책을 쏟아내는 실정이다. 이는 국가성장전략 수립 실패의 전형적인 유형이라고 볼 수 있다.

페이팔 사의 CEO인 댄 슐먼(Dan Schulman)은 "기업의 미래 성공에 가장 장애가 되는 요인은 그 기업의 과거의 성공이다(The biggest impediment to a company's future success is its past success)"라고 말한 바 있다. 극소수 기업의 성과를 국가 전체의 성과로 여기고 'IT 일등국가'라는 착시효과까지 나타내면서 안주하는 사이 선진국의 ICT 산업은 새로운 영역에서 신세계

그림 III-9　속도는 비즈니스의 새로운 화폐다

자료: 세계경제포럼(2016년) 홈페이지, 산업의 디지털 전환 세션.

를 만들어가고 있다.

이제 미래의 제조업 경쟁력은 ICT를 기반으로 각자가 창조한 차별적인 혁신 품목들을 누구든지 플랫폼에 융합시켜놓고 무한 경쟁을 하는 체제가 될 것이다. 빠르게 탄생하고 빠르게 소멸하는 시대가 예고되고 있다. 세일 즈포스(Salesforce) 대표인 마크 R. 베니오프(Marc R. Benioff)는 "속도가 비즈니스의 새로운 화폐다(Speed is the new currency of business)"라고 말하면서 속도의 중요성을 강조했다. 이제 혁신적이고 창조적인 비즈니스가 무한 경쟁의 속도전 속에서 살아남거나 혹은 소멸하게 될 것이다.

결국 기초체력이 가장 중요한 시대가 되었다. 앞으로 다가올 속도 싸움에서는 모방은 의미가 없다. 과거의 영예에 사로잡혀 주저하는 동안 출발은 늦어진다. 속도가 필요한 전쟁에서 과거의 모습은 바로 승자의 함정이다. 한국 ICT 산업의 새로운 패러다임이 필요한 시점이다.

## 2. 한국의 ICT 산업은 불균형적으로 성장했다

이 시점에서 한국 ICT 산업의 현주소를 살펴보는 것이 필요하다. 우선 한국의 ICT 산업의 무역수지율[7]은 2004년의 2.3보다는 다소 감소하였지만 1.5 정도를 유지하거나 약간 상회하는 편이다. 그러나 우리나라의 전체 산업 대비 ICT 산업 수출액 비중은 2004년 33.7%에서 2013년 19.3%로 크게 줄었다. 미국과 일본도 모두 감소 추세인데 중국 ICT 산업의 강세에 밀려 수출 비중이 모두 감소하고 있다.[8]

최근 제4차 산업혁명이 ICT 산업을 기반으로 초연결 사회로 발전하면서 융합되는 추세에서 보면 플랫폼을 구축하는 절대적 요소인 ICT 서비스 산업의 중요성은 더욱 커졌다. 그러나 한국의 경우 ICT 서비스 영역의 경쟁력은 매우 취약한 실정이다.

OECD의 분류 기준에 따라 2010년도 산업 생산액 비중으로 볼 때 한국의 컴퓨터, 전자기기, 광학제품의 생산액 비중은 9.7%, 전자장비는 2.6%로서 총 12.3%인 것에 비해 미국은 1.9%, 독일은 3.4%이다. 또한 부가가치 비중 측면에서 보면 한국은 생산액 비중의 64%밖에 되지 않는 7.9%이지만 미국은 생산액 비중보다 11% 높은 2.1%이며, 독일은 생산액 비중의 82%인 2.8%이다. 한국은 IT 제조업의 부가가치가 여전히 높지 않은 것이다.

또한 IT 및 정보 서비스업을 보면 한국은 생산액 비중 0.4%, 부가가치 비중 0.5%에 지나지 않지만 미국은 한국보다 4배가량 높은 생산액 비중 1.6%, 부가가치 비중 1.8%이며, 독일은 한국보다 3.2배가량 높은 생산액

---

7　무역수지율: 수입에 대한 수출의 비중. 수출/수입.
8　미래창조과학부, 「2014 과학기술통계」, KISTEP 연구보고 2015-051.

표 III-4 제조업 분야별 생산액 및 부가가치 비중 국제비교

| 코드 | 구분 | 생산액 비중 (총생산, 현재 가격) | | | 부가가치 비중 (현재 가격) | | |
|---|---|---|---|---|---|---|---|
| | | 한국 | 미국 | 독일 | 한국 | 미국 | 독일 |
| D | 전체 산업 | 100 | 100 | 100 | 100 | 100 | 100 |
| D26T28 | 기계 및 장비 | 16.1 | 3.1 | 7.6 | 10.6 | 3.1 | 6.1 |
| D26 | 컴퓨터, 전자기기, 광학제품 [CI] | 9.7 | 1.5 | 1.4 | 6.1 | 1.8 | 1.1 |
| D27 | 전자장비 [CJ] | 2.6 | 0.4 | 2.0 | 1.8 | 0.3 | 1.7 |
| | 소계(D26+D27) | 12.3 | 1.9 | 3.4 | 7.9 | 2.1 | 2.8 |
| D28 | 기계 및 장비 [CK] | 3.8 | 1.2 | 4.2 | 2.7 | 1.0 | 3.3 |
| D29T30 | 수송장비 [CL] | 7.5 | 2.3 | 6.8 | 4.9 | 0.9 | 3.6 |
| D29 | 자동차, 트레일러 | 5.0 | 1.4 | 6.1 | 2.9 | 0.4 | 3.2 |
| D58T63 | 정보통신 산업 [J] | 3.4 | 5.7 | 4.2 | 4.0 | 5.6 | 4.0 |
| D58T60 | 출판, 오디오, 방송 [JA] | 1.4 | 1.6 | 1.4 | 1.7 | 1.4 | 1.3 |
| D61 | 통신산업 [JB] | 1.6 | 2.5 | 1.4 | 1.8 | 2.4 | 1.1 |
| D62T63 | IT 및 정보 서비스업 [JC] | 0.4 | 1.6 | 1.3 | 0.5 | 1.8 | 1.6 |

자료: STAN Database for Structural Analysis(ISIC Rev. 4).

비중 1.3%, 부가가치 비중 1.6%이다. 즉 부가가치 측면에서 우리나라의 IT 및 정보 서비스업의 발달 수준이 매우 미흡한 것뿐만 아니라 일부 IT 제조업의 불균형적 성장을 확인할 수 있다. 그런데 더욱 중요한 것은 IT 및 정보 서비스업 분야가 결국 제4차 산업혁명의 핵심 영역이 될 것이므로 이 분야 취약성은 새로운 성장동력의 발전에 큰 장애가 되리라는 점이다.

## 3. 규제정책과의 공생으로 정보서비스산업 발전이 지체되다

한국은 IT 제조업 중심의 집중된 구조 속에서 정보 서비스업과 소프트웨어 경쟁력이 크게 진전을 보지 못했다. 정보 서비스업과 소프트웨어 경쟁력은 상당히 취약하다.

그림 III-10 정보통신산업 부가가치 비중 주요국 비교(전 산업 대비, 2014년)

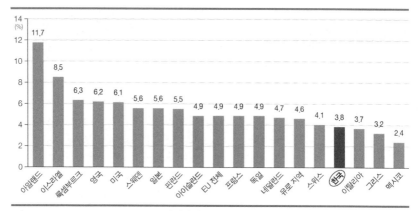

자료: OECD Factbook 2015~2016, 전체산업 대비 정보통신산업 비중임(%).

　우리나라는 IT 제조업의 비중과 성과가 매우 크고 인터넷 보급률이 높아 IT 국가로 자부하고 있지만 진정한 IT 국가라고는 볼 수 없다. 특히 제4차 산업혁명 시대에서 정보통신산업을 기반의 플랫폼에 제조업 제품이 그 연결망에 배치되면 한국의 IT 산업 취약성은 더 커질 것으로 예상된다. 실제 한국의 정보통신산업의 부가가치 비중은 주요국과 비교할 때 비교적 중하위권 수준에 지나지 않는다.

　IT 서비스산업의 성장이 지체된 이유로는 정부 정책에도 원인이 있다. 당초 한국의 경제성장은 수출주도형 성장 전략이었으므로 제조업 물량을 위주로 한 수출액 중심으로 정책관리를 해왔다. 그 결과 대량 수출이 가능한 반도체와 IT 기기 등 제조업 중심으로 성장 관리가 이루어졌다. 또한 한편으로는 IT와 통신서비스업의 경우 규제정책의 틀 속에서 정책이 관리되었다.

　그 결과 일부 특정 품목의 IT 기기 제조업의 화려함에 가려져 IT 서비스업이나 소프트웨어의 발전에 크게 주목하지 못하였다. 한국은 1980년대만 해도 소프트웨어의 발달 가능성이 높아 보였고 우수한 인재가 소프트웨어를 전공하기 위해 전산학과에 몰렸다. 많은 대학에 전산학과가 만들어졌고 소프트웨어의 발달도 활발해 보였다. 1980년대에 각 기업과 정부의 사무 영역에서 업무 전산화 작업이 진행되었고 경영 및 관리의 정보화에 투자도 활발했다. 특히 김대중 정부 때 1인 1PC 정책과 함께 소형 컴퓨터를 보급하고 전국에 인터넷망을 설치하면서 웹 디자인 등 소프트웨어 산업이 활발히 발전하였다.

그러나 우리나라에서 행정업무를 비롯하여 경영·관리 부분에서의 전산화 작업이 어느 정도 완성되면서 신규 수요가 크게 줄어, 운영·관리 및 유지·보수 업무가 점차 높은 비중을 차지하게 되었다. 그러나 지식자산의 권리보호 의식이 미흡하고 무형자산인 소프트웨어에 대한 비용 지불에 인색한 풍토에서 소프트웨어 산업의 수익구조가 점차 취약해져 갔다. 특히 유지관리 비용이 너무 낮아 소프트웨어 기업의 경영 실적이 악화되어갔고 이는 결국 고용 악화로 이어졌다.

또한 소프트웨어 업무는 특성상 개발과정에 집중되는 일시적 업무 비중이 높고, 시스템 업무를 수행하는 대기업의 하청구조를 갖고 있다. 소프트웨어를 개발을 담당하는 소규모 기업의 비중이 높아 고용조건과 작업환경이 점차 더욱 열악해졌다. 또한 집중적인 업무 특성과 기술역량의 급변하는 변화로 고용 수명도 짧아졌다.

그 결과 소프트웨어 산업에 좋은 인력이 유입되지 않았으며 필요인력을 단기 교육과정에 의존하는 등 인력 구조가 급격히 취약해졌고, 그 결과 ICT 소프트웨어 산업도 성장세가 크게 하락하여 경쟁력이 더욱 악화되었다.

한국의 지속가능한 성장은 제4차 산업혁명 시기에 핵심 영역인 IT 및 정보 서비스업을 어떻게 발전시키느냐에 달려 있다고 보아도 과언이 아니다. 제조업은 직접 서비스 제공이 가능한 제조유형으로의 전환이 필요해졌으므로 이제 새로운 개념과 유형의 제조업이 탄생해야 한다. 빅데이터에 기반을 둔 인공지능, 지능로봇, 가상현실, 3D 프린팅 제조 등의 초연결 사회에서는 ICT 산업을 기반으로 2·3차 산업이 융합되어나갈 것이다. 결국 기존의 산업적 경계는 허물어질 것이다. 특히 사람, 사물, 공간이 데이터와 인공지능을 매개로 연결되는 ICT 플랫폼을 기반으로 사회서비스업, 교육, 제조공정, 지식, 제품 등이 모두 연결되어 1·2·3차 산업의 구분이 사라지게 된다.

현재 구글 등 ICT 서비스 기업이 자동차와 에너지 등을 비롯한 여러 제조업 분야로 진출하고 있다. ICT 분야의 서비스 산업과 제조업 사이의 활발한 M&A를 통해 새로운 기업유형이 속속 등장하고 있다. 우리나라에서도 최근 자동차 제조업과 전자통신업의 제휴 등이 진행되었다.

# 한국 제조업은 고용절약형으로 성장했다

## 고용절약형 전략으로 제조업이 성장했다

우리나라는 2015년 말 현재 경제활동인구 중 5.2%가 농업, 어업, 임업 등에 종사하고 있으며 17.4%가 제조업에 종사하고 있다. 또한 77.5%가 사회서비스업과 전기, 가스, 폐기물 처리업을 비롯하여 도소매 판매업, 건설업 등에 종사하고 있다.[15)]

우리나라는 제조업이 대부분을 차지하는 광공업 부가가치의 비중 31.2%에 비해 광공업의 고용 비중은 17.4%로 상당히 낮은 편이다. 제조업의 고용 비중을 제조업 선진국과 비교해보면 한국은 제조업 강국인 독일보다 크게 낮을 뿐만 아니라 외환위기 이후 지속적으로 빠르게 낮아졌다. 특히 세계경제 여건이 좋아 글로벌 대기업의 성장이 두드러졌던 참여정부 시기인 2003년부터 2007년까지의 시기를 비롯하여 이명박 정부 전반기인

그림 III-11 제조업 고용 비중 주요국 비교

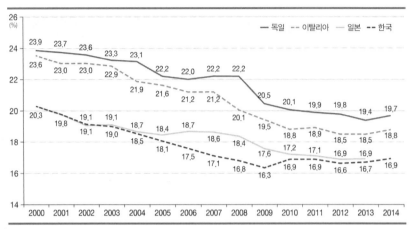

자료: OECD, Employment by activities and status(ALFS).

2009년까지 지속적으로 제조업 고용 비중은 크게 감소하였다.

우리나라는 1991년 이후 현재까지 제조업 비중이 생산량과 부가가치 면에서 높은 수준을 유지하고 있는 것에 비해 고용 비중은 지속적으로 크게 하락하였다. 이미 1991년에도 독일에 비해 제조업 고용이 크게 낮은 편이었다.[16] 그 결과 2014년 한국의 제조업 고용은 기술 성숙도가 높은 독일과 일본보다 상당히 낮은 수준이었다.

2절
## 제조업의 고용 비중이 지나치게 절약되었다

한국의 제조업 고용 비중이 급감하는 현상은 탈산업화 과정에서 어느 정도는 보편적인 현상이라고 볼 수 있다. 제조업 선진국의 고용 추이와 비

**그림 III-12** 한국, 독일의 제조업 부가가치 및 고용 비중 비교

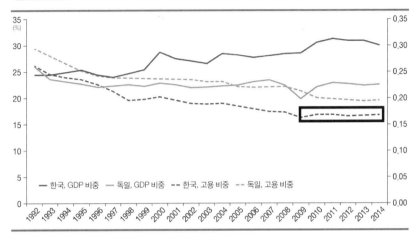

**그림 III-12** 한국, 독일의 제조업 부가가치 및 고용 비중 비교

\* 제조업 부가가치 자료: GDP 대비 제조업 부가가치 비중, %, World Development Indicators, World Bank.
\* 고용 비중 자료: 전체 산업 대비 제조업 고용 비중, OECD, Annual Labour Force Statistics.
\* 1인당 국민소득: 1만 달러(1992) → 2만 달러(2002) → 3만 달러(2010).
자료: OECD, 세계은행 자료 이용하여 재작성.

교하기 위해 중화학공업 비중이 높은 제조업 강국 독일과 GDP의 규모와 국민소득 수준의 변화 등을 고려하여 시기를 나누어 비교하였다.

물론 산업의 시대적인 변화와 국가에 따라 산업구조와 자동화 정도 및 고용창출 효과가 다르기 때문에 도식적으로 비교하기는 어렵겠지만 추세는 비교해볼 수 있다. 독일이 국민소득 1만 달러를 돌파한 시기인 1980년에 제조업 고용 비중은 0.34, 2만 달러를 넘어선 시기인 1991년에는 0.31, 3만 달러를 넘어선 시기인 2004년에는 0.25이었다. 독일은 1인당 국민소득 3만 달러 시기인 2004년도까지 제조업의 고용 비중은 부가가치 비중보다 높아 상당한 수준의 제조업 고용을 유지했다. 이 시기 독일의 GDP는 현재 우리나라의 GDP의 1.2배 정도였는데 제조업 고용 비중은 독일은 0.25이지만 최근 한국의 고용 비중은 0.17에 지나지 않는다. 최근 자동화

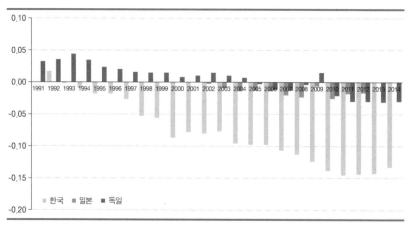

**그림 III-13** 제조업의 부가가치 대비 고용 비중 격차 비교(한국, 독일, 일본)

* 제조업 부가가치 자료: GDP 대비 제조업 부가가치 비중, %, World Development Indicators, World Bank.
* 고용 비중 자료: 전체 산업 대비 제조업 고용 비중, 전체산업 = 1.
자료: OECD, Annual Labour Force Statistics.

수준이 높아졌음을 감안하더라도 한국은 기술 성숙도에 비해 지나치게 빠르게 제조업 고용이 감소했다.

세계은행 자료에 의하면 우리나라는 주요 기술 선진국들에 비해 비교적 늦은 시기인 1994년도와 2006년도에 각각 국민소득 1만 달러, 2만 달러를 넘어섰다.[17] 우리나라가 1만 달러 시기인 1994년의 제조업 부가가치는 총 산업 대비 31%이었는데 선진국의 경우 국민 소득 1만 달러 시기에는 독일이 35% 수준, 일본이 31% 수준, 영국 35% 수준, 이탈리아 31% 수준이었다. 따라서 한국은 국민 소득 1만 달러 시기에 주요 선진국과 유사한 수준의 제조업 부가가치 비중을 나타냈다.

우리나라가 비교적 중화학공업의 후발주자이기 때문에 기술 주기에서 성장기 혹은 성숙기 산업을 중심으로 성장하였고, 산업이 성장하더라도 시기적으로 상당 부분 자동화가 진행되면서 고용이 크게 증가하지 않는 측면이 있다. 그러나 이러한 특성을 고려한다고 하더라도 우리나라 전체 산업에서 차지하는 제조업의 고용 비중은 1990년대까지는 지속적으로 증가하다가 그 이후 가파르게 감소하였다.

1990년에는 중화학공업 중심의 제조업 국가인 인구 8000만 명의 독일과 4300만 명의 한국의 제조업 고용 비중이 각각 30%, 29%로 유사하였다. 국가경제 및 제조업의 성숙도가 높은 독일보다 한국이 제조업의 전체 산업 대비 부가가치 비중은 2.3%가 더 높으면서도 고용 비중이 1.1%가 낮았다. 이 당시 1인당 GDP는 독일은 2만 2220달러지만 한국은 6642달러로 독일의 약 30%에 지나지 않으며, GDP 규모도 독일의 16%밖에 되지 않았다.[18]

그러나 1990년대 이후 한국의 제조업의 고용은 크게 악화되었다. 외환위기로 인한 기업 구조조정을 거치면서도 제조업의 부가가치 비중은 감소하지 않았지만 고용 비중은 지속적으로 크게 감소하였기 때문이다. 물론 중화학공업이 고도화되면서 고용 비중이 감소하는 것이 일반적인 현상이라고 하더라도 1990년 이후 한국의 제조업 고용 비중은 매우 큰 폭으로 감소하였다.

1992년을 기점으로 독일과 한국이 부가가치 측면에서 GDP 기준 제조업 비중이 각각 25.9%, 24.9%를 기록하여 두 나라가 유사한 수준이었으며 독일은 최근까지 22~23% 수준을 유지하고 있다. 물론 독일도 2008년 이후 급격하게 제조업 고용 비중이 감소하고 있어 부가가치 비중보다 고용 비중이 점차 낮아졌지만 2014년 말 현재 20% 수준을 유지하고 있다. 제조업의 부가가지 비중과 고용 비중과의 차이는 독일도 2005년 이후 마이너스를 기록하여 현재 그 격차가 지속적으로 증가하는 추세이다.

그러나 세계은행 자료에 의하면 한국은 제조업 부가가치 비중이 지속적으로 크게 증가하여 2011년 31.4%, 2014년 현재 30% 수준을 유지하고 있다. 에너지 산업까지 포함한다면 한국의 제조업 부가가치는 전 산업 대비 33%에 이른다. 제조업의 지속적인 부가가치 성장에 비해 고용 비중은 2003년 이후 2009년까지 급격하게 감소하였다. 특히 2004년부터 2008년까지 세계경제가 양호하였고, 수출도 호조를 보이며 제조업의 성장이 지속되는 시기였음에도 제조업의 고용 비중은 크게 감소하였다. 그 결과 전 산업 대비 제조업의 부가가치 비중과 고용 비중과의 격차가 더 크게 벌어졌다. 그 격차는 2013년과 2014년에 다소 줄어들기는 하였지만 격차는 거의 13~14% 수준을 유지한다.

2014년 OECD 자료에 의하면 우리나라는 산업의 총고용자 수가 약 2560만 명인데 현재 제조업 고용자 수는 17% 수준인 433만 명이다. 산술적으로 추정하여 본다면 독일 수준의 부가가치 대비 제조업 고용 비중이 유지된다면 현재의 고용보다 약 200만 명의 제조업 고용이 증가할 수 있다. 만약 우리나라보다 제조업 부가가치가 훨씬 낮은 정도에서 독일의 제조업 고용 비중 20% 수준을 유지했다고 하면 제조업에서 현재보다 80만 명 정도의 추가 고용이 일어날 수 있다.

제조업 부가가치 대비 고용 비중 격차는 우리나라에 비해 일본과 독일은 상대적으로 훨씬 격차가 적은 편임을 여러 자료에서 확인하였다. 결국 우리나라 제조업 성장은 고용 축소형(심지어는 고용 방출형) 성장의 경로를 택했다고 볼 수 있다. 즉, 세계시장의 치열한 경쟁에서 생산성 증가를 통한 혁신 기반의 성장보다는 혁신이 미흡한 부분에서 빚어지는 마이너스 부분을 고용을 축소하고 비용을 절감하는 효율주도형 전략으로 메꾸어가는 고용 축소형 성장 전략을 택한 결과로 여겨진다. 더 나아가 간접고용 등 고용의 질 악화를 통한 인건비 절약과 하청기업의 납품단가 인하 등 비용절약형 성장이 일상화되었다.

한국의 산업화 시기에는 새로운 경공업과 중화학 산업으로의 전환을 비롯한 성장동력 고도화와 함께 베이비붐으로 태어난 전후 세대의 인구 증가 및 교육 수준 높은 노동인력의 공급이 비교적 원활하였기 때문에 고도의 산업성장에 성공할 수 있는 최적의 조건을 갖추었던 것이다.

실제 제조업에 중고위 기술 영역의 일자리는 양질의 일자리로서 사회의 중산층 형성에 중요한 역할을 한다. 중산층의 안정적인 소득 증대가 가계의 가처분소득을 증가시키고 결국 서비스업 성장의 원동력이 된다.

건강하게 성장하던 우리나라의 중산층 구조는 결국 제조업의 급격한 고용 감소로 인하여 중산층이 감소하고 내수산업 성장과 서비스 산업의 성장도 지체시키는 악순환의 고리로 작용하고 있으며 결국 한국을 중진국 수준에서 정체되게 하였다.

## 3절
# 고용절약으로 생산성 향상을 유도하다

한국 제조업의 부가가치 비중은 31% 수준을 상회하다가 2014년 30% 수준으로 약간 하락하였지만 여전히 세계 최대 수준이다. 그러나 고용 비중은 최근 급속도로 하락하고 있다. 이러한 추세에 따른 문제점들은 여러 연구자들에 의해 지적되어왔다.

외환위기 이후 제조업 고용이 크게 감소한 이유로는 한국경제가 자본집약화에 집중되면서 점차 노동절약적인 경제시스템으로 전환되었고, 특히 외환위기 이후에 혁신을 통한 생산능력 확충이나 투자보다는 세계시장에서의 경쟁력을 단시간에 확충하기 위하여 공정 자동화 등의 투자 비중이 높아지면서 효율주도형 전략에 따라 노동 탄성치가 크게 감소하였기 때문이라는 분석이다. 이러한 주장은 2013년 한국경제포럼에서 많은 논의가 이루어진 바 있다.[9]

이규용 등(2011)의 연구에 의하면 한국의 외환위기 이후의 성장 과정에서 한국은 2000년 이후의 노동생산성이 OECD 평균보다 월등하게 높은데 이러한 높은 노동생산성은 노동절약적 투입으로 이루어져 왔다.[10] 이 연구에 의하면 2000년 이후에도 OECD 평균보다 우리나라의 노동생산성은 OECD 평균보다 월등하게 높았고, 특히 1990년 이후 2000년까지 한국의 노동생산성은 매우 높은 수준이었다. 또한 외환위기를 겪으면서 기업의 구조조정 과정에서 대량해고 사태 등 노동인구의 대폭 감소가 이루어졌으며, 제조업에서의 고용 축출도 빠르게 진행되었다.[19] 그 결과로 제조업 부가가치 비중이 높아졌음에도 제조업의 고용 비중은 급격하게 감소하였다.

제조업 고용의 기회 자체가 절약된 측면도 심각한 문제이지만 고용의 질이 낮아진 측면도 큰 문제점으로 작용하고 있다. 최근 2010년 이후에는 제조업 고용 비중 감소가 주춤하는 추세이다.[20] 물론 제조업 일자리의 감소가 주춤하였다는 긍정적인 측면은 있지만 세계경제 침체로 2011년에 제조업 부가가치 비중이 31.4%로 정점을 기록한 후 지속적으로 감소하였기 때문에 상대적으로 제조업의 고용의 질은 열악해졌다. 특히 투자 위축 등 경제성장률이 하락함에도, 고용이 확대되는 현상이 일어나는 '성장 없는

---

9　유병규, 「일자리 창출과 창조경제 정책 방향」, 《한국경제포럼》, 제6권 제1호(2013), 57~67.

10　이규용·강승복·반정호·이해춘·김기호, 「고용성과의 국제비교」(2011, 한국노동연구원).

고용'의 함정에 빠지게 될 것을 우려하고 있다. 즉, 일자리의 질이 하락하는 것은 경제적 양극화 및 소비 부진 문제를 야기할 수 있기 때문이다.[11]

## 4절
# 고용기피형 대기업 성장에 사회가 너무 자비로웠다

우리나라 제조업이 부가가치 성장에 비해 고용 유발효과가 기술 선진국에 비해 상대적으로 낮은 원인을 찾기 위해 OECD 가입 국가들의 기업 규모별 자료를 분석해보았다.

대부분의 국가에서는 대기업의 규모를 종사자 250명 이상으로 정하고 있지만 우리나라는 대기업을 종사자 300명 이상으로 설정하였다. 따라서 OECD 팩트북(Factbook) 자료에서는 한국의 대기업 수가 적게 반영되어 있다. 그럼에도 우리나라 대기업의 수는 OECD 비교 국가에서 가장 적으며, 그 결과로 전체 종사자 중 대기업 종사자의 비중도 가장 적은 편이다. 한국에서 제공한 자료인 300인 이상 대기업 수의 비중은 0.017이며, 200인 이상의 대기업 수의 비중도 0.048에 지나지 않아 대기업 비중이 가장 적다.

한국의 대기업 종사자 비중은 15.0%에 지나지 않는다. 물론 우리나라의 대기업 기준은 300명 이상이므로 비교 국가 250명 기준보다는 높아서 비교국가 대비 대기업 종사자 수가 실제 적게 평가된 것은 사실이다. 이를 감안하여 250명 이상 299명 이하 기업에 종사하는 비중을 약 2.5% 정도

---

11  김광석, 「고용의 10대 구조적 변화: 고용탄성치 역대 최고 기록」, 《경제주평》, 통권 618호(2014).

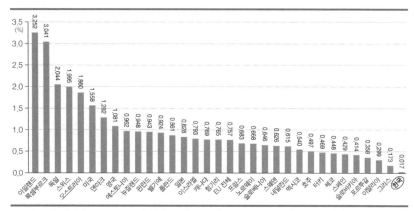

**그림 III-14** 제조업 대기업(250인 이상) 기업체 비중(%, 2014년)

* 한국의 대기업 기준은 300인 이상 기업, 200인 이상 제조업 대기업체 비중은 0.048임.
* OECD Factbook 2015~2016.

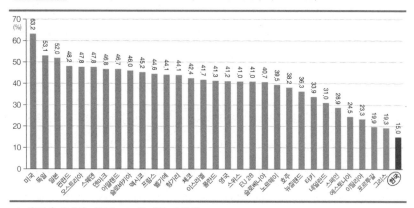

**그림 III-15** 대기업(250인 이상 기업) 종사자 비중(%, 2012년)

* 한국의 대기업 기준은 300인 이상 기업임.
* OECD Factbook 2015~2016.

추가하더라도 17.5% 정도이다.[21] 최근 심각한 경제난과 실업난을 겪고
있는 포르투갈이나 그리스의 대기업 종사자 비중보다 낮다. 실제 제조업
의 종사자 증가를 주도한 기업 규모는 100인 이하, 특히 49인 이하의 소규

모 기업들이다.[22)]

우리나라에는 삼성전자 등을 비롯한 세계적인 기업이 수 개 있으며, 이들 몇 개 기업은 강력한 실적과 이미지로 우리나라가 세계적인 제조업 국가로 성장하고 국가 이미지를 부각시키는 데 주요한 역할을 하는 것이 사실이다. 하지만 이들 극소수 기업에 의해 한국의 제조 기업 전반의 현실을 직시하지 못하는 착시효과를 갖게 된다.

우리나라는 GDP 규모로 세계 11~13위권으로 성장하였으며[12] 국제연합 공업개발기구(UNIDO)에서 발표하는 제조업의 경쟁력을 가늠할 수 있는 산업경쟁력지수(competitive industrial performance, CIP)의 순위는 2005년에 6위, 그 이후부터 2012년까지 지속적으로 4위를 기록하다가[13] 2013년에는 3위로 올라설 정도로 명실상부한 제조업 강국이다.[23)]

세계적인 제조업 강국에서 대기업의 기업 비중과 고용 비중이 주요국 대비 최하위를 기록하는 것은 이상할 정도로 비정상적이다. 결국은 기업 육성을 위하여 산업화시대의 관행이었던 정경유착과 관치경제의 몰아주기 경제정책을 추진하였고, 고용절약형 관행에는 관대했다는 결론을 내릴 수 있다. 박근혜 - 최순실 게이트에서도 정경유착의 전형적인 관행이 유지됨을 확인할 수 있었다.

---

12  World DataBank의 World Development Indicators 자료에 의하면 한국의 GDP 순위는 2014년도에는 세계 13위, 2015년도에는 세계 11위를 기록하였다.
13  Competitive industrial performance Index, UNIDO(United Nations Industrial Development Organization).
    2012년 순위: 1위 독일, 2위 일본, 3위 미국, 4위 한국, 5위 중국, 6위 스위스, 7위 싱가포르, 8위 네덜란드, 9위 벨기에, 10위 아일랜드, 11위 프랑스, 12위 이탈리아.

# 고용절약형 성장이 경제적 불평등 심화의 원인이다

OECD 자료에 의하면 한국은 전 산업 대비 제조업 부가가치 비중이 33.3%로 세계에서 가장 높은 국가로서, EU 평균인 18.9%보다도 월등하게 높고 독일의 25.7%보다도 월등하게 높다. 그럼에도 제조업의 고용이 독일보다 상당히 낮은 편이다. 특히 1990년까지는 제조업의 성장과 고용비중 증가가 함께 지속되다가 이후 제조업의 성장은 지속되지만 제조업 고용은 급격하게 하락하면서 제조업에서 생산된 부가가치가 고용을 통해 분배되는 사회적 분배 구조가 취약해졌다. 이는 결국 제조업, 특히 소수 글로벌 대기업(재벌기업)의 고용절약형 성장으로 인해 한국사회 전체 성장의 원동력인 내수시장과 서비스 산업의 취약함을 야기했고, 경제적 양극화의 원인과 함께 경기침체의 악순환의 고리로 작용하였다고 판단할 수 있다.

제조업에서의 양질의 일자리 부족 현상으로 인한 제조업 고용의 하락은 중산층이 저소득층으로 하락하거나 혹은 열악한 상황의 자영업 증가로 이어지고 결국 경제적 불평등 심화로 이어지게 된다. 특히 우리나라는 기술전환 교육이나 직업훈련 기회는 물론 체계적인 재교육 시스템 자체가 부족할 뿐만 아니라 사회복지 시스템상 직업 전환이 용이하지 못한 편이다. 제조업에서의 고용 퇴출은 전반적인 삶의 불안정을 초래하고 가정의 위기로도 이어져 사회 불안 요인으로 작용한다. 이는 한국경제 전반의 고용 불안으로 이어질 가능성이 높다. 세계경제포럼에서 2016년 발표한 자료에서 한국은 고용 불안 정도가 매우 심각한 나라로 평가되었다.

결국 한국경제 문제의 핵심은 소수 재벌 대기업 및 소수 산업 집중이며, 다양한 기업이 다양한 산업 분야로 뻗어나가지 못한 수렴형 경제, 절약형

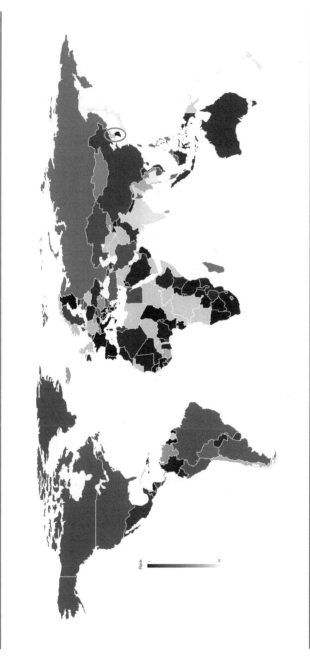

그림 III-16 세계의 실업 위험성 정도

※ 색깔이 진할수록 실업에 대한 우려가 높은 정도를 말한다.
자료: 세계경제포럼 2016 홈페이지(https://www.weforum.org/).

페이팔(PayPal) 사의 CEO 댄 슐먼

자료: 세계경제포럼 2016 홈페이지(https://www.weforum.org/).

경제라고 볼 수 있다. 산업성장 시기에 큰 역할을 했던 자본과 기술 집약적인 장치산업 중심의 중화학공업 육성 전략에서 벗어나 혁신 기반의 고용 친화적인 산업 다각화 전략으로 전환함과 동시에 수직 계열화 기업구조에서 벗어나 수평적 기업 구조로 전환해서 개별 기업들이 성장하는 혁신 주도형 산업정책 채택이 필요했다. 산업과 기업 구조는 수렴형으로 유지한 채 연구개발을 통해 혁신 주도형으로 바꾸려고 노력했지만 결국은 결실을 보기 어려운 것은 움직이기 무거운 산업구조를 갖고 있기 때문이다.

페이팔 사의 CEO인 댄 슐먼의 "기업의 미래 성공에 가장 장애가 되는 요인은 그 기업의 과거의 성공이다"라는 말과 같이 한국은 과거 산업성장 시기의 성공 신화에 빠져서 미래의 성공을 위한 새로운 도전에 장애가 되는 바로 그 '성공의 함정'에서 빠져나오지 못하고 있는 것이다.

혁신 주도형 성장이 어려운 여건에서 결국 기업의 성장은 노동비용 절약형 전략에 매달리면서 비정규직과 파견 근로 등의 간접고용 확대 등 종사자의 고용상황 악화, 경제적 불평등 심화 및 경기침체 등의 악순환이 진행되고 있다. 또한 이러한 경영 관행으로 기업 경영의 투명성마저 담보하지 못하는 것이 우리나라 기업의 현실이다.

# 제11장

# 한국 제조업은
# 고용의 질을 악화시키면서 성장했다

## 제조업 고용의 질 악화에 한국사회가 너무 관대했다

### 1. 제조업 분야 영세 사업장 고용 비중이 증가한다

한국은 제조업 대기업의 비중과 고용 비중이 주요국에 비해 현저하게 낮지만, 상대적으로 10인 이하 기업체 수의 비중과 고용 비중은 비교적 높은 편이다.[24] 이 외에도 상대적으로 임금과 고용 조건이 열악한 100인 이하 기업의 고용이 지속적으로 증가하고 있다. 고용이 양적으로 증가하더라도 양질의 일자리가 부족할 경우 고용의 질은 개선되지 못할 수도 있다.

# 2. 비정규직 고용이 계속 늘어난다

OECD 자료에 의하면 한국은 비정규직 비율이 OECD 국가 중 가장 높다. 2009년 고용 전체의 26.1%로서 최고치를 기록하다가 비정규직 보호법 시행 이후 3년이 지난 2010년부터 다소 감소하는 것으로 나타났다.

**표 III-5** 비정규직 고용 비율(총고용 대비 비율, %)

|  | 2007 | 2008 | 2009 | 2010 | 2011 | 2012 | 2013 | 2014 |
|---|---|---|---|---|---|---|---|---|
| 호 주 | 6.3 | 5.9 | 5.6 | 5.7 | 6.0 | 5.9 | 5.6 | - |
| 캐나다 | 13.0 | 12.3 | 12.5 | 13.4 | 13.7 | 13.6 | 13.4 | 13.4 |
| E U | 14.8 | 14.4 | 13.8 | 14.2 | 14.3 | 13.9 | 13.9 | 14.2 |
| 프랑스 | 15.1 | 14.9 | 14.3 | 14.9 | 15.2 | 15.1 | 16.0 | 15.8 |
| 독 일 | 14.6 | 14.7 | 14.5 | 14.7 | 14.5 | 13.7 | 13.3 | 13.0 |
| 이탈리아 | 13.2 | 13.3 | 12.5 | 12.7 | 13.3 | 13.8 | 13.2 | 13.6 |
| 일 본 | 13.9 | 13.6 | 13.7 | 13.8 | 13.7 | 13.7 | 8.4 | 7.6 |
| 한 국 | 24.7 | 23.7 | 26.1 | 23.0 | 23.8 | 23.1 | 22.4 | 21.7 |
| 러시아 | 12.3 | 13.9 | 10.5 | 9.1 | 8.3 | 8.5 | 8.5 | 8.9 |
| 스페인 | 31.6 | 29.1 | 25.2 | 24.7 | 25.1 | 23.4 | 23.1 | 24.0 |
| 터 키 | 11.9 | 11.2 | 10.7 | 11.4 | 12.3 | 12.1 | 12.0 | 13.0 |
| 영 국 | 5.9 | 5.4 | 5.6 | 6.1 | 6.2 | 6.3 | 6.2 | 6.4 |

자료: OECD Statistics Database.

# 3. 임금 불평등도가 심화되고 있다

OECD 자료에 의하면 한국은 임금 불평등도가 비교국 중 가장 높았다(그림 III-18). 비정규직과 시간제 일자리 근로자의 임금을 포함하여 임금 불평등을 조사한 불평등도(D9/D1)[14]는 5.833이었다(그림 III-19). 시간제를

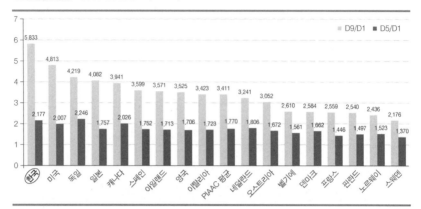

**그림 III-18** 임금 불평등도(2012)

자료: Survey of Adult Skills(PIAAC) 2012.
재인용: OECD Employment Outlook 2015.

포함할 경우 전일제 근로에 비해 임금격차가 16%가 발생하여 차별이 가장 큰 나라로 나타났다. 상위 - 하위 임금 불평등도는 경제적 불평등이 심한 국가로 평가받는 미국의 4.813보다도 월등하게 높았고, 핀란드·노르웨이·스웨덴 등 유럽 국가들보다는 2배 이상 높았다. 중위 - 하위 임금비율(D5/D1)도 한국이 OECD 국가 중에서 2위로 높아 2.177로 나타났다. 양질의 일자리 비중이 높은 제조업 국가인 독일이 가장 높아 2.246이며, 미국은 2.007, 일본은 1.757이었다.

한국이 이처럼 임금 불평등도가 높은 이유는 비정규직과 간접고용 등 열악한 고용환경에 처한 근로자의 임금 수준이 낮기 때문이다. 계약직 비율도 심각한 경제난을 겪고 있는 스페인 24.0%보다 다소 낮은 21.7%로 2위 수준이었다.[25]

───────

14 임금의 상위 - 하위 비율, 상위 10%(D9)와 하위 10%(D1)에 위치하는 임금의 비율 (ratio).

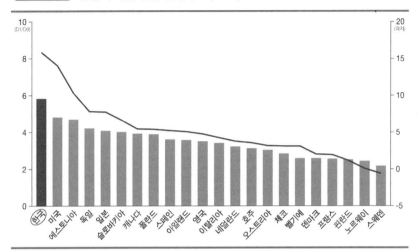

**그림 III-19** 전일제 기준 임금 불평등도(2012)

* 선그래프는 시간제 고용을 포함 전, 후의 임금불평등도 격차를 말한다.
자료: Survey of Adult Skills(PIAAC) 2012.
재인용: OECD Employment Outlook 2015.

## 4. '성 장 없 는 고 용'이 가 시 화 되 고 있 다

고용 탄성치(GDP Elasticity of Employment, 고용의 GDP 탄력성)[15]는 국내
총생산(GDP)이 1% 증가할 때 고용이 몇 % 증가하는가를 수치로 나타낸
값으로, 경제성장에 따른 취업자 증가율(고용흡수 능력)을 의미한다. 한국
경제의 고용탄성치는 외환위기 직후 급락하였는데 이후에도 추가적인 하
락세가 지속되고 있다. 한국의 기간별 연평균 고용 탄성치를 보면 1970~
1983년에는 0.356, 1984~1997년 기간에 0.350, 외환위기 전후 급락하여
외환위기 이후 1998~2008년의 고용탄성치는 0.3112를 나타냈다. 특히 글

---

15  고용 탄성치=취업자 증가율/실질 GDP 증가율.

표 III-6 국가별 저임금근로자 비중 변화: 전일제 근로자

| 연도\국가 | 전체 | | 남성 | | 여성 | |
|---|---|---|---|---|---|---|
| | 2000~2005 | 2005~2009 | 2000~2005 | 2005~2009 | 2000~2005 | 2005~2009 |
| 호 주 | 14.3 | 15.8 | 12.3 | 13.5 | 18.1 | 19.9 |
| 오스트리아 | 15.2 | 15.8 | 7.6 | 8.4 | 28.8 | 29.0 |
| 벨기에 | 6.5 | 6.2 | 4.5 | 4.5 | 12.9 | 11.7 |
| 캐나다 | 22.2 | 21.7 | 21.8 | 21.6 | 21.8 | 21.3 |
| 체 코 | 15.8 | 16.9 | 7.4 | 10.1 | 21.2 | 26.1 |
| 덴마크 | 10.5 | 12.0 | 7.2 | 9.2 | 15.8 | 16.7 |
| 핀란드 | 6.4 | 7.7 | 4.7 | 4.7 | 9.5 | 11.2 |
| 독 일 | 18.7 | 20.6 | 11.7 | 12.9 | 30.5 | 33.4 |
| 그리스 | 19.9 | 17.4 | 16.2 | 13.9 | 25.8 | 22.7 |
| 헝가리 | 22.6 | 22.0 | 21.6 | 22.0 | 23.6 | 22.0 |
| 아이슬란드 | 18.1 | 17.2 | 13.6 | 13.9 | 24.5 | 21.7 |
| 아일랜드 | 18.7 | 20.9 | 15.0 | 17.3 | 24.9 | 26.6 |
| 이탈리아 | 13.2 | 12.1 | 11.7 | 10.8 | 15.7 | 14.2 |
| 일 본 | 14.7 | 15.5 | 7.2 | 8.2 | 32.3 | 32.0 |
| 한 국 | 24.5 | 25.2 | 15.6 | 17.3 | 44.6 | 42.5 |
| 뉴질랜드 | 12.7 | 13.2 | 10.8 | 11.3 | 15.4 | 15.8 |
| 폴란드 | 24.0 | 22.9 | 22.8 | 21.1 | 25.4 | 25.3 |
| 포르투갈 | 15.1 | 15.8 | 9.9 | 10.2 | 21.3 | 22.3 |
| 스페인 | 16.1 | 16.2 | 12.3 | 12.6 | 23.0 | 22.2 |
| 영 국 | 20.5 | 20.7 | 14.5 | 15.5 | 30.5 | 28.9 |
| 미 국 | 23.8 | 24.4 | 19.1 | 20.2 | 30.0 | 29.8 |

자료: www.sourceoecd.org.
재인용: 이규용·강승복·반정호·이해춘·김기호, 「고용성과의 국제비교」(2011, 한국노동연구원).

로벌 금융위기 이후의 기간(2009~2012년)의 고용 탄성치는 0.290으로 더욱 낮아졌다.[16] 고용탄성치가 빠르게 낮아진 이유로는 한국경제의 자본 집약

---

16 유병규, 「일자리 창출과 창조경제 정책 방향」, 《한국경제포럼》, 제6권 제1호(2013),

화에 따른 노동 절약적인 경제시스템으로의 전환, 외환위기 이후에 생산
능력 확충을 위한 투자보다 공정 자동화 등의 투자 비중이 높아지면서 노
동생산성이 빠르게 증가하여 한국경제의 노동절약형 경제 시스템이 보다
강화된 때문인 것으로 평가되고 있다.

그러나 2013년과 2014년도에 들어 고용 탄성치는 크게 증가하여 2009~
2014년 기간에 0.43으로 크게 높아졌다.[17] 2010년대에 들어 투자 위축과
세계경제 침체로 경제성장률은 하락하였는데 반대로 고용이 증가하면서
고용 탄성치가 급등한바, 이는 '성장 없는 고용'으로 고용의 질이 악화되고
있음을 의미한다. 실제 시간제 일자리 고용 비중이 증가하면서 고용 탄성
치가 증가하였다.[26] 일자리의 질이 하락하면, 양극화 확대 및 소비 부진으
로 이어질 수 있어 우리 경제의 활력을 떨어뜨릴 수 있다.[18]

우리나라는 전체 근로자 중 임시직 근로자 비중이 매우 높은 편이며, 전
일제 근로자 중 저임금 비중은 가장 높은 구조로서 노동구조와 임금 개선
이 세계에서 보기 드물 정도로 열악해져 있다.

# 5. 일자리 없는 청년은 미래가 고달프다

최근 청년의 여러 어려움을 말해주듯이 15세 이상 24세까지의 청년 고
용률은 OECD 평균보다도 월등하게 낮은데, 이는 2000년보다 더욱 낮아
져서 OECD 국가 내에서 비교적 하위 수준에 머물고 있다.

---

57~67.

17  G20 Labour Markets in 2015: Strengthening the Link between Growth and
    Employment, 2015, ILO.

18  김광석, 「고용의 10대 구조적 변화: 고용탄성치 역대 최고 기록」, 《경제주평》, 통권
    618호(2014).

그림 III-20  청년 고용률(2014년, OECD)

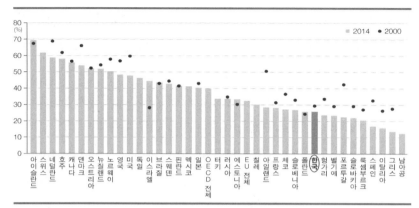

주: 15~24세 연령층의 고용률, 그 연령대의 인구 비율로 고용된 사람.
자료: OECD Statistics: OECD FactBook 2015-2016.

그림 III-21  1인당 연간 근로시간(시간, 2014년, OECD)

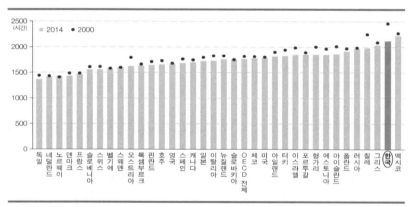

자료: OECD Statistics: OECD FactBook 2015-2016.

# 6. 세계 최장 시간 근로로 한국 국민은 피곤하다

1인당 연간 근로시간은 거의 최고 수준으로서 2002년보다는 감소하였
지만 비교 국가 중 멕시코 다음으로 가장 높다(그림 III-21).

# 기술고도화 미흡과 경제적 불평등 심화 살펴보기

## 1. 기술 숙련도가 중간 수준에 머물고 있다

우리나라는 제조업 기술 선진국에 비해 OECD 기준의 고숙련도가 월등하게 낮은 편이다. 물론 미숙련도는 세계 기준으로 볼 때 중위권 수준이지만, 중숙련도는 상대적으로 매우 높은 수준이었다. 결국 한국은 산업화 이후 기술 숙련도 수준에서 전체적으로 어느 정도는 성장하였지만 아직 세계 최고 수준으로 성숙되지는 않았으며, 기술 불평등도는 상대적으로 격차가 비교적 크지 않은 것으로 평가할 수 있다.[27]

기술 발전의 역사가 비교적 짧지만 높은 교육열과 근면한 노력, 빠른 산업화로 어느 수준까지는 도달하였지만 기술 측면에서 고도화 수준에까지

**그림 III-22** 숙련 정도에 따른 주요국 노동력 비교(상대비교, %, 2012, OECD)

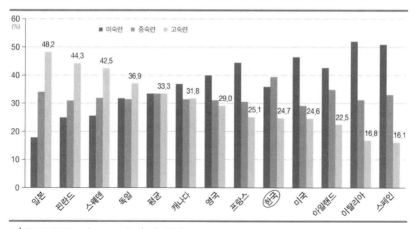

자료: OECD Employment Outlook 2015.

이르지는 못한 것으로 여겨진다.

## 2. 자영업 비율이 높은 수준을 유지하다

제조업 고용의 하락은 자영업 비율의 상승으로 이어졌다. 경제 침체를 심하게 겪고 있는 터키, 그리스, 멕시코 등보다는 낮지만 한국의 자영업 비율은 높은데, 특히 영세 자영업의 비율이 매우 높다.[28] 제조업 선진국들은 비교적 자영업의 비율이 낮은 편이지만 한국은 제조업의 부가가치 비중이 높음에도 판매업, 음식점 등 서비스 업종의 비중이 높고 이에 종사하는 자영업의 비율이 높은 것이 특징이다. 이는 한국이 아직은 산업의 고도화가 충분하게 진행되지 않은 상태를 반영하는 것으로 판단된다.

1인당 국민소득이 세계 23위 수준으로 양질의 서비스 산업에 대한 국민들의 소비 여력도 충분하게 확보되지 못하였을 뿐만 아니라 자본력과 기술력이 충분하게 축적되지 못한 서비스 산업은 국민들의 욕구 수준도 충족시키지 못하였다. 정부도 산업화 시대의 규제정책에서 벗어나지 못한 각종 규제정책을 적정수준까지 완화할 수 있는 역량이 부족하였고, 이를 논의할 수 있는 사회적 합의 시스템도 거의 작동하지 않고 있는 것이 오늘의 한국의 현실이다.

또한 최근 박근혜 - 최순실 게이트로 인해 특권층의 도덕적 해이와 재벌 집단 간의 결탁 및 정부 주도 행정에 대한 불신으로 사회적 합의를 통한 규제 선진화는 더욱 요원해졌을 것으로 보인다.

# 3 . 소 득   불 평 등 이   심 화 되 고   있 다

2012년 가처분 소득 기준 지니 계수는 0.371로서, 2010년 이후 불평등 수준이 다소 완화되고 있다고 하더라도 현재의 소득 불평등 수준은 2000년대 중반 이전에 비해 여전히 높은 편이다. 유엔 기관에서 최근 사용하는 팔마 비율(Palma Ratio)은 상위 10%와 하위 40%의 소득을 비교하는 것으로서, 중산층을 제외한 비교가 더 정확하다는 판단에서 활용하는 자료이다.[19] 소득 상위 10%와 하위 40% 계층에 생기는 변화가 복지정책 수립에 매우 중요한 정보인데, 한국은 1.099로서 EU 28개국 평균인 1.081보다 높고 제조업 선진국인 독일 1.050보다도 높아 비교적 소득 불평등도가 높은 편이다.[29)]

## 3절
## 기술 숙련을 위한 노동 정책이 미흡하다

### 1. 기술혁신을 위한 노동시장 활성화 투자가 미흡하다

우리나라는 노동시장을 활성화하는 공공 비용에 투자하는 GDP 비중이 미국이나 일본보다는 높지만 독일, 프랑스를 비롯하여 OECD 전체보다 월등하게 낮았다. 특히 우리나라와 같은 제조업 국가들은 제조업 산업의 빠

---

19  팔마 비율이 낮을수록 이 두 극단의 소득 차이가 적다. 비율이 1이면 소득 상위 10%와 하위 40%의 총소득이 같은 것이며, 5이면 소득 상위 10%의 총소득이 하위 40%의 총소득보다 5배 많다는 것을 뜻한다.

그림 III-23 노동시장정책 활성화 공공비용(GDP 비중, %)

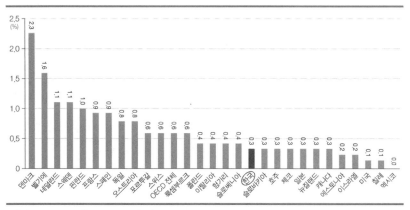

자료: OECD Employment Outlook 2015.

른 변화와 산업 현장에서 요구되는 기술 숙련도의 변화로 노동시장 활성
화 정책이 강하게 요구되지만 이에 대한 공공비용은 상대적으로 상당히
낮은 편이었다.

## 2. 노동시장 지원 프로그램이 빈약하다

직업 전환이나 숙련도 향상을 위한 공공비용 지출도 낮은 편이었지만
실직 후 노동시장 재진입을 위한 지원 프로그램에 대한 투자도 매우 낮은
편이었다. 훈련비, 고용 인센티브, 실직 수당, 사회복귀 지원, 직접 직업 창
출 비용, 창업 인센티브, 조기 은퇴 지원 등의 프로그램의 다양성 측면에
서도 취약한 것으로 보인다. 노동시장 재진입 지원 프로그램의 취약성 등
으로 인해 한번 실직하면 산업 현장으로의 재진입의 기회가 적어 영원히
퇴출되는 위험에 직면한다. 결국 산업구조조정이 더욱 어려워질 뿐만 아
니라 실직한 개인은 경제적 위치가 추락하게 된다.

그림 III-24 노동시장 지원 프로그램 지출 비용(GDP 비중, 2012년)

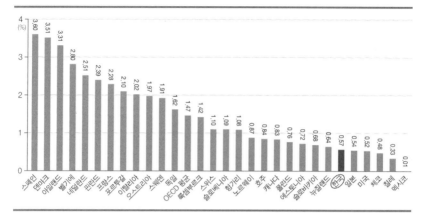

* 프로그램 지출 비용 내역: 훈련비, 고용인센티브, Sheltered and supported employment and rehabilitation, 일자리 직접 창출 비용, 창업 인센티브, 실직 수당, Out-of-work income maintenance and support, 조기 은퇴 지원.
자료: OECD Employment Outlook 2015.

## 4절
# 혁신사회로의 재도약이 필요하다

한국은 산업화 시대의 후발주자로서 1960년대 경공업 발전을 시작으로 1970년대 중화학공업 중심의 제조업 성장으로 빠른 경제성장을 이루어, 산업화 시대를 주도한 기술 선진국들을 추격하였다. 그러나 한국의 성장을 견인한 산업은 선진국에서 이미 산업화에 크게 성공한 기술들을 국내에 도입하여 육성한 산업으로서 기술 수명주기로 본다면 성숙기부터 시작한 산업들이 주류를 이룬다. 물론 추격형으로 도입한 산업인 석유정제 산업, 철강 산업, 조선 산업, 화학 산업 등의 분야에서 지속적으로 공정 등을 개량하면서 이윤을 극대화하였고, 빠르게 세계시장에서 경쟁력을 확보해

나갔다. 기계 산업, 부품 산업, 자동차 산업과 IT 산업을 새롭게 개척하여 한국의 제조업은 해외 수출에 크게 기여하였다. 그러나 근본적으로 추격 기술의 측면을 크게 벗어난 것은 아니었으며 산업계를 비롯하여 과학기술 계 전반 등 사회 전체가 아직은 체계적인 혁신에 익숙하지 않은 편이다.

특히 1980년대 지식정보화 시대가 시작되면서 한국은 반도체, 핸드폰, 스마트폰, 디스플레이 등 일부 전자산업 제품의 생산에서 세계적인 선두 주자임을 과시하였지만, 전자부품 산업성장이 미흡하였고, 국내산업 기반 도 취약하여 부품소재 산업에 대한 해외 의존도도 높은 편이었기 때문에 수출의 경제성장 기여도가 약했다. 다행히 최근 반도체와 디스플레이를 비롯하여 부품과 소재 분야에서 약진하는 편이지만 장기적으로는 중국의 부상으로 경쟁력의 지속가능성이 위협받는 상황이다.

한국은 산업화 시대의 후발주자로서 제조업의 성장과 경쟁력을 빠르게 축적하였지만 제조업의 노동 절약형 성장과 함께 진행되는 탈산업화를 마주하게 되었다. 지나치게 빠른 속도로 진행된 제조업에서의 노동인구의 퇴출로 인해 서비스업으로 노동인구가 과다하게 유입되었고, 이는 서비스 업의 과다한 경쟁과 성장 지체로 이어지게 되었다. 특히 사회적으로 직업 전환의 기회가 부족한 상황에서 제조업과 농어업에서 내몰린 사람들은 열악한 자영업을 선택하지 않을 수 없었다.

양적 성장 위주에서 질적 성장 위주로 성장패러다임 전환이 필요하다고 판단한 한국은 참여정부 시기인 2003년부터 정부가 혁신주도형 성장 전략을 제시하였다. 전 국가적 규모에서 국가혁신체제 구축을 강도 높게 추진하기 위해 과학기술 부총리제와 과학기술 중심 사회 구축을 내걸었던 이유는 그만큼 시기적으로 혁신 경제로의 전환이 절실하다는 위기감이 높았기 때문이었다.

그러나 이렇게 시도된 혁신성장 전략에도 불구하고 경제정책, 과학기술 정책, 교육정책 및 노동정책과의 연계가 미흡하였다. 과학기술부총리제는 처음 도입된 정책으로서 실제 미시경제 정책 차원에서 도입된 구조였지 만, 경제부처와 과학기술부처 및 노동부처가 미시경제 정책 총괄 부처에 대한 이해도 부족하였다. 또한 경제부처의 상대적 우월주의로 과학기술정 책과의 연계 구조를 확보하기 어려웠다.

과학기술부총리제의 핵심은 과학기술정책, 즉 혁신정책 추진의 거버넌 스 구조인데, 사무국 기능을 수행해야 할 '과학기술혁신본부'가 예산 분배 기능에 매몰되어버렸다. 당초 전략은 예산을 수단으로 사용하여 공공부문 과 민간부문에서의 국가 혁신(National Innovation System, NIS)을 유도하는 것이었지만 당초 계획했던 기능으로 발전시켜가지 못하였다. 지금도 과학 기술계에서는 과학기술 부총리제를 부활해야 한다는 주장과 함께 관치경 제의 상징이라고 할 수 있는 '컨트롤 타워의 부활'이 강조되는 분위기이다.

연구개발 인력과 지역의 현장 노동 인력, 대학 산학협력 및 재교육 기능 등을 연계하는 산업현장에서의 혁신 기능을 중심으로 한 지역 균형 발전 (Regional Innovation System, RIS)과의 연계는 접근조차 제대로 이루어지지 못하였다. 예산 계정도 NIS와 RIS가 나누어져 있었으므로 연계를 하기에 는 무리였다.

미시경제 차원에서 혁신이 주도하는 체계를 만들려고 했던 국가과학기 술혁신 정책인 과학기술부총리제는 외형적인 구조를 만들어 일부 정책들 을 시도하였지만 국가의 혁신정책으로 정착되지 못한 채 이명박 정부가 출범하면서 1차적으로 해체 대상이 되었으며, 특히 혁신정책 전담 부서 자 체가 사라지는 운명을 겪었다.

유럽연합(EU)은 2005년도에 시작된 리스본 전략(수정안, 리스본 2.0)에서

부터 고용률 70%를 제안하는 등 국가나 EU 차원에서의 연구개발 전략 수립에 고용률 관리를 반드시 담고 있다. 연구개발 투자도 GDP 대비 3.0%로 올리겠다는 목표도 함께 제안하면서 '성장을 통한 고용'을 제시했다. 특히 EU의 연구개발 사업의 평가지표로 중소기업 지원 효과와 고용창출 효과 등을 제시하고 있다. 특히 '유럽 2020'에서는 5대 목표(Headline targets) 중 하나로 20~64세의 고용률을 현재의 69%에서 75%를 높이겠다고 선언하였다.

고용 확대를 위해 연구개발 투자와 기술혁신 및 중소기업 육성을 강조하였지만, '기술혁신'이라는 주제 자체는 개인의 역량에 따라 차별화되는 경쟁적인 특성을 갖고 있다. 유럽 연합의 특성상 회원국 간의 이질적 요소가 강해서 사회적 통합을 위해 노동 유연성을 강조하였지만 신자유주의적인 시장주의 속에서 당초의 목표를 달성하지 못하게 되었다. 그에 따라 시장의 실패 영역에 대한 정책적 보완이 필요하다는 반성이 일어났다.

한국은 기초과학의 역사도 짧은 상황에서 도입 기술을 이용하여 성장의 길을 걸었다. 따라서 제조업의 산업 기반이 충분하게 선진국 수준까지 발전하지 못하였고 혁신을 통한 총요소생산성이 고도화되지 못한 상태이다. 급변하는 세계시장에서의 치열한 경쟁을 뚫고 성장하기 위해서는 불가피하게도 근원적이고 계획적인 혁신이 요구되었다. 그러나 근원적인 혁신에 요구되는 장기적 계획 속에서 추진해야 하는 체제 개혁에는 이르지 못하였다. 결국 단기적인 혁신과 동원 가능한 물적 기반을 가동하여 경쟁을 뚫고 나갔지만 기초 체력은 단련시키지 못한 셈이다. 빈약한 기초체력과 혁신에 미흡한 경제, 연구개발, 교육 등의 국가 체제가 고용 악화로 이어지고 있다.

제4차 산업혁명은 정보서비스 산업이 중심이 되어 기존 제조업을 재편하는 방향으로 진행되고 있고, 글로벌하게 형성된 단일 시장에서 매력 있는 제품을 찾는 소비자는 시장에 먼저 출시한 소수의 혁신적 공급 독점자들을 만들어낼 것이다.

최근 제4차 산업혁명의 물결로 제조업, 정보통신산업, 서비스 산업, 컨텐츠 산업 등이 융합하면서 새로운 산업이 빠르게 출현하고 있다. 혁명은 원래 아래에서 시작된다. 위에서 시작되면 쿠데타이다. 산업현장에서의 연구와 혁신이 융합하고 교육으로 선순환되는 연구·혁신·교육(research & innovation & education) 시스템이 강조되는 제4차 산업혁명의 물결이 넘실대고 있다. 그러나 혁신에 익숙하지 않은 한국사회의 사회 분위기는 연구와 혁신을 융합하여 새로운 산업의 역동적인 태동으로 이어지는 것에 취약함을 여실히 드러내고 있다.

# 제III부 추가 자료

(추가 자료는 저자의 블로그에서 보실 수 있습니다. http://blog.naver.com/kyoung3617)

1) 명목 GDP 주요국 비교(2015년).

2) 1인당 GDP(명목가치 기준, 2015년).

3) 1인당 국민순생산 및 국민총소득 주요국 비교(2014년, PPP 기준).

4) 산업 부가가치 추이 주요국 비교.

5) 제조업 양적 지표 분석(UNIDO, 2012년도).

6) 제조업 질적 지표 분석(UNIDO, 2012년도).

7) 세계 제조업 수출 및 부가가치 비중(UNIDO, 2012년도).

8) 인구1인당 제조업 수출액 및 부가가치액(UNIDO, 2012년도).

9) 주요국 하이테크 산업 무역 수지 추이.

10) 제조업 6대 산업 부가가치 비중 추이(%, 10인 이상 기업 대상).

11) 산업별 제조업 부가가치 비중(6대산업, 2014년도, %).

12) 제조업 종사자 수 추이(전사업장 및 10인 이상 사업장).

13) 제조업 규모별 종사자 비중(2014년도, 10인 이상, %).

14) 종사자 규모별 제조업 부가가치 비중(2014년도, 10인 이상, %).

15) 산업별 부가가치 및 고용 현황.

16) 주요국 제조업 고용 비중 추이.

17) 주요국의 제조업 부가가치 비중 추이.

18) 주요국의 제조업 고용 비중 추이.

19) 시기별 노동생산성 변화.

20) 전체 산업 대비 제조업 고용 비중(2000년 이후).

21) 제조업 기업 규모별 종사자 추이.

22) 제조업 기업 규모별 종사자 수 변동 추이(전년대비 증가 비율).

23) 산업경쟁력지수 2013: 한국 3위.

24) 10인 이하 제조업체 기업 및 고용 비중(2012년, OECD).

25) 계약직 비율(%, 2014년, OECD).

26) OECD 28개국의 고용탄력성과 시간제 근로자 고용비중.

27) 기술불평등도(총근로자 대상).

28) 자영업 비율(2014년, OECD).

29) 지니계수 및 팔마 비율(2012년).

# 제IV부
# 한국의 과학기술 경쟁력

제12장_ 연구개발 투자 살펴보기

제13장_ 연구개발 성과 살펴보기

제14장_ 대학의 연구개발 투자 살펴보기

제15장_ 연구개발 인력 살펴보기

제16장_ 정부 연구기관의 연구개발 살펴보기

제17장_ 기업의 연구개발 살펴보기

제18장_ R&D 조세 감면 제도 살펴보기

제19장_ 우리나라 논문 및 기술의 국제적 수준 비교하기

제20장_ 과학기술 공공성 제고를 통한 포용적 혁신성장을 기대하다:
진정한 혁명은 현장에서 시작된다

# 연구개발 투자 살펴보기

## 국가 연구개발 투자가 크게 증가했다

### 1. 국가 연구개발 투자가 지속적으로 확대되었다

국가과학기술지식정보서비스(National Science & Technology Information Service, NTIS)의 자료에 의하면 정부와 기업이 투자한 2014년도 국가연구개발비 총액은 63조 7341억 원이다. 투자 재원별로 보면 기업 등 민간부문에서 국가 전체의 75.%인 48조 원을 투자했으며, 정부에서 24%인 15조 2750억 원을 투자했다.[1] 정부 투자 : 민간 투자 비율은 1 : 3으로서 오래전부터 이 비율이 유지되고 있다. 2015년에는 정부에서 약 19조 원을 투자하였다.

참여정부에서 '과학기술부총리제' 실시와 함께 '과학기술 중심 사회 구축'을 국정과제로 추진하면서 정부 연구개발 예산을 대폭 확대하는 기조를 설정한 후, 2009년에는 민간 비율이 71.1%까지 떨어졌다. 2010년부터는 기업의 연구개발 투자 조세감면 확대로 민간 부문의 투자가 크게 증가하면서 2013년에 75.7%까지 증가하였고 현재는 75% 수준을 유지하고 있다.

## 2. 국 가 연 구 개 발 투 자 는 세 계 최 고 수 준 이 다

OECD 주요국과 비교하면 한국은 투자(PPP 기준, US달러)의 절대규모 면에서는 세계에서 미국, 중국, 일본, 독일의 다음 순위인 5위이다. 특히 제조업 중심 국가이면서 인구가 한국보다 3000만 명이 많고, GDP도 2.7배이며 제조업 고용 비중도 한국보다 높은 독일의 약 71%를 투자하고 있다.

한국의 연구개발 투자는 PPP 기준으로 2014년도에 약 723억 달러로서 절대규모는 미국에 비해 15.8%에 지나지 않는다.[2] 중국이 미국의 약 80% 수준을 투자하고 있으며, 일본이 미국의 1/3 수준, 독일은 미국의 1/4 수준을 투자하고 있다. 한국에 비해 미국은 6.4배. 중국은 4.7배, 일본은 2.3배, 독일은 1.4배를 연구개발에 투자한다. 한국보다 인구 규모와 GDP 규모가 더 큰 프랑스와 영국은 각각 한국의 78%와 56%를 투자하고 있다. 따라서 이들 국가의 인구 규모와 GDP 규모를 볼 때 한국의 연구개발 투자는 세계 최고 수준이다.

GDP 대비 한국의 연구개발 투자 규모는 전년도에 비해 0.14%p가 증가하여 2014년 4.29%로 세계 1위를 기록하였다. 세계에서 창업이 가장 활발하면서 연구개발 활동이 매우 역동적인 국가인 이스라엘이 2013년도에는 1위였지만 2014년에는 0.1%p가 감소하여 한국에 1위를 내주었다. 일본이 3.47%에서 3.59%로 0.12%p 증가하였지만 많은 국가에서 연구개발비의

**그림 IV -1** 국가 연구개발 투자의 GDP 비중(%, 2014년도)

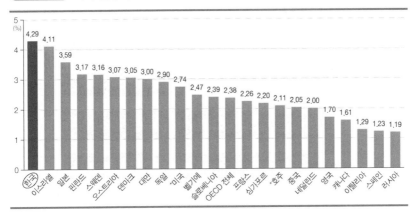

* 표시 부분은 2013년도.
자료: Main Science and Technology Indicators 2016.

증가가 정체를 보이는 실정이다.

우리나라는 2003년과 비교해볼 때 매우 빠른 속도로 연구개발 투자가 증가한 국가인데 슬로베니아와 체코 등 동유럽 국가의 연구개발 투자도 빠르게 증가하고 있다. 핀란드, 노르웨이, 영국, 프랑스 등의 과학기술 선진국에서의 연구개발 투자의 증가는 상대적으로 적은 편이지만, 산업 기술과 과학 수준이 뛰어난 미국, 일본, 독일 등의 선진국들도 지속적으로 연구개발 투자가 크게 증가하고 있다.

한국의 국민 1인당 연구개발 투자는 지속적으로 증가하였다. 조세감면 제도 확대로 2010년부터 크게 증가하여 2014년 126만 3965원에 이르렀다. PPP 기준에서 US달러로 환산하면 2014년도에 국민 1인당 1433.2달러가 투자되었는데 이는 세계 4위 수준이다. 인구가 1000만 명 이하인 싱가포르와 오스트리아를 제외하면 미국이 가장 높은 수준이며, 그다음이 우리나라이다. 따라서 인구 대비 규모 면에서도 한국의 연구개발 투자 규모

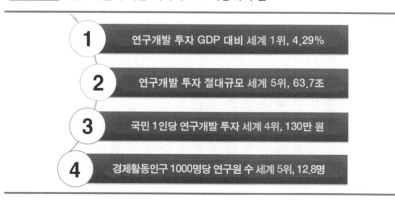

**그림 IV-2** 연구개발 투자는 세계적으로 최상위 수준

1. 연구개발 투자 GDP 대비 세계 1위, 4.29%
2. 연구개발 투자 절대규모 세계 5위, 63.7조
3. 국민 1인당 연구개발 투자 세계 4위, 130만 원
4. 경제활동인구 1000명당 연구원 수 세계 5위, 12.8명

는 단연 세계 최고 수준에 도달하였다.

우리나라가 GDP 대비 세계 최고 수준의 연구개발비를 투자하고 있다고 하더라도 절대 규모 면에서 과학기술 선진국에 비해 다소 취약하며 특히 축적된 과학기술의 인력과 수준 면에서 많이 부족한 상황이다. 과학기술의 역사가 오랜 미국과 일본을 비롯한 영국, 프랑스, 독일 등 기술선진국들의 과학기술 축적량은 한국을 크게 초월한다.

한국은 해외에서 도입한 기술을 활용하여 약간의 변형을 통해 신속하게 시장에 적용한 상용화 기술로써 세계시장에서 경쟁력을 확보한 모방형 기술 국가이다. 즉 과학기술의 발전사 측면에서 기초과학부터 자체적으로 발전시킨 역사를 갖지 못하여 기초부터 이룩한 과학기술의 성장 경험이 매우 부족하다. 부족한 역량을 충족할 시간적 여유도 없이 빠르게 세계무대에서 새로운 경쟁력을 확보해야 하는 입장이다.

제4차 산업혁명의 출발 시기인 지금은 기초는 부족하더라도 기술의 출발선이 어느 정도는 동일한 선상에 서 있다. 한국의 새로운 도전과 혁신 역량이 시험받고 있는 것이다.

# 3. 민간 재원의 연구개발 투자가 크게 증가했다

한국이 산업 응용 기술 분야의 집중적인 투자로 산업기술을 발전시킨 것은 연구개발 투자의 사용 측면에서도 잘 나타나고 있다. 국가의 연구개발비로 2014년도에 총 63조 원이 투자되었는데 그중 정부 연구개발비는 약 15조 원 정도이며 75.3%인 48조 원은 기업이 투자하는 것으로, 기업 투자 비중이 비교적 높은 편이다. 민간 투자 비중은 다소 등락은 있지만 약 75% 수준을 계속 유지하고 있다.3)

우리나라는 민간의 연구개발 투자도 괄목할 만한 성장을 이루었지만 정부연구개발 투자 규모도 크게 확대되었다. 공공부문의 연구개발 투자(정부 투자)는 국가 연구개발비 총액의 23% 수준으로서 비교적 낮다고 하더라도 GDP 대비 비중을 보면 0.99% 수준으로, 기술 선진국인 독일의 0.84%, 미국의 0.76%, 영국의 0.49%, 일본의 0.57%를 비롯하여 정부의 과학기술 지원 의지가 강한 프랑스의 0.79%보다도 월등하게 높다. 이는 인구가 1000만 명 이하 규모의 강소국인 오스트리아의 1.11%보다는 낮지만 스웨덴의 0.93%, 핀란드의 0.97%보다는 높은 수치이다. 따라서 정부의 연구개발 투자도 오래전부터 과학기술계의 요구였던 GDP 대비 1% 수준에 근접하였기 때문에 정부가 연구개발 예산을 추가로 확대하기란 쉽지 않을 전망이다.

기업의 투자 비중이 정부 투자 비중보다 상대적으로 높다는 것은 연구 영역이 기초연구보다는 기업의 필요에 의해 진행되는 개발이나 응용연구의 비중이 더욱 증가했을 가능성이 높다.

이상의 자료로 볼 때 투입 측면에서 한국은 연구개발이 강조되는 혁신 주도형 국가의 면모는 충분하게 갖추었다. 제4차 산업혁명으로 일컬어지는 기술진보를 견인하고 지속가능한 성장과 고용 창출을 이루기 위해서는 국가의 연구 경쟁력을 높여 혁신주도형 국가로 전환해야 한다. 결국 연구개발이 사회·경제적 가치로 선순환되도록 혁신성과 효율성을 높이는 전략 외에는 달리 방안이 없을 것이다. 필요하다면 국가의 연구개발 체제에 대한 전면적 진단을 통해 해결 방안을 수립하는 것이 필요하다.

우리나라는 민간 투자가 높은 만큼 연구단계별 투자를 보면 개발연구비가 2006년 대비 22.6조 원이 증가하였고 민간과 정부의 투자 증가액이 총 36.4조 원으로서 2014년 국가 총연구개발비는 63조 원이다. 그중 개발연구비는 40.4조 원으로서 전체의 약 63%를 차지한다.[4] 그 외에도 2006년 대비 기초연구비는 7.1조 원 증가하여 2014년 11.2조 원으로서 약 19%에 해당한다. 나머지 증가는 응용 연구에서 6.6조 원이 증가하여 2014년 12조 원으로 약 18%이었다. 결국 국가 총연구개발비의 2/3는 개발연구비로 사용된다.

# 4. 기 업 체 의  기 초 연 구  투 자 가  증 가 했 다

기업의 연구개발 투자 증가에 따라 응용 및 개발 연구 투자도 증가했지만, 특이한 것은 기초연구 투자가 비교년도인 2006년에 비해 약 7.1조 원이 증가하여 비교년도 대비 2.7배로 증가율이 가장 높게 나타난 점이다. 개발연구는 22.7조 원으로 2.3배 증가하였고 응용연구는 6.6조 원으로 2.2배가 각각 증가하였다. 즉 기업의 응용연구가 6.6조 원 증가할 때 기업의 기초연구가 7.1조 원 증가한 것이다.

실제 우리나라의 연구개발 투자 규모가 크게 증가한 계기는 2010년부터 「조세특례제한법」에서 연구 및 인력개발비 세금공제 항목에 신성장동력 연구와 원천기술 연구를 위한 연구개발 경비를 일반 연구와 함께 세금 공제하도록 반영한 것이다. 특히 원천기술 연구비용이 세금 공제 항목에 반영되면서 급격하게 기업의 기초연구 투자가 증가하였다. 실제로 기업에서의 원천연구는 응용연구 분야일 것으로 추정되는데, 이는 진정한 의미의 기초연구로 보기 어렵다. 또한 대부분의 원천연구 관련 연구개발비가 기업 내부에서 사용되고 있으므로, 제품 개발에 필요하되 다소 기반적인 요소가 있는 연구개발의 비용일 것으로 판단된다.

현대사회에서는 기술이 빠르게 진보하면서 점차 응용연구의 비중이 감소하고 상대적으로 기초연구의 중요성이 강조될 뿐만 아니라 기초연구와 응용연구 및 개발연구와의 시간적인 격차와 기술적인 격차가 점차 줄어들고 있다. 이는 기초연구의 중요성이 더욱 증대되는 시대적 흐름이 반영된 결과라고 할 수 있다.

과학기술의 발전에 따라 대학의 기초연구 기능이 더욱 중요해지고 있을 뿐만 아니라 응용과 개발 부문의 연구도 중요해지고 있다. 지난 15년간 고등교육기관에서 가장 큰 폭으로 증가한 부분은 개발연구와 응용연구의 투자로서 최근 대학의 산학협력을 강조하였던 것이 반영된 결과이다. 개발연구가 3.5배 증가하였고 응용연구는 3.3배 증가하였지만 기초연구는 상대적으로 낮아서 2.8배 증가에 그쳤다. 그러나 한편으로 대학은 인재 양성과 진리 탐구 등 지식 창출의 근본적인 상아탑적 요소를 갖는 곳이므로 기초연구 투자가 상대적으로 저조한 현상이 옳은 방향인 것인가에 대해서는 심도 깊은 고민이 필요하다. 어쩌면 대학의 특화된 역할이 정립되지 못한 것이라고 볼 수 있어 국가의 혁신체제에 대한 심각한 장애요인이 될 수도 있다.

기업 연구기관은 기초연구 투자가 가장 큰 폭인 8.8배 증가하였는데, 당초 기초연구 투자비가 적은 편이어서 8.8배가 증가했어도 상대적으로 절대금액은 적은 편이다.[5] 2000년에 8억 4300만 US달러 수준(PPP 기준)이었다가 2014년에 74억 1700만 US달러(PPP 기준)로 증가하였다. 이는 2014년도 한화로 약 7조 원 정도에 해당한다. 기업 연구기관에서는 개발연구가 4.0배, 응용연구가 3.2배 증가하였으므로 기업의 연구개발이 매우 중요한 투자요소임을 알 수 있다.

공공 연구기관으로 분류되는 한국의 정부출연 연구기관의 연구개발 투자는 기초연구가 4.9배 증가하여 증가 폭이 가장 컸으며, 개발연구가 3.1배, 응용연구가 2.3배 증가하였다.

기업체의 기초연구 투자가 급격하게 증가하면서 우리나라의 GDP 대비 기초연구 지출 비중은 세계에서 가장 높은 수준인 0.76%에 이르렀다. 그러나 주요국과 비교할 때 한국은 대학의 기초연구 투자가 매우 저조하여 거의 최하위 수준이었다. 기업체의 기초연구투자가 자체적으로 사용되면서 대학의 기초연구에 지출되지 않고 있으며, 이는 대학이나 정부 연구기관 등 공공부문의 연구개발 역량이 기업 연구활동에 제대로 활용되고 있지 않음을 의미한다.

한 국가의 과학기술 혁신을 위해서는 국가 전체의 연구개발 역량의 활용을 극대화하는 것이 가장 바람직하겠지만, 우리나라는 공공부문과 기업체 사이의 연구개발 역량 및 인력 활용의 협력이 매우 저조할 뿐만 아니라 그 협력 정도가 갈수록 더욱 낮아지고 있다. 국가적 차원에서 연구개발의 역할분화와 협력 및 혁신체제가 정립되어 있지 않다는 것을 여실히 보여주는 것이다.

연구개발 투자가 곧 과학기술 경쟁력과 산업기술 경쟁력을 의미하는 것은 아니지만 과학기술의 역할은 예측할 수 있다. 과학기술 발전에서 핵심적인 3개의 주체는 바로 대학, 정부연구기관, 기업체라고 볼 때 각 부문의

**그림 IV-3** 국가 기초연구 투자 비중(%/GDP, 2014년도)

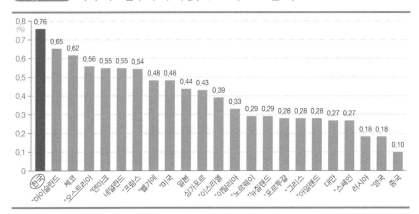

\* 표시 부분은 2013년도.
자료: Main Science and Technology Indicators 2016.

**그림 IV-4** 국가 연구개발 투자 중 대학 사용 비중(2014, %)

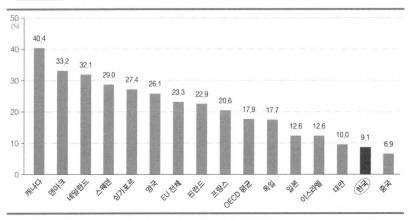

자료: Main Science and Technology Indicators 2016.

역할 분담이 정립되어 고유의 역할을 수행하면서 다른 주체들과의 협력을
도모하는 것이 바람직하다. 지난 15년간의 연구개발 투자 확대가 각 주체
의 고유 기능을 정착시키는 역할을 제대로 수행하고 있었는지는 회의적이

다. 이것이 바로 국가의 연구개발 체제에 대한 전면적 진단을 제안하는 이유이다.

연구개발 투자를 통해서 각 주체의 고유 기능 강화를 유도할 수 있다면 대학은 기초연구 기능이 더욱 강화되는 것이 바람직하며, 정부출연 연구기관은 비상업적 목적의 과학기술 및 일부 거대기술 분야의 기초연구 기능을 담당하는 것이 필요하고, 산업체에서는 대기업과 중소기업 등 기업에서 활용할 수 있는 원천, 응용 및 개발 기술을 연구하는 기능을 담당하는 것이 필요하다. 또한 기업은 필요에 따라 보다 단기적으로 활용 가능한 개발연구에 치중하는 것이 필요할 것이다. 또한 무엇보다 중요한 것은 연구주체들 사이에서 연구성과와 인력의 선순환적 흐름과 협력이다. 또한 기업은 사회의 공적 영역으로부터 과학지식, 기술, 인력을 지속적으로 공급받을 수 있는 협력체제 속에 존재해야 한다.

그렇다면 지난 15년간 국가의 연구개발 투자는 각 주체의 역할 분담과 협력을 통한 시스템적인 경쟁력 향상에 기여할 수 있는 배분이었는지 살펴보아야 한다. 실질적으로 1/4 정도만 정부가 지원하고 3/4은 기업이 투자하는 가운데 적절한 배분이 의도적으로 유도되기는 쉽지 않을 뿐만 아니라 연구개발비 사용으로 기능을 판단하기에 분명 한계가 있다. 그럼에도 현재의 연구개발 투자현황은 세 부문 연구주체의 기능 분화가 아직 정립되지 않은 것이 분명해 보인다. 앞으로 대학, 정부 연구기관, 기업의 세 주체가 각각 특화된 역할 속에서 협력이 강화되는 지식 기반의 혁신생태계가 우선적으로 정립되어야 국가 혁신체제의 기술 경쟁력을 확보할 수 있을 것이다.

## 정부 연구개발 투자도 증가했다

### 1. 정부 연구개발 투자 GDP 비중은 세계 최고이다

2015년 우리나라 연구개발의 총예산은 GDP 대비 4.29%이고 정부는 GDP 대비 약 0.99%를 연구개발에 투자하여 국가 총연구개발투자의 23%를 담당했다. 오래전부터 과학기술계에서는 정부의 연구개발 예산이 GDP 대비 1%가 되어야 한다고 주장했는데 이제 거의 1%에 근접했다.

그러나 우리나라의 민간 대비 정부투자 비중 23%는 GDP 규모가 큰 선진국보다 절대규모 면에서는 물론이고 비율적으로도 아직 낮은 편이다. 과학기술 투자에 적극적인 프랑스 정부의 35% 선보다 크게 낮으며, 독일

**그림 IV-5** 국가연구개발 투자 및 GDP 대비 정부 투자 비중(2014, %)

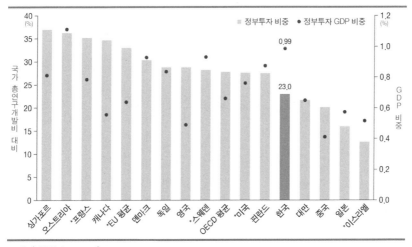

* 표시 부분은 2013년도.
자료: Main Science and Technology Indicators 2016.

의 28%, OECD 평균 27%보다도 낮다.

정부투자 비중이 낮은 이유는 상대적으로 민간투자 규모가 크기 때문인데, 정부 연구개발 투자를 현재보다 얼마나 더 높일 수 있을지, 어떤 부문에 더 투자해야 하는지 등에 대한 사회적 논의가 필요한 시점이다.

## 2. 미래창조과학부가 가장 많은 R&D 비용을 투자한다

2015년 우리나라에서 정부 연구개발 예산 투자 1위의 행정기구는 미래창조과학부로서 6.5조 원을 투자했다.[6] 그중 약 63%인 4.1조 원이 주로 미래부 산하의 25개 정부출연연구원에 투자되고 대학에는 약 23%인 1.5조 원 정도가 투자되었다. 다음 부처는 산업통상자원부로서 3.4조 원을 투자하는 데 중소기업에 1.3조 원을 투자했다. 3위는 방위사업청으로서 2.5조 원을 국방연구에 사용하였으며, 교육부가 1.5조 원을 대학 지원에 주로 사용하였다. 그 외에는 중소기업 지원을 집중적으로 담당하는 중소기업청이 1조 원, 국공립연구소 지원에 75%를 사용하는 농촌진흥청 등의 정부부처가 연구개발 투자를 진행하고 있다.

## 3. 정부연구기관이 가장 많은 정부 R&D 비용을 사용한다

2015년 정부 연구개발 예산은 약 19조 원으로서 미래부 산하 25개 출연기관을 비롯하여 총 70여 개 정부출연연구원에 가장 큰 비중인 41%, 7.8조 원이 투자되었고 이후에도 40% 수준을 지속적으로 유지하고 있다. 대학에 22.5%인 4.3조 원이 투자되었으며, 세 번째 순위로는 중소기업에 14.8%인 2.8조 원이 투자되었다.

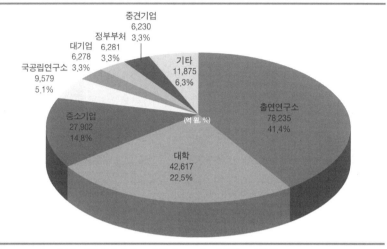

**그림 IV-6** 연구수행 주체별 투자 금액 및 비중(2015년, 단위: 억 원)

자료: 2015년도 국가 연구개발사업 조사분석보고서, 미래창조과학부, KISTEP.

최근에는 성장동력 육성, 경제적 양극화 해소 및 창조경제 실현을 위하여 정부에서 적극적으로 중소기업 지원정책을 추구하면서 중소기업에 대한 지원이 크게 증가하였다. 중견기업 지원은 3.3%인 6000억 원 규모가 투자되어 중소, 중견기업 투자가 정부 연구개발 투자의 18% 수준을 상회할 정도로 최근 급격하게 증가하였다. 대기업에 대한 연구개발 투자는 5% 수준에서 다소 감소하여 3.3% 수준인 6000억 원이 투자되었다.

## 4. 한국은 경제발전 목적의 R&D 사용 비중이 높다

정부 재원의 연구개발 투자의 경제사회 목적별 투자 추이를 보면 경제발전 목적의 연구개발 투자가 여전히 높은 비율을 차지하고 있다.[7] 최근 약간 낮아지는 추세이기는 하지만 조사분석 대상 연구개발 투자의 43.5%

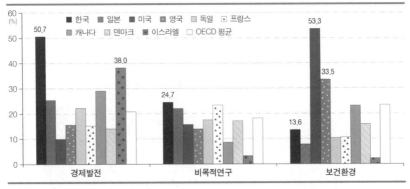

**그림 IV-7** 주요국 경제사회목적별 투자 비중(%)

자료: Main Science and Technology Indicators.

가 경제발전 목적에 투자되었으며, 다음으로 비목적 연구, 국방, 보건환경 등의 순위로 투자되었다.

과학기술의 공공성 측면에서 서구 선진국에서는 보건환경 등의 공공 분야에 비교적 높은 비중으로 투자되는 것과 달리 우리나라는 산업화 시대에 경제성장에 집중하던 정책 기조가 유지되어 개발도상국 유형에서 크게 벗어나지 못한 상황이다. 최근에는 교육사회적 목적의 투자가 빠르게 증가하고 있다.

경제사회 목적별 투자 양상을 OECD 기준에 따라 주요국과 비교해본다면, 우리나라 총연구개발비의 경제발전 목적의 투자 비중은 50.7%인데 이는 비교국 중에서 가장 높다. 정부 주도 산업성장 정책이 우리나라와 유사한 이스라엘도 38.0%에 지나지 않는다. 우리나라는 비목적 연구에 24.7%를 투자하고 있는데 국가별로 차이가 큰 편이다. 특히 우리나라는 보건환경 투자가 저조한 편이다. 최근 기후 변화와 에너지 문제가 전 지구적 문제로 대두되면서 연구개발 투자가 주목받고 있는데 역시 우리나라는 이 분야 투자 비중도 낮은 편이다. 따라서 우리나라의 연구개발 투자에서 범사회적 목적 등 과학기술의 공공성을 높일 수 있는 투자 방안을 고민해야한다.

경제발전 분야의 연구개발 투자에 여전히 높은 비중을 보이는 것은 아직도 추격형 전략으로 산업성장을 추진하고 있음을 의미한다. 과학기술의 공공성이 높은 분야와 비목적성 분야에 대한 투자는 보다 광범위하면서 불확실한 영역, 미래 지향적 영역, 공공적 영역에 투자하는 것인데, 최근 보다 지식 집약적인 분야에서 새로운 과학과 기술이 돌출하는 추세를 고려할 때 한국의 연구개발 전략에 대한 수정은 불가피하다.

## 3절
## 정부 연구개발 사업 배분구조 살펴보기

### 1. 고액(2억 이상) 연구 과제 비중이 크게 증가했다

우리나라 정부연구개발비는 지속적으로 증가하고 있다. 2016년 미래창조과학부가 발표한 국가 연구개발사업 조사분석보고서에 의하면 과제 수가 가장 많은 지원 규모는 5000만 원에서 1억 미만 과제이었다. 2012년부터 과제수와 연구책임자 추이를 살펴보면 3000만 원 이상 5000만 원 미만 과제 수는 2012년 대비 2015년에 1456과제가 줄어들었다.[1] 연구책임자의

---

1   2011년까지는 세부과제를 포함하지 않다가 2012년부터 조사 방법을 변경하여 세부
    과제 수를 과제 수에 포함하면서 과제 수가 급격하게 증가하였지만 실질적인 증가는
    아니다.

연구비 규모별 과제수 추이

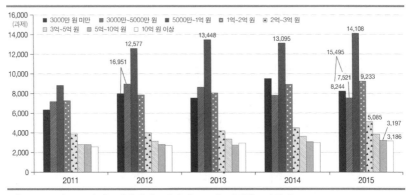

자료: 2015년도 국가연구개발사업조사분석보고서, 미래창조과학부, KISTEP.

수[2]로 보면 도약 과제와 중견연구자 과제를 제외하면 개인 기초연구 과제는 주로 5000만 원 이하로 이루어져 있기 때문에 실제 자유공모형 개인 기초연구 지원 과제 수는 줄어든 것으로 판단된다.[8]

이와는 반대로 5000만 원 이상 1억 미만의 과제는 약간 증가하였다. 대학 현장의 기초연구 진흥을 웨해서 중견연구자의 연구 지원이 중요하므로 중견연구자 과제와 도약 과제 등 연구자 중심형 개인기초연구 과제에 대한 구체적인 자료 분석이 필요하다. 1억 원 규모에서 3억 원 내지 5억 원 규모의 과제들은 정부의 제안요청서(request for proposal, RFP)에 따른 기획과제일 가능성이 높다. 따라서 이들 규모의 연구과제가 크게 증가하였다는 것은 기초분야보다는 응용과 개발 분야의 기획과제들이 증가하였기 때문일 것으로 판단된다.

특히 연구개발 투자 규모와 과제 수가 가장 크게 증가한 과제 규모는 2

---

2  인문사회 계열 분야 연구책임자 제외.

그림 IV-9 연구개발 예산 총액 대비 세부과제 규모별 비중

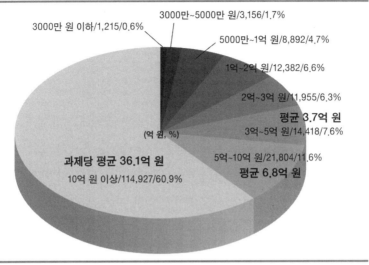

자료: 2015년도 국가연구개발사업조사분석보고서, 미래창조과학부, KISTEP.

억 원 이상 3억 원 미만의 과제들이다. 연구재단의 자유공모형 개인 기초
연구 과제 등 대학의 기초연구자에게 지원되는 도약과제사업이 이에 포함
되지만 그 수가 매우 적고 주로 타 부처의 기획과제 등이 이에 해당된다.

　정부 연구개발 예산 총액 대비 세부과제 규모별 비중을 보면 연구 규모
10억 원 이상 과제의 연구개발비가 전체의 61%로서 총액이 11조 원에 달
하며 과제당 평균 연구개발비는 36.1억 원이다. 5억 이상 10억 미만의 연
구개발 과제도 11.6%로서 총액은 2.2조억 원에 달한다. 한편 자유공모형
개인 기초연구 과제가 주로 해당되는 5000만 원 미만의 과제는 총액이
3000억 원 규모이며, 5000만 원 이상 1억 원 미만의 연구과제는 총액이
8800억 원이었다.

## 2. 정부 지원을 받는 연구자 수는 소폭 증가에 그쳤다

정부 연구과제를 지원받는 연구책임자의 수는 총 5만 4433명이며, 1억원 미만의 연구과제를 지원받는 연구책임자의 수는 2만 9603명으로서 전체의 54%였다.[9]

연구책임자 연령을 보면 가장 높은 비율의 연령대는 40대 연구자들이고, 50대 연구자들도 비교적 활발하게 연구활동을 유지하고 있으며, 여전히 연구활동을 유지하고 있는 60대 연구자들이 상당수 있었다. 연구 참여자의 수를 보면 2012년에 4885명이 증가한 것은 세부과제의 연구책임자를 연구책임자의 숫자에 포함시켜 통계를 작성하였기 때문이었으며, 그 이후에는 해마다 1500명 정도의 연구책임자가 순증하고 있었으나 2015년에는 1260명이 증가하는 수준에 그쳤다.

실제 현장에서는 30대 신진 연구자의 수도 크게 증가하였고, 특히 60대의 연구자들도 비교적 연구활동을 유지하고 있어 연구가 가능한 연구자들의 수는 크게 증가하였지만 정부의 연구 지원자 수는 소폭에 그쳤기 때문에, 대학 현장에서 체감하는 연구지원 부족 현상은 상당히 심각한 편이다.

# 제13장

# 연구개발 성과 살펴보기

## 1절
## 연구성과의 양적 성장은 정체 수준이다

연구논문 발표의 세계 순위는 다소 등락은 있지만 양적 수준인 논문발표 수 순위는 한국이 12위 정도, 질적 수준인 피인용 지수는 32위 수준이다. 논문 발표 건수는 한국의 GDP 수준을 유지하고 있지만 질적 수준에서는 이에 훨씬 미치지 못하며 세계적으로는 중간 수준이다. 실제 우리나라는 GDP 규모에서 12~13위 수준이라고 하더라도 노동 숙련도와 기술 수준 등 여러 부문의 질적 수준은 중간 수준이다.

또한 최근 연구원의 수가 급격하게 증가하면서 기업체 부문에서 학사 위주의 연구원의 수가 급격하게 증가하여 연구원 100명당 발표논문 수는 더 떨어져서 36위 수준이다. 물론 이 순위는 연구원의 수가 많은 나라일수록 순위가 낮다.

**그림 IV-10** 한국의 과학기술논문 발표 건수 및 피인용 지수

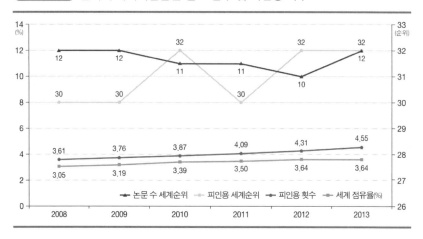

## 2절
# 우수 연구자의 논문 성과가 크게 성장했다

최근 의미 있는 평가와 함께 과학기술정책에 반영해야 하는 자료가 있다. 우리나라에서 기초연구 분야에서 우수한 연구자들의 수가 급격하게 증가했다는 자료이다. 우리나라가 목적 기초연구 사업, 프론티어 연구 사업과 우수연구단 사업을 지속적으로 진행하면서 특히 대학의 기초연구에 많은 투자를 하였고, 해외의 우수한 대학에서 교육을 받은 연구자들이 국내 대학과 정부출연 연구기관에서 연구활동을 수행하면서 한국의 연구 기반을 상당히 성장시킨 결과이다. 국내 연구집단 전체의 수준이 크게 성장한 것은 아니지만 일부 우수 연구자들이 괄목할 만한 성장을 거두고 있다.

2012년도 OECD 자료에 의하면 상위 25% 학술지에 게재한 논문을 GDP 100만 US달러당 논문 편수로 보면 우리나라는 세계 27위(EU 28개국

을 1개의 나라로 계산한 순위)로서 19.95편이다. 이는 미국과 유사한 값으로, GDP 규모가 큰 일본과 중국보다는 월등하게 높은 수치이지만 GDP 규모가 작은 아이슬란드, 덴마크 등의 강소국보다는 월등하게 낮다. 그렇지만 우리나라보다 GDP 규모가 크면서 제조업 강국인 독일이나 프랑스보다는 낮은 편이므로, 상대적으로 아직도 상위 25% 수준의 논문에서는 열악한 것으로 나타났다.

상위 10% 학술지에 게재된 논문 수를 분석한 OECD 자료를 보면 한국은 2012년도에 773편으로서 세계 11위에 달했다.[10] 논문 편수로 보면 미국 1위, 중국 2위, 영국 3위, 독일 4위, 프랑스 5위, 스페인 6위이며 7위는 캐나다, 8위는 이탈리아, 9위는 호주, 10위는 일본이다. 피인용 상위 1% 논문 수에서는 한국이 15위를 기록하였으며,[11] 인용지수가 높은 연구자수에서도 세계 17위를 기록하여 상위에 올랐다. 상위 10% 수준의 한국 연구자들은 세계적으로 10위권 수준에 도달할 정도로 우수 연구자의 수가증가한 것이다. 이는 그동안 한국의 지속적인 연구개발 사업, 특히 대학을 중심으로 한 기초연구 사업을 통해 우수한 연구자를 육성한 성과로서, 우수한 연구를 수행할 수 있는 연구자 층이 상당히 확보되었음을 의미한다.

이상의 자료로 볼 때 한국은 상위 10% 정도의 연구자 집단이 크게 증가하였고 2012년에 상위 10% 논문 773편을 발표한 수준으로 볼 때 이 정도수준의 연구책임자는 국내에 1000명 내지 3000명 정도 있을 것으로 추정할 수 있다.[3] 또한 상위 25% 수준의 논문을 해마다 발표할 수 있는 연구자의 수는 국내에 1만 명 정도 되는 것으로 추정해볼 수 있다.

---

3  분야에 따라 상위 10%의 논문을 매년 낼 수 있는 경우도 있지만, 일부 분야는 연구 소요 시간이 편당 3년은 걸리는 것을 감안하여 추정한다.

이 정도의 우수한 연구자들이 지속적으로 국가연구사업을 수주하여 연구주제를 지속적으로 발전시키면서 석박사 인력을 육성하는 연구와 교육 업무를 수행할 수 있을 정도의 정부 연구지원사업이 필요하다. 수월성을 바탕으로 한 정부의 기초연구지원 사업이 적절하게 수행되어야 한다. 최근 신설된 한국기초과학연구원(IBS)에서 두드러진 연구 성과를 내고 있는데 이는 기존의 기초연구 지원사업에서 연계된 성과이다.

그런데 2010년 이후 프론티어 연구사업이 종료된 후 기초연구를 지원하는 후속 연구지원사업이 취약해졌으며, IBS에서도 소수에 의해 큰 규모의 연구사업이 진행되면서 수혜자의 수는 크게 줄었다. 또한 연구지원사업에서 BK21과 포스트 BK21 등을 비롯하여 특성화대학 지원사업과 ACE 사업 등 학생활동 지원사업으로 분리되었다. 이 결과 대학의 실질적인 기초연구 지원사업은 결국 크게 위축되고 말았다.

특히 대학 연구자의 연구비 수주의 어려움이 부각되면서, 연구과제 독점을 차단하기 위해 연구재단이 1인 1과제 정책을 시행하고 있다. 간접비까지 포함된 금액이 5000만 원 이하의 과제 한 가지만 수행하더라도 상위 규모의 과제에는 지원할 수 없는 상황이 되면서 연구현장의 어려움은 더욱 커지고 있다.

피인용 상위 1% 등 상위급 논문을 작성하는 데 소요되는 연구비의 액수는 학술 분야에 따라 차이가 크겠지만 일반적으로 편당 3억 원 이상이다.[4] 그렇다면 현재의 기초연구지원 규모로는 상위 수준의 논문을 작성할 수 있는 곳은 IBS를 비롯한 극히 일부 연구자에게 한정될 수밖에 없다.

---

4   분야별로 다르지만 상위권 논문을 발표하는 연구자가 많은 생물 분야 등 개인적으로 연구자들을 접촉하여 수집한 자료에 근거하여 산출한다.

정부 기획과제는 국가 발전이나 특정 산업과 특정 문제 해결에 필요한 주문형 연구개발과제이므로 논문보다는 과제를 기획할 때 주문된 기술개발에 더 충실해야 한다.

　　한 국가의 기초연구 수준은 과학지식 탐구의 수준이고, 새로 출현하는 기술 분야에서 태동 가능한 분야를 연구하는 기반이며, 인재 양성의 과정이다. 이것이 바로 과학기술 선진국들이 최근 더욱 대학의 기초연구에 주목하는 이유이다.

제14장

# 대학의 연구개발 투자 살펴보기

1절

## 대학의 혁신체제 발달이 미흡하다

### 1. 전국 189개 대학교에 교원이 6만 5000명 수준이다

우리나라의 고등교육기관은 과학기술 활동의 중심인 기초연구 등의 연구활동과 학위과정을 통한 인재 양성에 핵심적인 역할을 수행할 뿐만 아니라 최근 산학협력 등 산업과 지역 발전에도 매우 중요한 역할을 한다. 전국에 4년제 대학은 189개가 있고 학과 수는 1만 1169개이며 전임 교원 수는 6만 5423명이다.

## 2. 대학의 연구개발 투자 비중은 지속적으로 감소한다

한국 정부가 OECD에 보고한 자료를 이용하여 주로 4년제 대학의 전임 교원에게 지원되는 2000년 이후 연구개발 투자 현황을 비교해보았다.

민간과 정부가 투자하는 국가의 총연구개발투자 중 대학(고등연구기관)이 사용하는 연구개발비의 추이를 보면 미국 및 영국, 프랑스, 독일을 비롯한 EU 국가들의 대학 연구개발비 비중은 2000년 당시에도 한국보다 월등히 높았는데도 지속적으로 상승하면서 2014년에는 한국 대비 2배 내지 3배에 이르렀다.[12]

한편 2000년에는 비교적 높은 수준이었던 일본은 경제위기 속에서 대학 비중이 최근 다소 하향 추세를 보였다. 급속도로 산업이 성장하면서 민간 영역이 크게 증가하고 있는 중국도 역시 하향 추세였으나 연구개발투자의 절대 규모가 크게 증가하였으므로 절대 금액은 늘어났다.

특히 주목할 점은 한국이 대학에서 사용하는 연구개발비의 비중이 중국보다는 상위 수준이지만 비교국들 중에서 거의 최하위 수준이었다. 즉 한국은 대학이 보유하고 있는 연구개발 혁신 역량, 인력 및 기자재 등이 모두 제대로 활용되지 못하고 있음을 의미한다.

## 3. 대학의 기초연구 투자가 취약해지고 있다

기초연구 관련법을 개정하고 기초연구진흥협의회 등을 구성하면서 비교적 대학의 기초연구를 강조하였던 시기인 2006~2007년에는 대학 연구개발 투자도 크게 증가하였다. 또한 산업에 활용될 수 있는 원천 연구의 기념을 도입하여 기초·원천연구를 강조하였던 2008년 이후 2011년까지

의 시기에도 크게 증가하였다.[13]

그러나 원천 연구의 개념이 국제적으로 통용되는 개념이 아닐 뿐만 아니라 대학의 기초연구자들을 중심으로 원천연구 확대로 기초연구가 오히려 홀대되고 있다는 비판이 일면서, 기초원천연구로 통합한 박근혜 정부에서는 기초연구지원이 더욱 악화되었다. 기존의 기초연구 투자가 이명박 정부에서 원천연구 투자로 편입되었다가 응용 및 개발 연구 투자로 이동해버린 것이다. 그 결과 기초원천연구 투자 중 대학 기초분야의 연구개발 투자는 크게 약화되어버렸다. 2012년 이후 대학의 기초연구분야 예산 투자 규모는 정체 상태에 머물고 있다.

한국 정부가 OECD에 보고한 자료 중 화폐 단위를 원화로 표기한 자료를 이용하여 대학의 연구개발 투자 현황을 분석하였다.

고등교육기관의 연구단계별 투자 현황을 절대금액 면에서 보면 기초, 응용, 개발 연구가 모두 증가하였다. 2000년에는 기초연구비가 6662억 원으로 응용연구비 4760억 원, 개발연구비 4250억 원보다 약 40~55% 많았다. 이후 일시적으로 2007년에 기초연구비가 증가하였지만 비교적 응용연구와 개발연구 분야 연구비가 지속적으로 증가한 결과 2014년도에는 기초연구 약 2조 1000억 원, 응용연구 약 1조 8000억 원, 개발연구 약 1조 7000억 원으로 기초연구가 응용연구나 개발연구보다 약 16~20% 정도 높을 뿐이었다.

이는 대학 연구가 기초연구뿐만 아니라 응용연구와 개발연구 영역으로 영역이 확대되었음을 의미할 수도 있다.[14] 정부를 비롯하여 사회적으로 대학에 산학협력연구의 기능을 요구하였고 정책적으로도 응용 및 개발연구 기능 강화를 위한 노력이 지속적으로 추진된 결과이다. 대학의 산업 지원 기능이 강화되고 있는지에 대한 평가가 수반되어야 할 것이다.

2010년 이후 대학에서 사용하고 있는 연구개발 비용의 증가 폭이 다소 둔화되었고, 특히 2012년 이후에는 해마다 약 2000억 원 정도만 증가하는 실정이지만 지난 15년간 지속적으로 대학에 지원되는 연구개발비는 증가 하였다.

증가 추세가 연구 단계별로 어떤 경향성을 갖고 있는지 알아보기 위하 여 전년 대비 증감 액수와 그 비중을 분석해보았다. 2007년과 2008년에 비 교적 높은 수준의 대학연구개발비 투자가 증가하였지만 기초연구, 응용연 구, 개발연구의 분야별 어떤 경향성을 확정하기 어려웠다. 2006년에는 개 발연구가 전년 대비 26.6% 증가하였고, 2007년에는 기초연구가 50.6% 증 가하였다. 2008년에는 응용연구가 37.5% 증가하였다. 2009년부터 2012 년까지 지속적으로 대학의 기초연구 지원이 증가하다가 2013년 3.5% 소 폭 증가하였고, 2014년도에는 오히려 0.8% 감소하였다. 즉, 대학의 연구 개발 지원에서 분야별 지향성이 불분명하였는데 바로 이러한 점 때문에 대학의 연구개발 기능 분화를 이루어내지 못하였고 국가적으로 혁신체제 구축도 미흡하게 되었던 것으로 판단된다.

## 4. 대학의 R&D 투자의 정부 의존도가 계속 높아지고 있다

대학의 연구개발 비용은 2000년 1조 5000억 원에서 지속적으로 증가하 여 2014년 5조 7670억 원에 이르러, 지난 15년간 3.7배가 증가하였다.[15] 가장 큰 비중은 정부 재원으로서, 지난 15년간 5.4배가 증가하여 2014년 에 4조 6260억 원이었다.[16] 기업체 지원은 2480억 원에서 6470억 원으로 2.6배 증가하였다. 국가 연구개발비 총액 증가에는 기업체 투자가 큰 비중 을 차지하지만 기업체에서 대학에 투자하는 연구개발비 비중이 오히려 줄었다. 실제 금액으로 정부 지원금이 기업체 지원금의 7.1배에 달하며 대학 연구개발 비용의 80% 이상이 정부에 의존하고 있다.

2절

## 창의적인 기초연구 투자가 너무 낮다

### 1. 정부 연구개발 사업에서 자유공모형 기초연구 투자가 매우 낮다

2014년도 고등교육기관에 대한 연구개발 투자에서 정부 재원은 80.2% 로서 4조 6258억 원인데,[5] 순수연구개발 지원 사업 외에 연구기관 지원사업과 국립대학교 교원인건비 등도 일정 비율이 포함된 전체 금액이다.

우리나라에서는 대학교 연구자가 연구계획서를 상향식으로 제출하는 자유 공모방식을 통해 연구 과제를 수주하는 연구비 비중이 매우 적은 편이다. 2015년, 국가 연구개발 사업 예산 18.9조 원 중에서 기초연구비 산정 대상인 13.1조 원[6]은 기초연구 5조 원, 응용연구 2.7조 원, 개발연구 5.4조 원으로 구성되어 있다. 연구지원 사업에 쓰이는 순수연구개발 6.9조 원 중에서 미래창조과학부의 개인연구 지원 사업 5878억 원, 집단연구 지원 사업 1489억 원을 비롯하여 교육부의 이공학 개인 기초연구 지원 사업 2930억 원이 연구자 중심형 자유공모과제에 사용되고 있으므로, 기초연구자 중심의 상향식 연구개발 사업비는 총 1조 294억 원에 지나지 않는다.

---

5  2015년도 『대학연구활동실태조사보고서』에서 산정한 바에 따르면 대학재정지원사업 약 4000억 원 정도도 포함된다.

6  기초연구비 비중 산정 제외 대상인 시설장비 등 5.8조를 제외한 금액이다.

물론 각 부처의 연구사업 중 연구자 중심의 상향식 공모사업이 없는 것은 아니겠지만 대부분 부처의 연구사업이 차세대 성장동력 확충 등 점차 부처 기획 사업 중심으로 운영되면서 대형화하고 하향식 기획연구, 즉 국가주문형 기획 과제로 진행되고 있다. 이로써 기초연구자들은 연구 주제를 지속적으로 연구하는 데 필요한 연구비 확보에 많은 어려움을 겪는 실정이다.

우리나라의 기초연구 투자 현황을 보면 2014년도의 경우 정부와 민간의 연구개발비를 합한 국가 연구개발 사업 총예산 중 대학에서 수행하는 기초연구의 비중은 37.8%인 2조 2000억 원이었다. 여기에는 원천기술연구 약 1조 8000억 원, 개발연구 약 30% 수준인 1조 7000억 원이 포함되었다.

국립대학 교원 인건비 약 2000억 원, 대학 재정지원사업 약 4000억 원 등도 대학 기초연구 사업 예산에 포함되며 각 부처의 기획과제 중 대학이 주관기관인 대형 기획과제 연구비도 포함된다. 기업체가 지원하는 대학연구개발비가 약 6500억 원인데 대부분 기업 주문형 과제 수행에 필요한 용역비용이다. 그러므로 이러한 유형의 국가연구개발 사업예산을 제외한다면 대학에 지원되는 기초연구 지원 사업 2.2조 원 중에서 실제 연구자 중심의 자유공모형 연구개발비는 결국 약 1조 남짓한 앞의 계산과 유사하다.

기획연구는 대부분 문제 해결형이 많으므로 1차적인 목표는 논문 발표가 아니다. 그런데 최근 우수한 연구자의 상위 10% 이내 학술지에 발표 논문 수가 크게 증가하였고, 상위 25% 수준의 논문 발표가 가능한 연구자까지 포함하여 연구자 수를 추정해본다면 약 1만 명 정도라고 예측할 수 있다. 이 수준의 연구자들이 지속적으로 연구 수준을 향상시킬 수 있는 국가 연구개발 사업이 진행되는 것이 바람직할 것이다.

그러나 2013년에 실제 진행된 개인 자유공모형 연구사업은 매우 열악

그림 IV-11 국가 연구개발 사업 예산 중 자유공모과제 연구비 비중

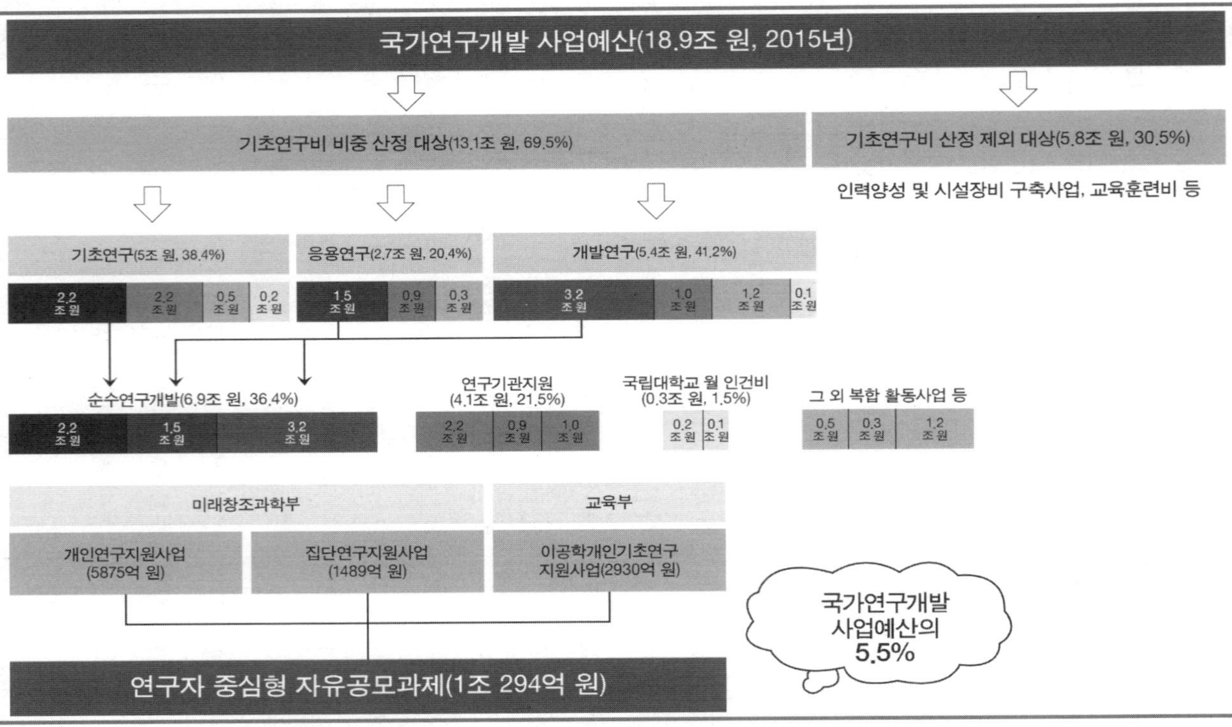

자료: 2015년도 국가연구개발사업조사분석보고서, 한국연구재단사업보고서, 교육부사업보고서.

그림 IV-12 기초연구 투자 현황

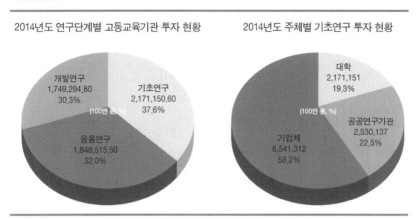

2014년도 연구단계별 고등교육기관 투자 현황

개발연구
1,749,294.80
30.3%

기초연구
2,171,150.60
37.6%

(100만 원, %)

응용연구
1,846,515.50
32.0%

2014년도 주체별 기초연구 투자 현황

대학
2,171,151
19.3%

(100만 원, %)

공공연구기관
2,530,137
22.5%

기업체
6,541,312
58.2%

한 수준이다. 자유공모형 연구사업을 보면 3억 원 이상이 74개 과제밖에 되지 않고, 5000만 원 이상이 2032개 과제밖에 되지 않은 형편이다.[17] 5000만 원 이하의 연구과제까지 모두 포함해야 총 1만 개 과제에 지나지 않는다. 세계 상위 25% 수준의 논문을 발표할 수 있는 연구자의 1만 명은 매년 1억 원 정도의 연구비 지원이 필요하기 때문이다. 현재 수준의 자유공모형 개인연구과제 규모로는 현재까지 육성해놓은 기초연구의 기반을 유지하기도 어려울 것이다.

2014년도 기초연구개발비를 가장 많이 사용한 곳은 바로 기업체로서 우리나라 기초연구 투자의 58%인 6.5조 원을 사용하였다. 정부출연 연구기관 등 공공연구기관이 23%인 2조 5000억 원을 사용하였고, 가장 적게 사용한 곳이 바로 대학으로 19%인 2.2조 원을 사용하였다.

기초연구에 6.5조 원을 사용한 기업체가 대학의 기초연구개발에 투자한 절대 액수는 증가하였더라도 대학 연구의 기업체 재원 비중은 2004년에서 2006년 사이 약간은 증가하였지만 전반적으로는 하향 혹은 정체 수준이다. 이는 대학의 연구 기능이 기업체와 결합하지 못할 뿐만 아니라 기업체에 의해 활용되지 못하고 있음을 의미한다. 이러한 구조 역시 국가적으로 혁신구조가 정립되어 있지 못함을 의미할 뿐만 아니라 대학의 인재 양성 역량과 산학협력연구에도 큰 장애요인이 되고 있다.

## 2. 정부 연구개발 사업에서 기획과제 비중이 지나치게 높다

개발연구와 응용연구 분야에서 정부 지원으로 연구개발 활동을 하더라도 기획 중심의 연구 사업은 정부의 과제제안서(RFP)에 의해 진행된다. 과제제안서는 과제 발주자가 특정 과제를 통해 획득하고자 하는 요구사항을 제시하는 과제주문서이다. 이러한 RFP는 일반적으로 정부나 기업의 용역과제에서 제시되는 용역 주문서로서 발주처가 제시한 뚜렷한 과제와 문제 해결을 위한 과업을 제시하는 형식의 연구사업이다. 즉, RFP를 통해 진행되는 연구개발 사업은 특정 목적을 갖는 연구사업으로서 국가주문형 연구 사업이라고 할 수 있다. 최근 정부 기획연구사업에서 목적기초를 기초연구사업으로 분류하는 경향이 있는데, 기초연구는 연구의 목적으로써 언젠가 활용될 것을 지향할 수는 있겠지만 일반적으로 순수한 지식 탐구를 추구하는 연구이다. 그러므로 기획연구 형태로 추진되는 연구재단의 목적기초는 기초연구로 볼 수 없다.

정부의 기획연구 비중이 높을수록 국가 연구개발 사업은 공급자 중심의 연구개발에 치우칠 가능성이 높다. 대학의 연구비 부족이 심각한 상황에서 정부 기획과제의 비중이 과도하게 높으면 결국 연구자는 연구 프로그램에 따라 연구 주제를 바꾸게 된다. 이는 연구 전문성이나 심화 정도가 약화될 가능성이 있으며 연구자 개인의 연구력 성장에도 도움이 못 되며,

연구수행에 참여하는 인력의 지식 축적에도 크게 기여하지 못한다.

실질적으로 대학이 산학협력을 비롯하여 응용, 개발연구의 기능을 적절하게 수행하고 있는지에 대한 평가와 함께 기초연구 강화 역할에 대한 논의도 수반되어야 한다.

따라서 연구자 중심의 자유공모형 연구개발 사업과 기획 중심의 국가주문형 연구개발 사업의 적절한 비중을 국가적 차원에서 부처별, 기초, 응용, 개발 사업별 각각의 포트폴리오적인 구성 계획을 전략적으로 수립해야 할 것이다.

이러한 측면에서 볼 때 국가 연구개발비가 투입 면에서 단연 세계 1위 수준이지만 지식 탐구와 기술혁신 등 성과 부문에서 세계 최고 수준을 나타내지 못하는 이유를 분석해보아야 한다. 필요하다면 국가적 차원에서 전면적인 진단과 연구개발사업의 전면적 재조정도 수행되어야 한다. 이것이 국가 혁신생태계 구축에 전제 조건이 될 수도 있다.

## 3. 대학 R&D의 GDP 비중이 주요국에 비해 낮은 편이다

OECD 스태틱스(Statics) 자료로 대학에서 사용하는 연구개발비(PPP 기준, US달러)를 주요국과 비교해보면 한국은 65억 3900만 달러이다. 이 중 정부 재원이 80%로서 46억 달러인데, 앞에서 보듯이 연구자 중심의 자유공모과제는 약 1조 원밖에 되지 않는 구조였다.

이에 비해 일본은 209억 8800만 달러, 독일은 183억 9900만 달러로서 한국에 비해 약 3~4배의 규모로 대학 연구개발을 지원하고 있다.[18] 최근 2001년 이후 16명의 과학 분야 노벨 상 수상자를 배출함으로써 세계 최고 수준의 과학 위상을 드러낸 일본은 대학 연구개발비 집행의 독립성이 두

드러진다. 연구개발비의 투자 재원 구성에서 정부 연구개발 직접지원 비중은 15%에 지나지 않고, 43.6%가 대학 재원이며, 정부가 대학재정 지원금에서 지원하는 연구개발비가 37.7%를 차지한다. 우리나라는 대학에 지원되는 연구개발지원금의 많은 부분이 프로젝트에 의한 재정 지원 사업 형태이므로 대학도 과제 기반 사업(project-based system, PBS)으로 지원되고 있는데 이 비중이 비교국 중에서 가장 높은 편이다. 한국은 대학과 정부출연연구원 모두에서 연구개발 사업이 관 주도형 PBS의 비중이 지나치게 높아 연구주체의 자발적인 혁신역량 제고에 걸림돌이 되고 있다. 관 주도형 연구개발 기획이 더는 효율적이라고 볼 수 없으므로 PBS 비중에 대한 결단이 필요하다.

독일도 우리나라와 유사한 수준으로 정부 재원이 80%를 차지하지만 연방정부와 지방정부로부터 지원을 받으며, 기업 지원 비중도 우리나라와 유사하게 14% 수준이다. 독일은 대학과 기업체의 산학협동연구를 장려하기 위하여 연구자 인센티브를 활용하고 있다. 가장 대표적인 연구 사업은 2007년 2월 도입한 연구프리미엄 제도(Forschungspraemie)가 가장 대표적인데, 대학 또는 연구기관이 종업원 1000인 이하 기업의 위탁을 받아 연구개발 프로젝트를 수행할 경우 총 10만 유로 한도 내에서 프로젝트비의 25%를 보너스로 제공한다. 이를 통해 대학 또는 연구기관이 기업의 요구에 관심을 갖고 중소 및 중견기업과 공동으로 연구개발 활동을 추진하도록 유도하는 등 중소·중견 기업의 공동 기술개발 활동을 촉진하고 있다.[7]

한국의 대학의 연구개발투자는 GDP 대비 0.39%에 지나지 않는다.

---

7    김경아, 「독일의 지속적인 히든 챔피언 배출과 성장요인에 관한 연구: 기업환경 및 기업지원정책에 대한 검토를 중심으로」(2016.8), 중견기업연구원.

**그림 IV-13** 정부의 대학 연구개발비 지원 형태

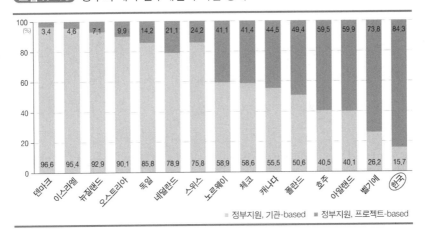

■ 정부지원, 기관-based   ■ 정부지원, 프로젝트-based

자료: OECD Factbook 2015-2016.

2014년도의 OECD 자료를 이용하여 대학지원 연구개발 투자의 GDP 비중을 주요국과 비교해보면 과학기술의 발전 역사가 길고 대학이 중요한 역할을 하는 덴마크, 스웨덴, 및 핀란드 등 인구가 1000명 이하의 유럽 국가들에서는 GDP 대비 1%에서 0.8% 수준을 사용하고 있다. 그러나 인구가 1000만 명 이상인 주요 기술 선진국들은 독일, 프랑스, 영국을 비롯하여 EU 평균 및 OECD 평균을 보더라도 0.5% 내지 0.43% 수준이었다.

GDP 대비 세계 최고 수준인 4.29%의 국가연구개발비를 투자하는 우리나라는 대학의 연구개발투자 0.39%는 상당히 저조한 편이다. GDP 대비 2.74%의 연구개발투자를 지출한 미국도 대학에서 GDP 대비 0.39%를 사용했다.[19] GDP 대비 수준을 고려한다면 한국은 대학이 GDP 대비 0.6% 정도는 사용하는 것이 바람직하다. 독일 및 일본과 비교해서 유사한 수준으로 대학의 연구개발을 투자한다면 GDP 대비 0.53 혹은 0.7% 수준은 되어야 한다. 그럼에도 적은 규모의 대학 연구개발 투자이지만 그나마도 상

당 부분이 대학 재정지원 사업에 쓰이고 있고, 또한 정부 주문형 과제 수행인 기획연구에 많이 투자되고 있다.

한국은 경제 5개년 개발 계획 동안 정부 주도형 경제발전의 일환으로 산업정책을 추진하였다. 산업성장의 프레임을 유지한 채 과학기술 발전 추세에 따라 연구개발 활동을 추진하고 있어 정부 주도형 연구개발 정책, 정부 주문형 연구개발 과제와 대학 정책 속에 머물고 있어 대학 연구의 자율성은 약하다. 최근 연구개발사업 규모가 커지면서 자율성은 더욱 악화되었다.

## 3절
# 새로운 기초연구전략이 필요하다

## 1. 자유공모형 기초연구의 적정 규모는 4조 원으로 전망된다

실제 대학에서 수행되는 연구자 중심의 기초연구비 규모를 GDP 대비 비중으로 추산해본다면 2015년 약 1조 원은 0.08% 수준에 지나지 않는다. 대학의 연구지원 사업에서 자유공모형 과제의 비율이 많은 국가에서 50% 수준이라는 보고가 있어, 이를 적용하여 추정해보면 연구자 중심형 자유공모 과제의 지원 비율이 평균 GDP의 0.2% 수준이었다. 우리나라의 경우 2014년도 GDP 1500조 원의 0.2% 수준이면 약 3조 정도가 대학의 자유공모형 기초연구에 투입되어야 할 것으로 추산되었다. 그러나 실제 우리나라는 세계 최고의 GDP 대비 연구개발비를 지출하는 나라이므로 절대규모는 더 커야 한다.

미국은 연구개발 투자 중 연구자 중심의 연구개발 투자가 약 50% 수준인 것으로 알려진바, 역시 연구자 중심의 상향식 순수기초연구 투자는 GDP 대비 0.2% 수준이다. OECD 평균이나 EU 평균 규모를 보더라도 순수 기초연구 투자 규모는 0.2%를 약간 상회하는 수준이다. 일본과 독일의 경우 GDP 대비 약 0.3% 수준이 자유공모형 기초연구에 투자되는 것으로 추산되었고, 대학의 기초연구 기능이 우수한 영국과 프랑스는 GDP 대비 0.4% 내지 0.5%를 넘는 수준이었다. 특히 미국은 전략적으로 필요한 기초연구의 상당 부분이 국방예산에서 지원되고 있으며, 과학재단 등에서 지원하는 연구의 대부분은 연구자 중심의 자유공모형 과제이다. 특히 외국은 대학 연구자에 지원되는 기초연구는 거의 대부분 자유공모형 개인 과제이다.

그럼에도 편의상 기초연구 중 자유공모형 개인기초연구 비중을 50%로 반영하여 우리나라의 대학 기초연구 투자에 필요한 예산 규모를 산정해보았다. 2014년도 우리나라 GDP를 1500조 원으로 기준하여 연구자 중심의 대학 기초연구 투자 규모를 두 가지 유형으로 산정하였다. 경제성장 목적의 중심을 두는 국가 유형을 택한다면 약 4조 원 수준, 대학 기초연구 기능이 활성화되어 있는 유럽의 대학 지원 유형을 택한다면 8조 원 수준으로 추산되었다.[20] 그러나 현재 국가 총 19조 원 예산 가운데 연구자 중심형 대학 순수기초에 지원되는 연구개발 투자가 1조 원밖에 되지 않는 실정은 대학의 개인기초 연구개발 지원이 매우 빈약하다고 할 수 있다.

2018년에 자유공모형 개인기초예산을 1조 원에서 1.5조 원으로 확대 편성하겠다고 했지만, 주요국과 비교했을 때 1.5조 원도 크게 적은 수준이다. 따라서 최소한 3조 원 이상의 수준으로 확대되도록 연차별 계획을 세워서 한다.

최근 과학 수준이 점점 복잡해지고 심화되면서 기초연구의 성과물인 논문의 수준은 투자되는 연구비의 규모에 크게 좌우된다. 단지 아이디어만이 중요한 것이 아니라 얼마나 정교한 실험 장치를 사용하여 얼마나 정확하게 증명하였는가라는 점도 논문 수준을 판단하는 중요한 수단이 되기 때문이다. 주요 선진국들이 대형 기초연구시설을 앞다투어 설치하는 이유도 바로 여기에 있다.

또한 대학의 기초연구 소요 예산을 연구 수준에 따라 추정해보면 2만 명 정도는 보편적인 수준의 연구를 수행하면서 인력 양성에 전념할 수 있도록 5000만 원 정도의 연구비를 수주할 수 있는 것이 바람직할 것이다. 보다 우수한 연구자 1만 명 정도는 1년에 1억 원 정도의 연구비를 수주할 수 있어야 하고 그보다 우수한 연구자 1000명 정도는 3억 원 정도의 연구비 확보가 가능하게 해서 해마다 톱(TOP) 10%에 드는 학술지에 논문 한 편씩은 낼 수 있는 구조가 되면 좋을 것으로 판단된다. 이 정도의 구조라면 대학 연구자의 약 50%가 정부 연구비 지원을 받게 되는데, 기초연구에 해마다 3조~4조 원 정도의 개인기초연구비 투자가 필요할 것으로 전망된다.

## 2. 대학 기초연구 및 혁신역량의 강화전략을 제안하다

국가의 연구개발 사업을 조정하여 대학과 정부출연 연구기관 중 목적에 따라 기초연구 기능을 강화하기 위한 다양한 전략이 수립되어야 한다. 그 대안으로서 몇 가지를 제안하고자 한다.

첫째, 「과학기술기본법」 제15조의2 및 「기초연구진흥 및 기술개발지원에 관한 법률」 제5조에 명시된 기초연구 진흥 및 '기초연구진흥협의회'의 기능을 활성화해서 실질적으로 대학의 기초연구가 육성되도록 지원하여 과학기술 수준이 선진국 수준으로 도약할 수 있도록 해야 한다.

둘째, 대학의 기초연구 기능 및 연구개발 인재 양성에 대한 역할을 정립하고 이에 합당한 수준의 정부 지원 계획을 수립하여야 한다. 특히 대학의 과학기술계는 지속적인 정부의 기초연구 육성 지원을 받았으며 이에 부응하여 노력한 결과 우수한 연구력을 많이 축적하고 현재 도약하려는 상황이다.

향후 연구역량을 지속적으로 발전시켜 기술 선진국 수준으로까지 기초연구 역량을 쌓아갈 수 있도록 연구자 중심으로 창의성을 확대시키고 자유롭게 학문을 연구하고 우수한 인재를 양성하여 과학기술 발전에 기여할 수 있도록 적정한 수준에서 지원해주어야 한다. 우리나라의 연구개발 정책 및 연구자의 연구개발 활동에 대해 전면적인 진단과 개편이 필요할 뿐만 아니라 적절한 포트폴리오를 구축하되 기초연구 지원을 대폭 강화하는 것이 절실하게 필요하다.

셋째, 연구자 중심의 기초연구 지원을 강화하기 위해 국가 차원에서 연구관리 정책을 보다 체계화해야 할 것이다. 우선 미래 예측에 근거하여 국가 비전을 수립하고 연구개발 장기계획을 수립할 당시부터 기초연구의 역할을 부여해야 한다.

특히 성장동력 육성 등 정부 기획의 주문형 연구사업(top-down 방식, 하향식)과 풀뿌리 연구인 자유공모형 연구자 중심 상향식 기초 연구사업(bottom-up 방식, 상향식)의 적절한 배분 등 연구사업의 포트폴리오를 작성하여 산업계, 과학기술계 및 사회적인 합의를 얻는 과정이 필요하다.

넷째, 연구개발비의 투자를 현실화하고 연구개발 관리 정책을 개선해야 한다. 현재 대학의 연구개발 인력의 고용 구조가 매우 취약하므로 국가의 연구기반조차 심하게 훼손될 위기에 처한 상황이다. 대학의 기초연구비 지원 규모가 수년째 정체되어 있지만 연구자가 크게 늘어났고 국가 연구개발 규모도 크게 성장한 것에 비하면 대학의 기초연구는 상대적으로 크게 위축되었다.

최근 연구력이 우수한 신진연구자 및 50, 60대 연령층 연구자의 대폭적인 증가로 대학 현장의 연구개발비 수요가 크게 증가하였다. 또한 우수한 연구력을 갖춘 연구자들도 크게 증가하여 세계 과학계에서 영향력이 점차 높아져 가고 있다. 이러한 상황을 반영하여 개인기초 연구개발비 투자를 현실화해야 한다.

현재 대학의 기초연구계는 연구의지와 정부의 연구비 규모 사이의 미스매치로 좌절감이 증폭되는 실정이다. 미스매치와 갈등을 해소하기 위해 연구개발비 배분 과정에서 보다 많은 연구자들을 지원하는 보편성과 우수한 연구자를 집중적으로 지원하는 수월성의 조화가 필요하다. 보편성이 존중되는 연구과제의 규모와는 별개로 수월성이 우선되는 연구비의 규모와 과제 수가 적절하게 상향 조정되는 포트폴리오가 요구된다. 또한 이 과정에서 보편성과 수월성과의 충돌이 연구 현장에서 발생하지 않도록 보다 섬세한 연구개발 관리 정책이 도입되어야 한다.

다섯째, 미래창조과학부와 교육부 등 일부 부처의 대학 지원 기능의 연구사업뿐만 아니라 응용 및 개발 분야에 지원되는 정부 부처의 사업에서도 연구자 중심의 자유공모형 상향식 방식을 도입하여 대학의 연구개발 역량을 육성하고 활용을 극대화해야 한다. 실무 부처는 실용화 기술 개발이 주요 업무이므로 하향식 정부 주문형 기획 방식을 사용하는 경우에도 사업 내에서 자유공모 형태를 도입하여 연구개발계의 개방성을 제고하는 것도 필요하다.

여섯째, 대학의 독립적인 역량을 강화시켜 대학이 자체적으로 연구개발을 기획하고 특화할 수 있도록 해야 한다. 대학에 지원되는 정부 연구개발 사업이 프로젝트 중심이므로 정부 주문에 따라 대학의 특성이 우왕좌왕하는 경우가 많고, 대학의 기능이 정착하지 못하는 실정이다. 이를 개선하기 위해서는 대학의 기능이 정착되어 있는 유럽이나 최근 연이어 노벨상을 수상하는 일본의 사례를 벤치마킹하여, 대학에 대한 포괄적인 지원금의 형태를 점진적으로 확대하는 등의 노력이 필요하다. 대학이 자체적으로 연구개발을 기획하고 특화할 수 있도록 대학의 독립적인 역량을 강화시켜주어야 한다.

일곱째, 과학기술의 공공성을 확립하기 위해 연구개발 사업에서 공익적 영역의 지원을 확대하는 것이 중요하다. 우리나라는 연구개발의 공공성은 주요국과 비교하여 상당히 낮은 편이다. 과학기술은 누구에게나 도구이며 기회이기 때문에 과학기술정책은 경제 민주화를 위해서 활용할 수 있는 중요한 영역이다.

연구개발 인력이 대학과 정부출연연구원 등의 공공부문에서 안정된 고용과 고용유연성을 동시에 확보할 수 있도록 연구개발인력의 고용정책에 획기적인 변화가 신속하게 요구된다. 신진 과학기술인력이 더는 좌절하지 않도록 안정된 고용기회를 제공하고 연구에서 희망을 갖게 해주어야 한다. 이것은 미래 세대의 과학기술인을 꿈꾸는 청소년들에게 희망을 줄 수 있는 길이다.

여덟째, 기업체의 기초연구투자가 점차 증대되고 있는 만큼 관련 세제를 개편하여 대학의 기초연구에 기업지원이 활성화되어 진정한 산학협력으로 발전할 수 있도록 유도해야 한다. 현재 기업체에 근무하는 연구개발인력이 지속적으로 대학과 연계될 수 있도록 개방형 학위제 등을 통해 지속적인 공동연구의 기반을 확충하여 대학과 기업의 협력적 역량을 강화해야 한다.

# 연구개발 인력 살펴보기

## 기업체의 학사 연구원이 크게 증가하다

연구개발 인력의 추이를 보면 2000년 이후 연구개발 인력이 가장 빠르게 증가한 연구주체는 바로 기업체이다. 우리나라의 연구원 총수는 2014년 43만 7447명이고 연구보조원을 포함한 연구개발 인력은 60만 5604명으로서, 전년 대비 연구원은 2만 7114명(6.6%), 연구개발 인력은 3만 6271명(6.4%)이 증가하였다.[21] 한편, 참여 비율을 고려한 상근 상당 연구원 수는 34만 5463명이며, 연구보조원과 연구 지원인력을 포함한 상근 상당 연구개발 인력은 43만 868명이다.

2000년 8만 7000명이던 기업체의 연구개발 인력이 2014년 31만 4000명으로 3.6배가 증가하였다. 대학의 연구개발 인력도 역시 크게 증가하여 2000년 3만 6000명이던 인력이 2014년에는 7만 5000명으로 2.1배 증가하

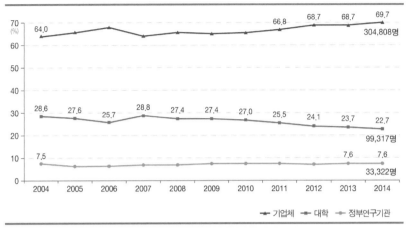

**그림 IV-14** 주체별 연구원수 비중 추이(%)

자료: 2014, 2015년도 연구개발활동조사보고서, 미래창조과학부, KISTEP.

였다. 정부출연연구원의 인력 역시 2000년 1만 3000명에서 2014년 3만 6000명으로 2.8배 증가하였다. 지난 15년간 연구개발비 투자의 증가와 함께 연구개발 인력의 증가도 크게 두드러졌으며 특히 기업 부문에서의 연구개발 인력 고용이 크게 증가한 것으로 나타났다.

각 주체별로 보면 2014년도, 전체 연구원 43만 868명 가운데 기업체 연구원은 72.9%인 총 31만 4019명으로서 이 중에 연구원은 30만 4808명이며, 그 외 연구보조원과 지원인력이 각각 7.5%와 1.7%가 고용되어 있었다. 다음으로 정부출연연구원을 비롯한 공공연구기관에는 전체 연구원의 8.3%인 3만 5574명이 고용되어 있었다. 이 가운데 연구원은 3만 3322명이었으며, 그 외 연구보조원과 지원인력은 각각 1.6%와 0.9%이었다.

대학의 상근 상당 연구개발 인력은 17.4%인 7만 4861명이며, 이 가운데 연구원은 9.7%인 4만 1938명이며, 연구보조원은 전체 연구원의 4.9%인 2만 1129명이 근무하고 있었다.[22] 참여 비율을 고려한 전일제 상근 상당의 인원으로 환산한 연구인력 고용이므로 실제 연구개발 인력수는 보고된 수보다 상당히 많다.

## 2절
# 공공부문 연구원 비중은 크게 감소했다

대학에 근무하는 연구인력 중 연구원으로 분류된 인력에도 전임 교원 외에 비전임 교원이 일부 해당될 뿐만 아니라 연구보조인력은 거의 대부분 비전임 계약직일 것으로 여겨지므로, 대학 연구인력의 반 정도는 계약직 연구원 신분일 것이다. 따라서 주요 기술 선진국에 비해 우리나라 대학의 연구개발 인력의 고용 구조가 상당히 취약하다. 이렇게 취약한 신분이더라도 대학 연구개발 인력의 비중이 점점 줄어들고 있어 대학의 연구 기능이 크게 위축되고 있음을 알 수 있다.

편의상 우리나라 대학 연구원을 전임 교원으로 간주하고 연구보조원은 비전임 계약직 고용 형태로 간주하면 대학 연구인력의 2/3는 정규직이고, 1/3은 비정규직이다. 주요국 중 연구보조원 비율이 가장 높은 프랑스도 18%에 지나지 않는다. 우리나라는 연구의 상당부분을 비정규직 연구보조원에 의존하기 때문에 혁신적인 연구가 이루어지기 어려운 취약한 인력구조를 유지하고 있다.

주요국을 보면 연구보조원의 경우 대학 소속의 연구지원 인력 신분으로 전임인 경우도 있으므로 실제 우리나라처럼 대학에 근무하는 연구개발 인력의 신분이 불안정한 국가는 보기 드물다.

특히 대학의 연구개발 인력 중 전임 교원의 인건비가 일정비율로 연구개발비에 포함된다. 2014년 기준으로 비전임 교원 신분의 연구원을 비롯하여 연구보조원 2만 1129명 및 연구지원 인력 1만 1795명을 합한 3만 2924명의 인건비는 대학 연구개발비인 5조 7669억에서 재정지원사업과 국립대학 교원인건비 등의 금액을 차감한 약 4조 남짓한 금액에서 인건비가 지급되고 있다.

2015년도 대학 연구개발비 4조 원에서 인건비 비중인 27.8%, 즉 약 1조 원이 비전임 계약직 연구인력 3만 2924명의 인건비로 지급되었다.[23] 1인당 연간 평균 3000만 원 수준의 인건비를 지급된 셈이다. 이는 연구개발 인력의 참여율을 100%로 환산한 상근 상당 연구개발 인력을 기준으로 한 값이므로 전체 연구개발 인력의 수는 훨씬 많을 것이므로 실제 대학 연구 인력에게는 연간 평균 3000만 원보다 크게 낮은 인건비가 지급될 것으로 여겨진다.

대학에서 실질적인 연구 업무를 전담하고 있는 박사후연구원 신분의 비전임 연구개발 인력의 인건비 현실화를 위해 대학 연구개발비에서의 인건비 30% 제한을 풀어야 한다는 의견이 반영되어 30% 제한 규정이 삭제되기도 했다. 그러나 결국 30% 제한선을 유지함으로써 인건비 평균이 30%에 근접한 27~28%의 최대치가 유지되고 있다.

과학기술의 역사가 오래되고 대학의 연구력이 뛰어난 유럽이나 미국에 비해 아직은 보다 집중되고 특화된 연구개발이 필요하므로 우리나라 정부 출연연구원의 기능이 유지되어야 할 필요가 있다. 비교적 정부 중심의 연구개발정책이 강한 나라인 독일과 프랑스는 아직도 비교적 높은 수준의 공공부문 연구개발 인력을 유지하고 있다. 특히 대학이 설립된 초기부터 근대과학 발전의 역사와 함께 했던 유럽의 대학들은 연구자 중심의 기초 연구 기능을 활발하게 수행하고 있다.

그러나 자연과학의 발전 역사와 대학 설립 역사 및 대학의 기초과학 연구 역사가 비교적 짧고, 경제성장을 위한 성장동력 육성에 대해 사회적으로 강한 압력에 내몰린 우리나라의 대학은 연구 기능이 취약할 수밖에 없다. 대학의 연구 기능의 취약성은 우리나라가 기술 선진국이 되기 위해 반드시 극복해야 할 과제이다.


## 3절
# 혁신주도형 연구개발 인력 활용이 필요하다

우리나라의 산업구조가 장치산업 위주이며, 추격형 전략에 의한 중화학공업 중심의 산업구조로서 높은 수준의 연구개발 수요가 유발되지 않은 상태에서 발전하였으므로 연구개발 인력을 많이 고용하는 구조가 아니다. 특히 대기업에서 고학력 연구개발 인력의 고용 수요도 크게 확대되지 않았다.

특히 최근에는 기업체의 연구개발 인력의 고용은 중소기업, 특히 소규모 벤처기업에서 학사 인력 중심으로 확대되었다. 현장의 기술혁신을 이룰 핵심 인력으로서의 중추적 역할을 하기에는 미흡한 상황이므로 이들을 지속교육 체제 속에 편입시켜 혁신적 역량을 강화하는 연구, 혁신 및 교육 체제(Research, Innovation and Education)의 운용이 요구된다.

최근 미국의 과학재단에서 발표한 자료(NSF 16-315)에 의하면 2014년도에 미국 기업체에서 증가한 연구개발 인력 고용을 보면 생명과학, 물리학, 공학 분야 인력은 박사학위 소유자가 가장 높은 비율로 증가하였다.[24] 그러나 우리나라는 박사 인력의 61.3%인 5만 6492명이 대학에 근무하고 있으며, 기업체에는 20.8%인 19,214명이 근무하고, 나머지는 17.8%인 1만 6449명이 정부연구기관에 근무하고 있다.

연구개발 인력 중 박사 비율이 가장 높은 연구 주체가 바로 대학이다. 총인원 기준으로 대학 연구원 9만 9317명 중에서 박사급 연구원이 56.9%인 5만 6492명이며, 석사급 연구원이 37.1%인 3만 6845명이다. 정부연구기관에도 역시 박사급 연구원의 비율이 높아 49.4%인 1만 6449명이 박사급 연구원이며, 38.4%인 1만 2796명이 석사급 연구원이다.

이에 비해 기업체에는 학사급 연구원이 전체 연구원의 59.8%인 18만 2243명이다. 최근 기업체에 근무하는 석사급 연구원의 수가 급격하게 늘어, 석사급 연구원이 전체의 26.2%인 7만 9768명이 근무하고 있다.[25] 박사급 연구원의 수는 6.3%인 1만 9214명에 지나지 않는바, 우리나라 기업체 상위 5개사에 기업체에 박사급 연구원의 약 30%가 근무하고 있으며, 상위 20개사에는 약 45%가 근무하고 있다. 박사급 연구원은 일부 대기업에 집중되어 있어 중소기업이나 중견기업의 고학력 인력 확보에 어려움을 겪으면서 기술혁신에도 많은 애로가 있는 것으로 여겨진다. 역으로 본다면 역시 고학력 과학기술 인력은 학력 수준에 적합한 일자리 구하기에 많은 어려움을 겪는 것으로 보인다.

고학력 인력의 증가 추이는 한국과 미국의 기업체 연구개발 인력 고용에서 두드러진 차이를 보인다. 미국과 한국의 연구개발 인력의 학위별 구조를 비교해보면 우리나라의 경우 기업체의 연구개발 인력의 혁신 역량의 고도화 수준은 상당히 미흡한 것으로 판단된다.

우리나라는 연구개발비 투자 및 연구개발 인력 구조 측면에서 세계 10위권의 GDP를 기록하는 세계적인 제조업 국가이지만 아직도 개발도상국 유형의 연구개발 수준에서 크게 벗어나지 못하고 있을 뿐만 아니라 인력

그림 IV -15 학위별, 기업 규모별 연구원수 비중 추이

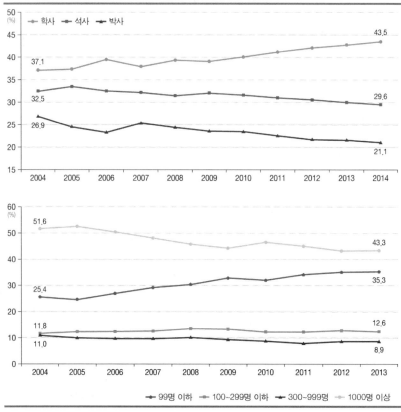

자료: 2014, 2015년도 연구개발활동조사보고서, KISTEP, 미래창조과학부.

활용 구조도 혁신성을 충분하게 발휘하기에는 역부족인 구조이다. 이러한 구조는 제4차 산업혁명의 시기를 맞아 기업 현장에서 신속하게 혁신의 원동력을 창출하는 데 많은 어려움을 겪게 할 것이다.

국가 혁신체계에서 가장 중요한 요소는 역시 사람이다. 한국은 국가적으로나 개인적으로나 인력 활용에서 부실하고 비효율적 요소가 많은 편이다. 기술진보가 빠르게 일어나는 시기에는 결국 사람의 경쟁력 싸움이다.

과학기술 인력의 인력활용과 고용구조는 개인의 행복권 추구와 국가의 혁신체계 구축 시스템과 연계하여 진단하고 새로운 특단의 대책을 세워야 한다. 공공부문에서의 연구개발 인력의 정규직 채용 증대와 병행하여 지속교육, 직업교육, 산학협력 및 대학개혁을 통한 혁신역량 확충 방안을 수립해야 한다.

# 제16장

# 정부 연구기관의 연구개발 살펴보기

## 정부 연구기관 R&D 투자의 정부 의존도가 증가하다

우리나라 정부출연연구원을 비롯한 국공립 연구소의 연구개발 투자는 지속적으로 증가했다. 2000년에는 응용연구와 개발연구가 비슷한 증가를 보였으나 2007년 이후 개발연구 투자가 상대적으로 급격하게 증가하여 가장 큰 비중을 차지하였다.[26] 정부 연구기관에서 기초연구 투자가 2009년 이후 응용연구 투자를 훨씬 상회하면서 증가하였는데, 2008년 이명박 정부에서 원천연구를 강조하면서 투자가 급격하게 증가한 데 기인한 것으로 여겨진다.

정부의 기초 및 원천연구 투자 증가로 정부 연구기관의 정부 재원 비중은 94.9%에 이르게 되어 정부 의존도가 더 높아졌다. 반면에 기업 재원 비중은 2.8%인 미미한 수준으로 떨어졌다.[27]

우리나라 정부 연구기관의 재원 구조는 일본의 정부 연구기관의 재원구조와 유사하여 비슷한 조직 구조조정 혹은 조직 개혁 문제를 갖고 있다. 반면에 독일은 기업 재원 비중이 10% 수준으로 기업의 정부연구기관 활용도가 훨씬 높다. 이는 정부 연구기관과 기업이 비교적 활발한 연구개발 교류를 통한 혁신을 진행하고 있는 것으로 여겨진다.

한국은 산업성장 시기에 정부 주도의 연구개발이 주요한 역할을 하였으며, 아직도 완벽하게 정부 주도 성장의 틀을 벗어나지 못하였으므로 정부 연구기관의 적절한 활용은 필요하다. 정부출연연구원의 기능이 기초연구 기능인지, 혹은 기업과의 협력연구를 통하여 국가의 성장동력을 강화하는 기능인지에 대한 정립이 우선적으로 요구된다.

실제 기업 재원 비중이 2.8%인 2288억 1900만 US달러 수준인데, 이는 대학이 기업으로부터 받는 재원인 7334억 300만 US달러보다 규모 면에서 월등하게 적은 수준이다. 따라서 정부출연연구원 등 정부 연구기관의 기능 정립이 무엇보다 시급하다. 이제 조직 구조적인 측면에서의 개편을 시도하기보다는 기능 면에서의 개선을 통해 신규 혁신적인 연구 인력 유입을 통해 역할을 정립하는 것이 더 효과적일 것으로 여겨진다. 정부 기획과제를 중심으로 정부출연연구원을 개별적으로 전문화하고 항공우주연구원이나 국방연구소 같은 일부 영역의 책임전문기관으로 활용하는 방안도 고려할 수 있을 것이다.

# 정부연구기관의 R&D GDP 비중은 세계 최고 수준이다

정부 연구기관의 연구개발비를 절대규모 면에서 보면 한국은 중국의 14%, 미국의 16%, 독일의 절반 수준에 지나지 않는다.[28] 그러나 프랑스보다는 다소 많으며, 영국보다는 2.4배에 달한다. 물론 영국은 정부 연구기관보다는 대학의 기능이 활발하여 정부 연구기관 의존도가 낮은 것이다.

우리나라는 독일의 정부 연구기관 제도를 벤치마킹하고 있다. 독일의 정부 연구기관은 한국의 연구기관보다 지출 절대규모는 약 2배가 채 안 되지만 기초연구를 비롯하여 산업 부문에서도 괄목할 만한 역할을 수행하고 있다.

일본도 한국에 비해 정부 연구기관에서 지출하는 연구개발 규모가 1.7배밖에 안 되어 전체 규모에 비해 상대적으로 많은 것은 아니지만, 일본의 정부 연구기관은 한국에 비해서는 안정적인 연구 환경인 편이다.[29]

정부 연구기관이 사용하는 지원 규모를 보면 한국이 절대규모 면에서는 OECD 등 주요국에서 여섯 번째로 정부 연구기관에 지원하고 있었다. 그러나 GDP 대비 규모 면에서는 세계 최고 수준이었다. 그럼에도 정부 연구기관의 연구 성과와 산업 지원 기능 및 고학력 과학기술인력 고용 측면을 고려한다면 투자에 상응하는 기능을 수행하지 못하는 실정이다.

따라서 정부 연구기관의 기능을 정립하고 적절한 역할을 수행하도록 정비하는 일이 시급하다. 한국은 정부 연구기관의 외형적인 조직 체계를 정비하기 위해 독일과 일본의 조직을 일부 벤치마킹하기도 하였으나 아직도 제대로 정립하지 못하였으며, 역할 및 기능 분화도 제대로 부여하지 못하였고, 구조조정도 제대로 하지 못한 상태였다.

그림 IV -16 정부의 정부연구기관 지원 및 GDP 비중 주요국 비교(2014)

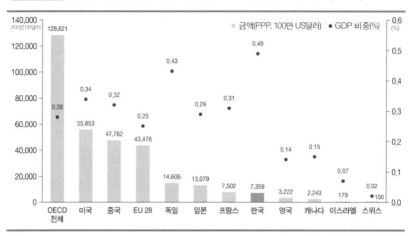

자료: Science Technology and Industry Outlook 2014.

첫째로는, 지금처럼 프로젝트 기반의 경쟁적인 연구 수주 활동으로 국가 연구개발 자원 배분의 전략성이 약화되는 측면을 보완해야 한다. 특히 경쟁적으로 연구비 수주 활동에 뛰어들면서 생기는 연구 역량 외적 요인의 개입이 확대되는 문제점을 감소시켜야 한다.

둘째로는, 경쟁적인 연구 수주로 인한 외부활동을 줄여서 연구책임자가 연구에 보다 전념할 수 있도록 해야 한다.

셋째로는, 과학기술 전문가 중심으로 기술 변화 예측에 기반을 둔 성장동력 육성을 위해 기초연구를 포함하여 연구개발에 필요한 장단기 구상이 가능한 전략을 스스로 구상하도록 자율성과 독립성을 주어야 한다. 또한 보다 안정적인 포트폴리오를 구상하여 장기적인 비전 수립 및 연구개발이 가능하여 미래에 출현 가능한 기술에 대비할 수 있도록 해야 한다.

넷째로는, 안정적인 연구예산 규모 속에서 인력 운용계획을 수립함으로써 과학기술 인력의 고용 기회 확대와 고용 안정성을 높일 수 있어야 한다.

현재 정부출연 연구기관은 정부 연구개발 예산의 40% 이상을 사용하고 있지만 박사 연구원의 약 17% 정도를 고용하고 있으며, 학생연구원(학연생) 등의 비전임 연구원 비율이 높아 고용 구조의 불안정성이 높은 편이며 연구개발 인력 활용의 비효율성도 높고 연구역량 확보도 어렵다. 또한 연구개발비 확보의 불안감이 높아 필요 이상으로 기획 사업에 뛰어들면서 국가 차원에서 연구개발비의 과도한 왜곡을 초래할 가능성도 항상 존재한다.

따라서 당초 연구개발 효율성을 제고하기 위해 도입했다는 프로젝트 기반 시스템(PBS 제도)이 오히려 국가 연구개발 사업의 비효율성을 높이고 연구개발 예산의 왜곡을 초래하고 있다. 차라리 안정적인 예산 출연 시스템으로 전환하고 성과관리를 보다 체계화하는 것이 더 바람직할 것이다. 이로써 정부 출연기관의 외형적인 구조조정의 논의를 종결하고 연구에 전념하는 체제로 전환하여 과학기술계에 새로운 전기를 마련하는 것이 더 효과적일 수 있다.

출연기관 원장의 임기를 보다 장기화하고 원장의 책임하에 장·단기적 연구개발 프로그램과 사회적 목적에 부합한 사업을 기획하고 정부와 논의 과정을 통해 협약한 후 이행을 주기적으로 평가받고 출연금을 지원받는 방식을 체계화할 필요가 있다. 단, 개별 연구기관은 내부 연구인력을 중심으로 전문성 높은 유연한 연구 전문 단위를 구성하는 것도 필요하다.

이러한 장점을 살려나갈 수 있도록 정부출연 연구기관의 예산 배분 시스템을 확립해야 한다. 정부 출연 연구기관의 평가지표를 설정하고, 이를 근거로 원장과의 책임기관 계약을 진행한 후 정부 출연금을 지원하는 등 책임과 의무를 부여하는 절차를 비롯하여 책임 이행을 평가하여 반영하는 체계적인 시스템이 필요할 것이다.

사실 기초과학연구원(IBS) 설립으로 정부출연 연구기관의 인력과 예산 수요가 증가하였지만 일부 연구책임자를 제외한 대부분의 연구인력을 비전임 형태로 활용하는데, IBS의 기능과 연구개발 인력 고용 확대 등을 '정부출연 연구기관의 역할 정립'이라는 중대한 국책 과제와 연계하여 논의해보는 것도 한 방안이다.

## 정부연구기관의 연구인력 비중은 세계 최하위 수준이다

우리나라는 대학과 정부연구기관 등 공공부문의 인력 고용이 세계에서 가장 낮다. 공공부문 비중이 높은 국가는 비교적 연구개발에 연방정부, 지방정부 및 유럽연합 등 정부의 역할이 큰 유럽 국가들이다. 2013년 경제활동 인구 1000명당 공공부문 연구원 수는 유럽연합 평균이 51.8명이며, 정부연구기관의 기능이 활발한 독일은 43.6명이다. OECD 평균도 40명이다. 이에 비해 민간 기업의 연구개발 역할이 활발한 미국은 31.3명, 일본은 26.5명이었다. 그런데 우리나라는 최근 연구개발 투자가 민간 부문에서 크게 증가하여 연구인력도 주로 민간의 중소기업 연구소에서 많이 증가했기 때문에 공공기관 연구원의 수는 겨우 21.3명으로 세계에서 매우 낮은 수준이다. 우리나라보다 더 낮은 국가는 민간의 혁신 역량이 매우 강조되는 이스라엘로서 16.3명이다.

공공부문에서 연구원의 비중은 국가마다 다르다. 대학의 연구 기능이 활성화된 나라는 대학에 소속된 연구원의 비중이 매우 높은데, 영국의 경우 연구원의 40.9%가 대학에 근무하고 기업에는 26.9%, 정부연구기관에서는 매우 낮은 비율인 2%만이 근무하고 있다. 그러나 독일의 경우 연구

그림 IV -17 경제활동인구 1000명당 공공부문 연구원 비중(%, 2013년도)

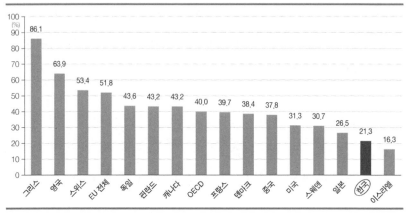

자료: Main Science and Technology Indicators 2016, OECD.

원은 대학에 16.7%, 정부연구기관에 9.1%, 공공기관에 25.8%가 근무하고 기업체에는 32.9%가 근무하고 있다. 일본은 기업체 근무 비중이 비교적 높은 편으로서 56.5%이며, 정부 연구기관 비중은 상당히 낮아서 3.4%에 지나지 않았다. 대학 연구원 비중은 15.4%로서 높은 편이었다.

한국은 기업체의 연구원 고용 비중이 세계적으로 가장 높아 63.7%에 달하며, 정부 연구기관 비중은 5.7%, 대학 비중은 주요국에 비해 월등하게 낮아 9.7%에 지나지 않는다. 즉 공공부문인 정부 연구기관과 대학의 연구원 고용 비중이 낮은 것이다. 그런데 특히 대학은 대학원생 등의 연구인력을 연구보조원으로 활용하고 있는데 이 비중이 비교국 중에서 매우 높은 편이었다. 연구보조원은 대부분 비정규직 신분인데 대학에 근무하는 연구인력 중 비정규직 비중이 한국은 34%에 달하였다. 따라서 한국은 대학 연구 인력의 고용 불안정성이 매우 높은 편인데 연구 인력의 질적 수준을 저하시키는 현상으로 귀결될 수밖에 없을 것이다. 이러한 인력 구조가 결국

그림 IV-18 부문별 연구원 비중 주요국 비교

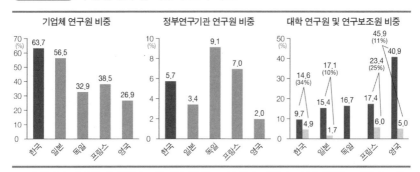

* 대학에서 연구원 및 연구보조원 비중 합계 %, ( ) 안은 연구보조원/(연구원+연구보조원) 비중.
자료: Main Science and Technology Indicators 2016.

연구개발 투자가 세계 최고였음에도 비교적 혁신 성과가 미흡하게 만드는 주요 요인으로 작용하고 있을 것이다. 아직 한국 대학의 혁신 체제가 미완성인 상태에 머물고 있음을 보여주는 전형적인 사례이다.

특히 정부출연 연구기관의 비전임 연구인력 구조는 전면 개편되어야 한다. 과학기술연합대학원대학교(UST) 및 학생연구원 체제를 해체하여 대학원 과정생은 학업에 전념하고 자신의 연구를 위해 단기적으로 인턴의 유형으로서 연구기관을 활용하는 것은 바람직하다. 많은 시간을 연구 용역에 사용하면서 학습을 병행하는 것이 쉽지 않기 때문에 연구를 학생연구원에게 의존하는 체제로는 연구와 교육 모두가 부실하게 진행될 수밖에 없다.

연구를 수행하는 인력은 합당한 고용 신분을 부여하는 것이 바람직하다. 정부 출연기관의 인력 구조의 문제점을 해소해서 과학기술 인력의 취업난의 돌파구도 마련하고 청년 과학기술인들에게 희망도 주어야 한다. 이런 돌파구가 있어야 대학과 정부 연구기관 등 연구개발계 전체가 활기를 되찾으면서 새로운 출발을 할 수 있게 될 것이다.

2016년 10월 인터넷 사이트인 브릭(Bric)을 통해 진행된 기초연구 위기에 대한 국회 청원 운동에 총 1998명이 서명하였는데, 국내에서는 83개 대학에서 1254명, 27개의 정부출연연구원에서 66명, 31개의 기업연구소 및 기타 기관에서 38명으로 총141개 기관에서 참여하였다. 해외에서는 140명이 서명하였는데 미국이 125명으로 제일 많고, 유럽 5개국에서 9명, 일본을 포함한 아시아 국가에서 6명이 서명한바, 해외의 경우 많은 서명자가 박사후 과정 등 박사 학위 이상의 연구원 신분이었다. 해외 연구원들의 적극적인 서명은 국내 과학계 취업의 어려움에 대한 불만과 함께 한국의 연구개발 생태계의 열악함이 공감되었기 때문이다.

# 제17장

# 기업의 연구개발 살펴보기

1절

## 기업의 R&D 투자가 크게 확대되다

우리나라 기업의 연구개발 투자는 지속적으로 매우 빠르게 증가하였다. 이는 기업체들이 세계시장에서 치열한 기술경쟁 환경에 노출되어 있으며 더욱 기술혁신의 필요성을 높게 인식하고 기술 개발에 박차를 가하고 있기 때문이다.

한국의 기업 부설연구소는 지난 9년간 매우 빠르게 증가하였는데, 2007년 1만 4975개소이던 것이 2015년 말에는 2만 313개소가 증가하여 3만 5288개소가 되었다. 2014년에는 3396개소가 증가하는 등 2010년 이후 해마다 3000개소 이상씩 증가하였다. 대기업 부설 연구소는 약 150개소 증가한 것에 비해 중소기업 부문에서 대부분의 증가가 이루어졌다.30)

기업체당 연구원 수를 보면 대기업 연구원 수는 2007년 85.3명이었지만

2015년에는 98.3명으로 13명이 증가하였다. 그러나 중소기업에서는 비교적 최근 소규모 부설연구소가 증가한 것으로 보이는데 그 결과 기업체당 연구원 수는 7.9명에서 2.3명이 줄어들어 2015년에는 5.6명이 되었다.

기업규모별로 기업 부설 연구소를 세분해보면 88.4%의 연구소인 약 2만 6000개소가 99명 이하 규모의 소기업에 설치되어 있으며, 1000명 이상의 기업에는 연구개발 기관이 0.9%인 255개소가 있었다.

기업의 총연구개발비는 2014년에 49.8조였는데 1000명 이상 규모의 255개소 대기업에서 전체 연구개발비의 69.7%인 34.7조 원을 사용하였으나, 99인 이하 규모의 중소기업 2만 5975개소의 연구기관에서는 총 7.7조를 사용하여 기업체당 평균 약 3억 원 정도를 사용하였다.[31] 종업원 100인 이상 299명 이하의 중소기업 2462개소에서는 총 3.8조 원을 사용하여 기업체당 15.5억 원을 연구개발에 사용하였다. 중견기업인 300인 이상 999명 이하의 기업규모에서는 총 700개소의 연구개발 기관에서 총 3.5조 원을 사용하여 기업체당 50억 원의 연구개발 투자가 이루어졌다.

정부 연구개발비에서는 1000명 이상의 대기업에도 6800억 원을 지원하였는데 기업체당 평균 27억 원 정도가 지원되었다. 99인 이하 규모의 중소기업에게는 총 1.2조 원, 기업체당 평균 4400만 원 정도가 지원되었다.

기업체 연구개발비에서 2014년까지 가장 큰 비중을 차지하는 연구 단계는 개발연구로서 34조 8339억 원을 투자하였다.[32] US달러로서 PPP 기준으로 보면 2014년도에 565억 달러를 투자하였다. 이 중 기업 재원이 전체의 94%를 차지하며, 정부 재원은 약 5.1% 수준이다.[33] 대학 재원이나 비영리법인의 재원은 거의 제로 수준에 가까우며, 해외 재원도 0.6%에 지나지 않았다. 즉 기업체 재원의 연구개발 투자는 기업체 자체적으로 거의 모두 소모되었다. 결국 기업체에서 대학이나 정부 연구기관을 활용하여 아웃소싱하는 비중이 매우 적었다. 기업의 연구개발 활동에 국가의 과학기술 자원이 충분하게 활용되지 못하고 있으며, 연구 주체 간의 단절된 구조가 큰 문제점으로 대두되었고, 정부를 비롯하여 대학 등에서 산학협력을 위하여 많은 노력을 기울여왔지만 전혀 개선되지 못하였음을 알 수 있다. 국가 혁신 생태계 구축에서 가장 큰 장애요인이지만 전혀 해소될 기미가 보이지 않고 있다.

　기업체 연구개발이 공공부문의 연구개발 주체들과의 단절된 구조는 일본에서도 잘 나타난다. 일본은 기업체에 대한 정부 재원이 1% 수준밖에 되지 않아 결국 기업재원 의존도는 한국보다 더욱 높아 98.3%에 달하였다.

　독일의 기업 연구개발비도 정부 재원은 3.4%뿐이고 기업 재원 의존도가 91.4%에 달하였다.[34] 독일은 정부 재원이 3.4%뿐이지만 EU 등을 비롯한 해외 재원 비중이 5.0%에 달하였다. 유럽연합의 재원도 정부 재원으로 합한다면 정부 재원은 8.4%에 달하게 되어 비교적 높은 비율의 정부 재원으로 유럽 기업이 연구개발을 진행하고 있었다. 정부 재원 비중은 한국의 5.1%, 일본의 1.0%보다 월등하게 높은 편이었다. 따라서 최근 과학기술 영역 간의 융합과 함께 점차 기초연구 분야를 비롯하여 기술의 기반 분야 중요성이 더욱 커지는 상황을 고려할 때 정부 지원을 통하여 과학기술의 공익성과 공공성을 확보하는 연구개발 지원이 과학기술의 영향력과 잠재력을 더욱 제고시킬 수 있을 것이다. 이러한 점이 일본과 유럽 연합의 국가 연구개발 체제의 차이점일 것이다. 즉, 개인의 기업에서 지출하는 비중이 높을수록 공동으로 활용 가능한 연구개발 성과물의 생산은 낮을 수밖에 없기 때문이다. 한국 기업의 연구개발 투자에서 정부 지원의 비중이 5.1%에 달하므로 비교국 중에서는 비교적 높은 편이지만, 유럽의 개별 정부와 유럽연합 정부를 합친 비중보다는 낮은 편이므로 정부 재원이 적다고 볼 수 있다.

한국 기업이 투자하는 연구개발비 지출 규모에 허수가 많아 과대산정
되었다는 지적이 있으므로 통계치 자체에 신뢰성이 약하다는 주장도 있으
나, 한국 기업이 주요국보다 월등하게 높은 비중의 연구개발비를 사용하
는 것은 사실이다.

## 2절
# 기업의 기초연구 투자도 세계 최고 수준이다

우리나라 기업체의 연구개발 투자를 기초, 응용, 개발 연구 등 분야별로
그 규모를 비교해보았다. 최근 미국의 과학재단(NSF)이 보고한 기업체 연
구개발 활동 자료와 OECD 자료에 의하면 한국은 비교국들 중에서 기업체
의 기초연구 투자 비중이 가장 높은 13.1%를 기록하였다.[35] 미국 6.4%,
영국 5.6%, 일본 6.7%, 독일 5.7%, 프랑스 5.4% 수준이었다. 기업체에서
투자하는 기초연구비의 절대 금액(PPP, US달러 기준)으로 한국은 미국의
1/3 수준이고 일본보다는 약간 적었지만 독일의 약 2배 수준이었으며, 영
국과 프랑스보다는 3배 혹은 그 이상이었다. 그러나 산업성장에 집중하고
있는 중국은 0.1%밖에 되지 않았다.

절대 금액 면에서 우리나라 기업이 영국과 프랑스, 심지어는 독일 기업
보다도 높은 수준으로 기초연구에 투자하고 있었다. 따라서 오히려 이러
한 높은 비중의 수치가 바로 연구개발 투자가 허수일 가능성이 제시되는
이유이다.

그렇다면 기업체에서 이렇게 높은 수준으로 투자하여 어떠한 성과를 내

고 있는 것인지에 대한 평가가 필요하다. 또한 이렇게 투자하는 것이 현실
적으로 가능한 것인지에 대한 판단도 필요할 뿐만 아니라, 이런 높은 투자
가 왜 대학이나 정부출연연구원과의 공동 연구 개발 등의 산학협력사업으
로 이어지지 못하는지에 대한 평가와 원인 분석도 필요하다.

<br>

## 3절
## 기업 R&D 투자는 상위 대기업 및 소수 품목에 집중되다

  기업 유형별 연구개발 투자 추이를 살펴보면 대기업은 지속적으로 연구
개발 투자를 확대해왔으며, 절대 금액은 크게 증가하고 있지만 그 증가폭
은 점차 줄어들고 있다. 또한 중소기업과 벤처기업도 연구개발 지출을 지
속적으로 확대하고는 있지만 연도별로 그 증가폭은 다르게 나타났다. 중
소기업과 벤처기업의 경우 2009년까지는 비교적 꾸준하게 증가했으나 그
이후부터 감소하기 시작하였다. 특히 대기업과 마찬가지로 2014년에 들
어 증가폭은 크게 줄어들었으며, 중소기업의 부진이 더욱 크게 나타났다.[36]
  벤처기업은 연구개발에 대한 의존도와 중요성이 비교적 높은 편임에도
2009년까지 비교적 높은 수준으로 연구개발 투자가 증가하다가 그 이후부
터 낮아졌다. 2011년과 2012년에 전년 대비 각각 23.5%p, 15.6%p가 증가
되었다고 하더라도 2013년에는 전년 대비 연구개발 투자가 감소하였고,
2014년에도 크게 개선되지 못한 상태이다.
  연구개발 투자 비중에서 대기업은 지속적으로 증가하여 2009년 대비
2014년에 6.6%p 증가하였지만 중소기업은 2009년 대비 2.6%p 감소하였
고, 벤처기업은 더 큰 폭으로 4.0%p 감소하였다.[37] 따라서 대기업과 중소

기업, 벤처기업과의 양극화 현상은 2009년 이후에도 완화되지 못하고 더욱 악화된 것으로 나타난다.

대기업의 연구개발비 투자 양상을 보면 상위 5개사의 연구개발비가 전체의 46.2%를 차지하며, 상위 10개사가 52.1%, 상위 10개사가 57.1%를 차지하는 실정이다. 금액으로 보더라도 상의 5개사가 투자하는 연구개발비가 23조 원이며, 상위 10개사로 범위를 확대하면 3조 원이 증가하여 26조 원이며, 상위 20개사로 확대하면 10개사가 증가하더라도 2.4조 원 증가했을 뿐이다. 따라서 우리나라 기업 연구개발 투자는 상위 5개사 이내에서 집중적으로 이루어지는 실정이다.

연구원의 분포를 보더라도 결국 학사 출신의 연구원들이 중소기업 부문에서 크게 증가했던 것처럼, 역시 연구원 숫자는 상대적으로 상위 5개사에서 연구원 고용 비중이 낮아 연구원은 총 7만 5811명, 기업체당 평균 1만 5162명으로 전체 고용의 24.9%에 지나지 않았다. 상위 10개사에 근무하는 연구원은 8만 7645명으로서 기업체당 평균 2366명으로 전체 연구원의 36.3%를 차지했다. 또한 상위 20개사에는 총 9만 8376명, 기업체당 평균 1074명으로 전체 연구원의 약 32.3%를 차지하였다.

박사급 연구원의 근무 비중을 보면 상위 5개사에는 29.6%, 상위 10개사에는 36.3%, 상위 20개사에는 45.3%가 근무하고 있어 박사급 고학력 연구원은 상위 기업에 집중되어 있었다. 따라서 대기업에서 연구원의 박사 비중이 높아 상위 20개사 이하 대기업을 비롯한 중소기업과 벤처기업에서는 기술개발을 통한 현장 기술혁신이나 신제품 개발 등에서 크게 성과를 낸다는 것이 상당히 어려울 것이라고 추측할 수 있다.

반도체 분야 연구개발에 16.1조 원이 투자되고 있으며, 전자부품에서 3.6조 원, 통신방송 장비에서 3.5조 원, 자동차에서 3.8조 원 등으로 일부

그림 IV-19 우리나라 주요 산업의 매출액 대비 연구개발 집중도

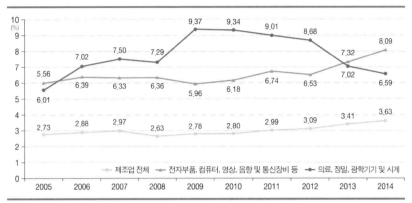

자료: 오윤정·정고은·안병민, 「우리나라 민간기업 연구개발 활동 현황」, KISTEP 통계브리프, 2015년 제22호.

품목에 연구개발 투자가 집중되고 있었다. 그 외 상위 6개사에서 상위 10개사로 범위를 확대하더라도 1개사가 투자하는 연구개발비는 6000억 원 수준이며, 또한 상위 11위에서 상위 20위로 범위를 확대하더라도 평균 1개사가 투자하는 연구개발비는 평균 2300억 원에 지나지 않았다.

2015년 조사된 블룸버그 자료에 의하면 삼성전자는 세계 2위의 연구개발 투자 기업으로서 매출액 대비 7.2%인 141억 달러(한화 약 16조 원)를 연구개발에 사용하였다.[38] 세계 1위의 연구개발 투자 기업은 폭스바겐으로서, 삼성전자보다 13억 달러 더 많은 153억 달러를 투자하였다. 그 외에는 연구개발 투자 세계 20위에 들어가는 한국 기업이 없었다. 일반적으로 의료건강 기업들은 매출액 대비 연구개발 비율(R&D Intensity, 기업체 연구개발 집중도)이 높아 거의 10~20% 수준을 투자하고 있었으며, 자동차 업종은 5% 이하, 소프트웨어 업종은 10% 내지 15%를 투자하고 있었다. 전자 업종으로서 삼성전자는 유사한 업종 기업인 애플 사와 비교해보면 애플 사

의 3.3%보다 연구개발비를 2배 정도 더 투자하였다.

　요컨대 우리나라에서 삼성전자는 세계적으로 상위 수준의 연구개발비를 투자하고 있지만 그 외에는 연구개발 투자가 상위 수준에 들어가는 기업이 없었다. 우리나라 매출액 상위 기업의 연구개발집중도는 상위 5개 기업의 경우 다소 등락을 보이기는 하지만 2010년 3.90%에서 이후 지속적으로 가파르게 증가하여 2014년 5.34%를 나타냈다. 이는 1위 기업인 삼성전자가 7.2%를 기록한 등의 영향이 크게 작용하였을 것이다. 역시 상위 10개로 확대해보더라도 2014년도 4.82%, 상위 20개사로 보면 4.02%였는데 기업 전체로 보면 2.96%를 나타냈다.[39]

　글로벌 기업 중 자동차 업종은 평균 4~5% 수준의 연구개발 집중도를 나타내고 인텔 등의 전자 업종은 20% 정도이다. 인터넷 및 전자 제조업 기업인 애플이 매출액 대비 연구개발비를 2% 내지 4% 수준에서 지출하는 것과 비교한다면, 한국의 산업구조가 반도체와 전자 부품 등 첨단산업 비중이 높은 것을 고려하더라도 전체 산업의 매출액 대비 연구개발비 투자 비율이 2.96%인 것은 상당히 높은 수준이다.


## 4절
# 기업 R&D 투자 크기가 성공을 보장하는 수단은 아니다


　그런데 한 가지 유념할 점이 있다. 얼마 전 골드만삭스가 분석한 자료에 의하면 이미 기술혁신에 실패하여 스마트폰 사업을 정리한 노키아의 매출액 대비 연구개발비 비율이 상당히 높은 비중을 유지하였음을 발견하였다. 애플은 기업 매출액이 크게 증가하여 연구개발 규모가 크게 증가하였다고 하더라도 연구개발 집중도는 3%대 후반을 유지하고 있다.[40] 그 결과 "연구가 항상 전부는 아니다"라는 분석을 남기고 있다.[41]

실제 삼성전자는 2015년 매출액의 7.2%인 약 16조 원의 연구개발비를 사용하고 있으며 2014년에 2000억 달러의 매출을 올려 매출액 측면에서 크게 성장하였다. 그러나 순이익 측면에서는 이미 2010년 이후부터 애플에 뒤지고 있다.[42][43]

또한 삼성전자의 스마트폰의 시장 점유율은 세계 1위이기는 하지만 2014년 이후 감소하기 시작하여 애플의 아이폰과 중국의 스마트폰에 시장을 내준 실정이다. 이러한 상황에 최근 '갤럭시 노트 7' 단종이라는 사건까지 일어남으로써 시장 점유율을 얼마나 유지할 수 있을지 우려가 많다.

한국은 그동안 연구개발에 누적된 투자가 아직도 부족한 것은 사실이지만 연구개발에 투자된 많은 비용이 건물 건축과 설비 등 자본적 지출에 많이 이용되고 있다. 이러한 현상은 공공 연구기관과 대학을 비롯하여 기업체 등에서 공통적으로 나타나는 현상이다. 특히 중요한 것은 얼마나 많은 좋은 인력을 활용하여 혁신 활동을 극대화하고 있는가라는 측면에서 볼 때 인건비 비용이 주요국들 중에서 일본이 가장 낮은 편이고 그다음이 한국으로서 전체 연구개발비의 45%가 인건비로 쓰이고 있을 뿐이다.[44] 인건비를 제외한 자본적 지출 등의 비용이 인건비보다 더 높은 비중으로 사용되고 있다. 인터넷 및 전자 글로벌 기업체의 자본적 지출 비중을 비교해 보아도 우리나라 기업은 자본적 지출 비중이 비교적 높은 비중을 차지한다.[45]

실제 한국은 공공부문 연구개발 인력 비중이 낮으며, 기업에서도 학사 출신의 연구원으로 비정규직 신분으로서 저임금 근로 조건에 처해 있는 경우가 많은 편이므로 인력 구조 해결을 통해 연구개발 인력의 고용 안정성을 제고하고 혁신 역량을 강화할 수 있는 연구인력 고용 구조 대책이 시급하다.

결국 중요한 것은 연구개발비 투자의 효율성을 얼마나 높이면서 효과적인 성과를 도출하여 혁신과 연결시키고 기술 확산에 활용하는 혁신 시스템의 경쟁력이 확보되어 있는가의 문제이다.

특히 우리나라는 대학, 정부출연 연구기관, 기업체 모두에서 연구개발의 비효율성이 만연하고 있다는 지적이다. 한국의 연구개발 투자 유형은 한국과 일본이 매우 유사한데 인건비 투자 비중이 각각 45%, 40% 수준으로 사람에 대한 비용 지출에 인색하다. 이는 결국 혁신체제 구축과 혁신 성장의 장애요인이다.

우리나라 기업에서 기초연구에 사용하는 연구개발비가 크게 증가하였는데, 기업 기초연구개발비의 절대 규모도 세계적 수준일 뿐만 아니라 전체 연구개발비 중 기초연구의 비중도 세계 최고 수준이다. 따라서 기업 부분의 연구개발의 효율성을 높이기 위해서 대학을 활용하는 아웃소싱 전략이 필요하다. 이는 국가의 자원 활용을 극대화하는 것에도 필요하지만 무엇보다도 기업의 연구개발 성과를 극대화하기 위해 대학과 정부출연 연구기관을 활용하여 효과적으로 혁신을 달성하는 전략이 필요하다.

최근 일본은 노벨상 수상으로 기초연구 부분에서 두각을 나타내고 있지만 잃어버린 10년, 혹은 잃어버린 20년으로 이어질 것이라는 장기적인 경제 불황의 우려에 시달리고 있다. 또한 한국도 역시 일본형 장기적 경제 불황과 유사한 모습을 띠지 않을까 하는 우려가 있다. 즉 일본과 한국 모두 기업 부문에서 기술 경쟁력의 허약함을 노출하고 있는데 이는 결국 기업에서의 기술혁신 역량의 취약성이 혁신적 성취를 취약하게 만드는 구조적 원인에 기인할 것이라고 볼 수 있다.

# 제18장

# R&D 조세 감면 제도 살펴보기

## R&D 활성화를 위한 조세지출 활용은 세계적인 추세이다

최근 기술 개발의 속도가 점차 가속화될 뿐만 아니라 인터넷을 통해 전 세계시장이 단일화되고 있으며, 기술의 패러다임도 빠르게 변화하고 있고, 승자가 독식하는 사회가 되어가고 있다. 이 결과 한 국가 내에서도 기술 확보의 정도에 따라 경제적 불평등이 점차 심화되고, 국가 간에서도 기술 경쟁이 점차 치열해지고 있다. 또한 중국과 인도를 비롯한 개발 도상국들의 기술발전도 매우 빠른 속도로 진행되고 있다. 이에 기술 선진국조차도 기술개발 속도에 압박을 받으면서 대부분의 국가에서 연구개발에 박차를 가하고 있다.

최근에 진행되는 기술진보로 기술 내용의 불확실성이 더욱 높아지고 기술 주기도 많이 짧아져 가며 더욱 많은 자본이 소요되고 있고 대부분의 영역과 대부분의 기업에서 연구개발이 필요한 상황이다.

따라서 최근 기술 선진국은 물론이며 개도국을 비롯하여 기술을 활용하는 세계 대부분의 국가에서 기업의 연구개발을 활성화하여 국가의 혁신 역량을 제고하기 위해 기업의 연구개발 활동에 대한 세제 혜택을 증대시키는 방향으로 제도를 개선하고 있다.

대부분의 국가에서 대학과 정부 연구기관 등 공공부문의 연구개발은 정부가 지원하고, 기업의 연구개발은 기업이 자체적으로 지원하면서 연구개발 활동을 수행해왔다. 그렇지만 최근 한 국가의 연구개발 활동에 참여하는 자원의 활용을 극대화하기 위하여 각각의 연구개발 활동에서 네트워킹이 활발하게 일어나면서, 서로의 자원을 활용하고 한 국가가 확보하고 있는 자원의 활용을 극대화하는 시스템의 혁신을 일으키고 있다. 이는 점차 민간 영역에서 기술의 자발적인 융·복합을 통한 경쟁력과 혁신 역량을 확보하기 위함이다.

이러한 혁신을 가속화하기 위해 정부는 연구개발에 활용 가능한 모든 재원을 동원하기 위해서 민간의 연구개발 활성화를 지원하기 위한 조세제도를 활용하고 있다.

물론 대부분의 국가에서 기업의 연구개발에 어느 정도 정부 예산을 지원하고 있다. 미국 정부를 비롯하여 유럽연합에서도 기업의 연구개발에 대한 지원을 지속적으로 확대하고 있다.

미국은 1982년부터 SBIR(Small Business Innovation Research, 중소기업 기술혁신 지원 프로그램)을 실시하여 R&D 예산 중 일부를 중소기업의 연구개발 지원에 사용하고 있다. SBIR은 연구개발 예산이 1억 달러를 초과하는 11개 연방기관(국방부, 에너지부, NASA, NSF, NIH 등)이 기관 R&D 예산 중 일정 비율을 각 기관의 목적에 맞는 중소기업의 연구개발을 지원하는 프로그램으로서 5%가 지원 목표이다. 현재 2015년도 2.9%였던 것을 2017년까지 3.2%까지 확대할 예정이며, 최종적인 목표는 5%인데 미국 중소기업청이 기관들의 SBIR 프로그램을 종합 관리하고 있다.

유럽연합도 회원국의 중소기업의 연구개발에 대한 지원 사업을 수행하고 있는데, 독일 기업의 경우 독일 정부 지원이 3%대인 것에 비해 유럽연합의 지원은 거의 5%에 달하는 지원을 받고 있다.

이렇게 정부가 기업의 연구개발을 촉진하기 위하여 정부 보조금(subsidy), 융자금(loan), 투자금(investment) 등을 통해 기업의 공공적 성격의 연구에 대해 직접적인 지원을 진행하는 것뿐만 아니라, 각 나라의 과학기술정책의 기조에 따라 간접지원 형태인 세제를 통한 지원이 더 비중이 큰 경우도 있다. 특히 최근 10여 년 사이에 연구개발 세제를 개선하거나 확충한 대부분의 국가에서 민간 연구개발이 더욱 활성화됨이 확인되고 있다. 연구개발 세제를 활용하지 않는 독일도 우대 세제 도입을 추진 중이다.[8] 이러한 추세에 따라 OECD에서 과학기술 관련 통계자료에 기업에 대한 정부의 직접지원과 함께 간접지원도 포함하고 있다.

연구개발 조세 지원은 조세특례제한법에 근거하여 시행하고 있는데, 이는 조세지출(tax expenditure)이라고도 한다. 조세지출이란 경제적·사회적 목표를 달성하기 위하여 조세제도를 매개로 행해지는 정부지출이라고 OECD는 규정하고 있다. 예산을 통한 모든 지출을 직접 지출이라고 한다면 조세지출은 세제상의 특례를 통한 지출이므로 간접 지출 혹은 간접적인 보조금이라고 볼 수 있다.

조세지출의 개념은 미국 재무부 차관보였던 스탠리 S. 서레이(Stanley S.

---

8    「OECD 국가의 R&D 조세지원제도 및 시사점」, ISSUE PAPER 2011-08, KISTEP.

Surrey)에 의해 1968년에 처음 예산문서에서 사용되었는데, 1974년 미국의 「의회예산 및 지출거부통제법(Congressional Budget and Impoundment Control Act)」에서 조세지출을 "현실의 총소득에 특별비과세, 특별면제, 특별공제를 허용하거나 특별한 세액공제, 특혜적 세율, 또는 세 부담의 이연(移延)을 허용하는 연방정부의 세법 규정 때문에 야기되는 세수 손실"로 정의한다.

조세지출을 처음에는 연방세법상의 특례 규정으로 한정하였지만 이후에는 특정 산업, 특정 활동, 특정 사람들을 우대하기 위해 정상적 조세체계로부터 일탈된 제도라고 정의하여, 조세지출의 범위를 확대 정의하였는데 지속적으로 범위와 이용 면에서 급격하게 증가하고 있다.

그러나 독일은 조세특례제도를 "보이지 않는 간접적인 보조금"으로 간주하여 재정 보조금과 동일하게 인식하고 있어서 조세지출 형태를 지원하지 않고 있다.[9]

조세지출의 정책적 목적은 재정적 유인을 통하여 정부가 의도한 행위를 유도하는 것이다. OECD가 밝힌 조세지출의 장점은 조세지출의 증가가 아니라 정부의 지출을 일정선 이내로 억제하는 데 용이하다는 점이다. 특히 최근 많은 국가에서 정부 재정의 압박을 받는 상황에서 민간의 연구개발을 활성화하기 위해 직접적인 재정 지원보다는 간접적인 조세지출을 통한 지원이 더 효과적이라고 판단하고 조세지출 전략을 채택하는 국가가 점차 늘어나고 있다.[46]

조세지출은 직접지출에 비해 가시적이지 않기 때문에 지출에 대한 통제가 용이하지 않을 뿐만 아니라, 조세지출을 심사한다고 하더라도 조세지출 전반에 대해 정확하게 심사를 하고 있지 않으며, 또한 통제도 어렵다.

---

9    김현미 의원 2015 국정감사 보도자료(2015.10.5).

그러나 조세지출이 지나치게 확대되면 세수 손실이 커지게 되며 실효세율을 떨어뜨리게 된다. 또한 조세지출 대상의 수익 구조가 열악할 때에는 조세지출로 인한 혜택이 미미하여 당초의 정책적 유인 효과를 초래되지 않는 경우도 많다. 한편 수익 구조가 큰 대상에게는 조세 혜택이 지나치게 크게 주어지게 됨으로써 세수 손실을 확대시킬 수 있게 된다.

따라서 최근 경제적 불평등의 심화와 함께 중소기업과 대기업, 상위 1% 기업 간 격차들이 점차 커져 가면서 수직적 형평성 차원에서 조세지출이 더욱 정교하게 설계되어야 할 필요성이 대두되고 있다.[10]

<br>

## 2절
# 한국은 R&D 조세지출제도를 적극적으로 활용한다

우리나라가 시행하고 있는 연구개발 조세 지원은 조세특례제한법에 근거하여 시행하고 있다. 연구개발 조세지원제도가 본격화된 것은 1982년부터이다. 「조세감면규제법」이 개정되면서 '기술 및 인력개발비 세액공제'가 신설되었다. 2001년부터 '연구·인력개발비 세액공제'로 변경되어 시행되고 있는데 이는 세금감면 비율이 가장 높은 항목이다.[11]

우리나라가 현재 시행하고 있는 조세지원제도로는 「조세특례제한법」에 근거한 연구·인력개발비 세액공제, 연구·인력개발 설비투자 세액공

---

10  김태일·박종수, 「근로소득 조세지출의 수직적 형평성 분석」, 《정부학연구》(2010),
    16: 115~141.
11  노민선·이삼열, 「연구개발 조세지원제도 개선방안 연구」, 《한국혁신학회지》(2014),
    9: 426~442.

제, 연구개발 출연금등의 과세특례, 기술이전 및 기술취득 등에 대한 과세특례, 연구개발 특구 입주기업 세액감면, 기술혁신형 합병, 주식 취득에 대한 양도 차액에 대한 세액공제 등의 항목 등이 있다.[47)48)] 이 중 일반 연구 및 인력개발비 세액공제는 일몰이 없으나 신성장동력산업과 원천기술 연구 및 인력개발비 세액공제를 비롯하여 연구개발 관련 출연금 과세특례와 설비투자 세액공제, 연구개발특구 첨단기술기업 등에 대한 법인세 등 연구개발에 대한 조세 감면 제도 중 2015년에 일몰되도록 되어 있었으나 조세지원제도 대부분이 2018년 12월 31일까지 일몰이 연장되었다. 특히 조세 지원제도 중 조세감면 비중이 가장 큰 제도는 연구 및 인력개발비 세액공제인데 이 가운데 2010년부터 신성장동력산업과 원천기술에 대한 세액공제가 반영되면서 세액공제 금액이 크게 증가하였다. 역시 우리나라 기업의 연구개발 투자도 대폭 증가하여 2015년에는 GDP 대비 세계 1위의 수준에 도달하게 되는 것에는 이 항목의 세액공제가 크게 기여하였다.

「조세특례제한법」 외의 법률에 근거한 연구개발 조세지원 제도도 다수가 존재하는데 지방세법에 따라 기업부설연구소용 부동산에 대한 지방세가 면제되고 있으며, 소득세법에 의거하여 연구 전담 요원의 연구활동비 소득세가 일정 범위(월 25만 원) 내에서 비과세되고 있다. 이 중 기업부설 연구소의 부동산 구입에 대한 지방세 면제는 2016년 말이면 일몰이 적용된다.

우리나라에서는 조세지출이 점점 확대되면서 세수 손실이 커져 감에 따라, 이에 대한 문제점과 장단점을 극복하기 위해 '조세지출 예산서'를 정부가 국회에 제출하도록 하고, 해마다 조세지출 현황 및 성과를 분석하여 조세지출 제도를 보완하고 있다.

# R&D 조세감면이 조세감면액 1위이다

우리나라에서 시행되는 조세지출은 2012년 이후 줄곧 33조 원 규모를 유지하고 있는데 이 중 가장 큰 비중을 차지하는 항목이 바로 연구개발비용 조세감면으로서, 2014년에는 조세감면액의 10.1%에까지 달했다.

특히 2009년에는 6.1%이던 수준에서 2010년부터 「조세특례제한법」 제10조 제1호 신성장동력연구개발비와 제2호 원천기술연구개발비를 조세감면 대상으로 확대하면서 2014년 R&D 조세 감면율이 10.1%까지 이르게 되었다. 이후 2015년에도 연구 및 인력개발비 세액공제는 지속적으로 증가하였기 때문에 2016년도부터 대기업의 연구개발 세액공제의 당기분 공제율을 3~4%에서 2~3%로 인하하였다. 그 결과 2016년도 연구 및 인력개발비 항목의 조세 지출 추정 금액은 전년 대비 약 7000억 원 정도가 감소하여 약 3조 원 수준으로 예상하고 있다.[49]

**표 IV-1** 연도별 연구개발 조세감면 추이

(단위: 억 원)

| 구 분 | 2009 | 2010 | 2011 | 2012 | 2013 | 2014 | 2015 | 2016 (전망) |
|---|---|---|---|---|---|---|---|---|
| R&D 조세감면액 | 18,926 | 22,004 | 26,880 | 30,898 | 33,494 | 34,647 | 31,453 | 20,802* |
| 국세감면액(B) | 310,621 | 299,997 | 296,021 | 333,809 | 338,350 | 343,383 | 359,017 | 365,077 |
| R&D 조세 감면율(A/B) | 6.1% | 7.3% | 9.1% | 9.3% | 9.9% | 10.1% | 8.8% | - |
| 전년도 대비 R&D 조세 감면 증가율 | 0.1% | 20.4% | 23.8% | 1.9% | 6.9% | 1.9% | -13.2% | - |

* 2016년도 전망치는 연구 및 인력개발 세제공제 전망치이며, 연구개발 조세감면 전체금액 아님, 2016년도부터 대기업의 R&D 세액공제 당기분 공제율 하향 조정(3~4% → 2~3%).
자료: 기획재정부, 조세지출예산서, 각 년도를 참고하여 재작성.

정부가 연구개발비용 조세지출에서 2016년 대기업의 당기분 공제율을 인하한 이유의 배경으로는 실제 조세감면을 통해 연구개발을 활성화하기 위한 정책목표의 대상 중 대기업 특히 연구개발투자 여력이 높은 매출액 상위 기업에서의 조세감면이 집중되었기 때문이다.

## 4절
# R&D 조세감면이 대기업에 집중되다

연구 및 인력개발비 세액공제는 대기업이 전체 세액공제의 67%를 받고 중소기업은 33%에 지나지 않았다. 특히 이 비율은 세액 공제가 급격하게 증가하기 시작한 2010년 이후 중소기업에서는 지속적으로 하락하였지만 대기업에서는 지속적으로 큰 폭으로 증가하였다. 조세지출로 지원된 금액으로만 보면 대기업에 지원된 금액은 2010년 대비 2013년에 8637억 원이 증가하여 2조 863억 원이었으나 중소기업에 지원된 금액은 1372억 원이 증가하여 9587억 원에 지나지 않았다.[50]

특히 연구 및 인력개발 설비투자 세액공제 금액은 2013년에 1600억 원에 달했는데, 전체 금액의 96%가 대기업에 지원되었고 중소기업에 지원된 금액은 61억 원에 지나지 않았다. 따라서 연구개발 설비투자 세액공제는 결국 중소기업에는 정책적 효과가 매우 미미한 조세지출이다.

대기업의 조세감면 집중 현상을 분석하기 위해 기업 유형별로 연구 및 인력개발비 세액공제 금액을 분석한 자료를 살펴보았다. 노민선 등의 자료에 의하면 「독점규제 및 공정거래에 관한 법률」 제9조와 동법 시행령 제17조에 따라 직전 사업 연도의 자산총액의 합계액이 5조 원 이상의 기업

**표 IV-2** 2014년도 법인세 신고분 전체 대비 상위 1% 조세감면액 현황

(단위: 개, 억 원)

| 구 분 | 전체 법인세 감면액 | | 연구 및 인력개발비 세액공제 | |
|---|---|---|---|---|
| | 법인 수 | 감면액 | 법인 수 | 감면액 |
| 전 체 | 550,472 (100.0%) | 87,400 (100.0%) | 19,627 (100.0%) | 27,436 (100.0%) |
| 상위 1% | 5,504 (1.0%) | 67,144 (76.8%) | 196 (1.0%) | 17,102 (62.3%) |

자료: 김현미 의원 2015 국정감사 보도자료(2015.10.5). '2014년도 법인세 신고 기준' 국세청 제출 자료 재구성.

집단인 상호출자 제한 기업의 경우 2013년 기준 62개 기업집단의 총 1768개 회사에서 연구 및 인력개발비 세액공제 금액이 전체의 58.2%, 설비투자 세액공제는 86.3%를 차지하고 있었다.[51]

다음으로는 상위 1% 기업으로 본다면 2014년도 연구 및 인력개발비 세액공제액 2조 7436억 원 중 상위 1%인 196개 기업의 감면액이 1조 7102억 원으로서 총감면액의 62.3%에 달하였다.[12] 이는 2013년의 자료보다도 더욱 상위 기업에 연구개발 세금감면이 집중된 결과이다.

노민선 등이 발표한 2011년 논문에서 보면 상위 1개사의 조세감면 금액이 6132억 원으로 전체 연구 및 인력개발비 세금공제 금액의 25.1%에 달하였으므로 결국 연구개발 비용 조세지출의 25.4%가 1개 기업에 집중되어 지원되었다. 상위 5개사는 8895억 원으로서 연구개발 비용 조세지출의 39.7%가 지원되었고, 상위 10개사는 총 9854억 원의 조세감면을 받아 연구개발 비용 조세지출의 45.2%가 10개 기업에 집중되었다. 또한 상위 기업일수록 연구개발 투자 대비 연구개발 조세감면 비중이 더 높았다.[52] 즉 현행 조세지출 제도는 일부 재벌 대기업에 대한 과다한 조세감면으로 세

---

12  김현미 의원 2015 국정감사 보도자료(2015.10.5).

수 감소를 초래한다는 지적을 받아오고 있어 우리나라도 연구개발 조세지출을 보다 엄격하게 관리할 필요가 있다는 지적이다.

## 5절
# R&D 조세감면 GDP 비중이 세계 최고 수준이다

국가 간 비교를 해보더라도 한국은 기업에 대한 정부 직접지원의 GDP 비중도 비교적 높은 편이지만 연구개발 조세지원인 간접지원 GDP 비중도 높아, 기업 연구개발에 대한 직접 및 간접 지원을 합한 정부 지원의 GDP 비중이 0.42%로서 가장 높다. 이 간접지원과 직접지원이라는 두 가지 정책적 지원 수단을 모두 사용하는 국가는 한국이 거의 유일하다.

대부분의 국가들이 조세지출이라는 간접적 지원정책을 활용하고는 있지만 정책 수단으로서 어느 한 편의 정책을 선호하는 전략을 채택하는 경향이 있다. 예를 들면 독일은 조세지출은 거의 사용하지 않는다. 프랑스, 일본, 캐나다 등 많은 국가는 정부의 직접지원보다는 간접지원 정책을 더 적극적으로 활용하는 편이며, 미국은 직접지원 정책을 더 적극적으로 활용하는 편이고 간접지원은 상당히 엄격하게 적용하고 있다. 영국은 직접지원과 간접지원의 비율이 거의 비슷하지만 정부의 기업 지원 비율이 상당이 낮은 편이며 기업 지원보다는 공공부문의 지원을 통하여 과학기술 발전을 도모하는 정책을 채택하고 있다.

한국 정부가 기업에 지원하는 조세지출의 절대 규모를 보더라도 세계 5위로서 2014년 40억 달러를 지원하였다.[53] 이 중 상위 1개 기업에게 약 25% 내지 30%가 조세지출로 지원되었으므로 약 10억 달러 이상이 연구개

그림 IV-20 기업 연구개발에 대한 정부의 직접 및 조세지원 GDP 비중(2013년)

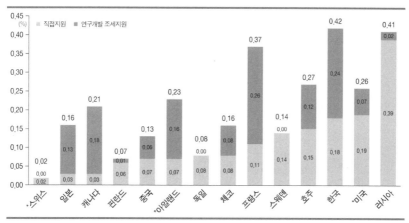

* 표시 부분은 2012년.
자료: OECD Science, Technology and Industry Scoreboard 2015.

발 투자로 조세감면된 셈이다. 최근 점차 상위 기업으로 더욱 연구개발투자가 집중되었으므로 상위 1개 기업에 집중되는 세금감면 비중은 최근 더 증가하였을 것이므로 1조 원 이상의 세금감면을 받았을 것으로 여겨진다. 상위 10개 기업으로 본다면 역시 2조 원 이상의 세금감면을 받았을 것을 추정할 수 있다.

한국의 기업 연구개발 투자는 GDP 대비 가장 높은 비율인 3.207%를 사용하고 있는데, 이는 GDP 규모가 작은 이스라엘의 3.501%보다는 적지만 미국 1.870%, 일본 2.644%보다도 월등하게 높은 편이며, 절대 규모로서도 세계 5위 수준이다. 또한 정부의 직접지원과 간접지원의 GDP 비중은 0.43%으로 가장 높아 기업이 투자하는 GDP 비중 3.207%와 더불어 한국은 아직도 기업의 연구개발에 대한 정부 정책의 방향성이 명확하게 정립되어 있지 않은 것으로 보인다.

그림 IV-21 기업 연구개발비 대비 정부 직간접 지원 GDP 비중 주요국 비교

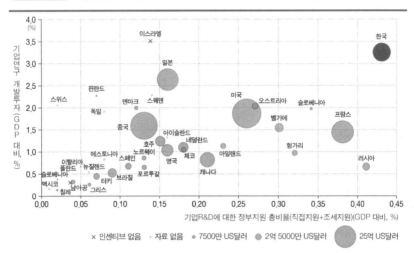

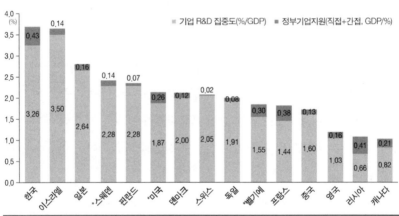

자료: OECD Science, Technology and Industry Scoreboard 2015.

## 6절

# R&D 조세감면제도의 개선이 필요하다

한국 기업이 세계 주요국보다 월등하게 높은 비중의 연구개발비를 사용

하고 있지만 투자 규모에 대한 신뢰성에 의문을 제기하는 경우도 많다. 실제 국세청의 조사에서 연구개발비가 세금감면 후 일부 환수된 사례가 보고되고 있다.

국민의당 김경진 의원이 지적한 바에 따르면 2014년도 기업의 R&D 투자 48조 원 규모 중 대기업이 77.5%인 38조 6000억 원, 중소기업이 11.9%인 5조 9000억 원, 벤처기업이 5조 3000억 원 투자하였다. 2013년 기준 기업 R&D에 대한 조세 지원은 연구개발 투자 세금감면을 통해 대기업에 68.5%인 2조 863억 원, 중소기업에 31.5%인 9587억 원을 지원했다. 대기업 지원 중 상당 부분이 국내 1위 기업인 S 기업에 집중되었다는 것이다.

그런데 간접지원 후 국세청이 지난 5년간 R&D 관련 세액공제를 사후 점검한 결과에서 기업의 도덕적 해이도 드러났다. 국세청이 기업에 대한 세액공제 중 사후 추징한 결과를 보면 1481건 2225억 원에 달했다. 문제는 이 결과가 전수 조사한 것이 아니라, 매년 샘플링 조사를 실시한 결과라는 점이다.[13] 따라서 기업의 연구개발 투자 금액이 다소 부풀려져 있을 가능성이 크다.

조세지출이 급증하는 추세 때문에 정부는 국회에 조세지출 예산서를 제출하도록 하였으며 이에는 국세감면액 법정 한도(직전 3년 평균 국세감면율 +0.5%), 조세지출 성과관리체계를 도입하면서 조세지출 개선책과 함께 관리를 강화하도록 하고 있다. 또한 해마다 국회 예산정책처에서도 조세지출에 대한 분석과 평가를 진행하여 개선 방안을 도출하고 있다.

최근 연구개발 조세지출이 급증하면서 2013년도부터 일부 기업에 혜택이 집중되는 사유로 R&D준비금 손금산입제도를 폐지하였으며, R&D 설

---

13  김지영, "정부 R&D 지원 대학 아닌 기업에 집중 왜?" 《헬로디디》(2016.9.21).

비투자 세액 공제율을 차등 적용하도록 개선하고, 비연구전담부서 직원의 인력개발비를 R&D 세액공제 대상에서 제외하였으며, 2016년도부터 대기업의 연구개발 세액공제의 당기분 공제율을 3~4%에서 2~3%로 인하하는 등 조세지출 중 연구개발 조세지원제도를 지속적으로 개선하고 있다.

그럼에도 우리나라 조세지출은 아직도 개선되어야 할 많은 과제를 갖고 있다. 우선 기본적으로는 기업의 연구개발 통계의 왜곡으로 인한 착시 현상을 들 수 있다. 2010년부터 원천기술에 대한 연구 및 인력개발비 세액공제가 실시되면서 원천기술 연구개발 투자가 기업의 기초연구 분야의 연구개발 투자 통계로 편입되었고 그 결과 한국의 GDP 대비 기초연구투자는 세계 1위를 기록하고 있다. 이는 국제적으로 통용되기 어려운 원천기술의 영역을 설정하였고 또한 이를 기초연구의 범주로 통합하여 정책을 수립하였으며 이로 인하여 통계의 착시효과로까지 이어지게 되었다. 이 결과 우리나라의 기초연구 현실을 제대로 파악하는 데 혼란을 겪게 되고 급기야는 대학의 기초연구 정책의 위기로까지 연결되는 파장을 초래하게 되었다. 원천연구 투자는 기초연구 투자의 범주로 편입시켜 통계를 산정할 것이 아니라 차라리 응용연구 분야로 포함하는 것이 더 바람직할 것이다.

또한 조세지출을 엄격하게 관리하지 않음으로써 파생되는 문제점으로는 세수 감소 현상이나 일부 대기업으로 집중되는 현상으로 인한 형평성의 상실이다. 조세지출이 확대되면서 연구개발 투자 확대 유인을 위한 정책적 효과도 낮아졌다는 평가이다.[14] 이는 우리나라 연구개발 현주소의 평가를 왜곡하는 구조를 만들어낼 수 있어 정확한 과학기술정책 수립에

---

14 노용환·이상돈, 「연구개발 관련 재정지출 및 조세지원 연계효과 분석」(2014), 국회 예산정책처.

장애가 될 수 있다.

우리나라는 세금감면 과정에서 신고를 통하여 공제를 받고 있는 구조이다. 따라서 연구개발 비용 조세감면을 받는 항목에 대한 적격 검사 등 보다 엄격한 관리가 필요할 뿐만 아니라 과세 당국이 납세자들이 신고한 자료를 전산 시스템을 통해 신고서 등과 연계·분석하여 매년 부당 감면된 혐의 자료를 추출하고 점검하는 사후 점검 시스템을 활용해야 할 것이다. 실제로 많은 부당 감면 사례들이 적발되고 감면받은 세금을 추징당하는 경우들도 종종 발생하고 있다. 예를 들어 대구경북본부 세관의 '연구용품 관세 부정감면' 사례를 보면, 실제 상용 장비를 구입했지만 연구 장비로 신고하여 17억 상당의 장비에 대해 8000만 원을 부당하게 감면받은 것이 적발되어 추징당한 경우가 있었다.[15]

가장 빈번하게 발생하는 사례로서, R&D 세액 공제 과정에서 기업의 연구개발비용이 많이 부풀려져 있는 것인데 이는 연구 현장의 실체를 왜곡시킬 가능성이 크다. 이와 함께 세수 손실도 초래하여 실효세율을 떨어뜨릴 것이며 일부 상위권 재벌 대기업에 지원이 집중되는 문제점도 있다. 따라서 보다 정교한 조세 지출 프로그램을 만들어 실질적으로 중소기업에서 연구개발 유인 효과가 창출될 수 있도록 제도 보완이 되어야 한다.

---

15  손중모 기자(jmson220@gailbo.com).

## 제19장

# 우리나라 논문 및 기술의
# 국제적 수준 비교하기

## 1절
## 기술 전문 분야별 비교하기

## 1. 우 수 연 구 자 가 많 이 증 가 했 다

우리나라의 전문 기술 분야별 세계 최고 연구자 분포도를 보면 반도체가 가장 고도로 전문화된 분야로 나타났으며, 전자기기, 디지털 통신기기, 음향기기, 나노 기술 및 기타 소비재 부분의 전문성이 중간 이상으로 나타났다. 소재, 생명과학, 화학공학, 수송기기 등의 기술적 진보가 중간 수준이었으며, 그 외의 부문에서는 전문화 정도가 미흡한 것으로 조사되었다.

한국은 산업화 과정을 거치면서 정보통신 기술을 비롯하여 점차 다양한 영역으로 기술 분야의 다각화와 기술 전문성을 확보하면서 기술적 발전 단계를 가속화시키는 모습이다. 따라서 이러한 추세 속에서 현재 진행되

**그림 IV -22** 기술전문분야별 세계 최고 연구자 분포도(2010-2012)

| | | Low specialisation | Average | High specialisation | | |
|---|---|---|---|---|---|---|
| | EU 28 | 미국 | 일본 | 한국 | 중국 | 그 외 나라들 |
| 전 자 기 기 | 1.0 | 0.7 | 1.1 | 1.3 | 0.5 | 1.1 |
| 시 청 각 기 술 | 0.4 | 0.5 | 1.2 | 1.6 | 0.6 | 2.1 |
| 통 신 | 0.7 | 0.7 | 1.0 | 1.4 | 3.1 | 1.3 |
| 디 지 털 통 신 | 1.1 | 1.1 | 0.6 | 1.3 | 8.0 | 1.2 |
| 통 신 기 초 | 0.8 | 1.0 | 1.0 | 1.0 | 1.1 | 1.7 |
| 컴 퓨 터 기 술 | 0.5 | 1.3 | 0.8 | 1.4 | 1.4 | 1.8 |
| I T 방 법 | 0.8 | 1.8 | 0.7 | 1.0 | 0.6 | 1.2 |
| 반 도 체 | 0.4 | 0.7 | 1.1 | 2.0 | 0.1 | 1.5 |
| 광 학 | 0.3 | 0.4 | 1.6 | 1.1 | 0.2 | 1.0 |
| 측 정 | 1.4 | 1.1 | 0.9 | 0.5 | 0.3 | 0.8 |
| 제 어 기 술 | 1.7 | 1.9 | 0.4 | 0.1 | 0.7 | 1.3 |
| 미 세 나 노 기 술 | 1.2 | 1.0 | 0.7 | 1.3 | 0.0 | 1.7 |
| 생 물 소 재 | 1.6 | 1.6 | 0.7 | 0.6 | 0.0 | 0.1 |
| 의 학 기 술 | 1.5 | 1.6 | 0.9 | 0.3 | 0.0 | 0.2 |
| 유 기 화 학 | 2.0 | 1.4 | 0.6 | 0.3 | 0.5 | 0.3 |
| 생 명 공 학 | 1.8 | 1.6 | 0.6 | 0.6 | 0.1 | 0.2 |
| 제 약 학 | 2.0 | 1.8 | 0.5 | 0.2 | 0.1 | 0.6 |
| 폴 리 머 | 1.2 | 0.9 | 1.1 | 0.7 | 0.3 | 0.5 |
| 식 량 화 학 | 2.1 | 1.8 | 0.5 | 0.2 | 0.0 | 0.1 |
| 기 초 화 학 | 1.4 | 1.3 | 1.0 | 0.5 | 0.2 | 0.3 |
| 화 학 공 학 | 1.6 | 1.4 | 0.8 | 0.6 | 0.3 | 0.3 |
| 소재, 금속공학 | 1.2 | 0.7 | 1.3 | 0.5 | 0.3 | 0.3 |
| 표 면 코 팅 | 0.8 | 1.1 | 1.1 | 0.7 | 0.1 | 1.2 |
| 토 목 공 학 | 1.9 | 1.8 | 0.5 | 0.1 | 0.5 | 0.4 |
| 환 경 기 술 | 1.4 | 1.4 | 1.0 | 0.4 | 0.3 | 0.1 |
| 열 장 치 | 1.5 | 0.8 | 0.9 | 0.9 | 0.3 | 0.6 |
| 엔진,펌프,터빈 | 1.5 | 1.7 | 0.8 | 0.4 | 0.1 | 0.2 |
| 공 작 기 계 | 1.4 | 1.1 | 1.0 | 0.2 | 0.6 | 0.7 |
| 기 타 특 수 기 계 | 1.4 | 1.0 | 1.1 | 0.3 | 0.1 | 0.4 |
| 기 계 요 소 | 1.6 | 1.2 | 0.8 | 0.5 | 0.2 | 0.5 |
| 수 송 | 1.5 | 1.1 | 1.0 | 0.7 | 0.1 | 0.2 |
| 운 송 및 물 류 | 1.2 | 0.8 | 1.3 | 0.2 | 0.3 | 0.7 |
| 섬유&종이기계 | 0.5 | 0.6 | 1.8 | 0.2 | 0.2 | 0.1 |
| 가 구 , 게 임 | 1.7 | 0.8 | 0.9 | 0.5 | 0.7 | 0.7 |
| 기 타 소 비 재 | 1.9 | 0.8 | 0.7 | 1.4 | 0.2 | 0.4 |

자료: OECD Science, Technology and Industry Scoreboard 2015.

는 제4차 산업혁명 등 기술적 진보 속에서 어떠한 경로를 거쳐 발전할 것인지 주목되고 있다.

이에 비해 유럽연합 국가들은 IT 및 반도체, 통신기기에서는 전문성이 낮았지만 그 외의 분야에서는 매우 뛰어난 전문화된 기술력을 갖고 있다. 일본은 고도로 전문화된 기술력을 갖고 있었던 수준에서 점차 하향 평준화된 모습을 나타냈으며, 중국은 통신기기 분야에서 고도로 전문성을 갖고 기술 수준이 크게 향상된 것으로 나타났다.

## 2. 논문과 특허 분석에서 기술 수준의 하향 추세가 뚜렷하다

최근 논문과 특허를 분석한 우리나라의 기술수준 보고서에 의하면 최근 건설 교통 분야를 제외한 전 부문에서 기술 수준의 하향 추세가 나타나고 있다. 이러한 하향 추세는 여러 자료에서 공통적으로 나타난다.

분석한 대부분의 산업 영역에서 영향력 지수가 0인 분야가 8개 분야, 전자정보통신 분야조차도 특허 영향력 지수가 0인 것으로 조사되었다. 그동안 우리나라가 비교적 강점이 있다고 알려져 온 나노 소재 분야에서도 특허 영향력 지수가 0을 기록한 것이다. 다행히 일부 부분에서 논문 영향력 지수가 아직 유지되는 분야가 있으므로 이를 잘 육성할 수 있는 기반을 마련하는 것이 중요하다.

이미 해외에서 출현하여 국내에 잘 알려진 후 기획을 통해 큰 규모의 연구개발 투자를 쏟아붓는 연구개발 방식은 효과를 보기 어렵다는 것을 정부는 이제 받아들여야 한다. 이러한 분야는 특허와 논문이 이미 장악되어 있을 것이며, 앞으로의 기술 변화는 너무 신속하게 이루어지기 때문에 추격형으로는 경제적 성과를 낼 수 있도록 기다려주지 않을 것이다.

OECD에서 작성한 특허의 기술적용 범위(Patent generality index) 자료를 근거로 국제 특허를 통해 한국의 신기술 개발 역량을 비교해보면, 주요 비교국 가운데 많은 신기술 분야에서 한국이 거의 최하위를 기록했음을 알 수 있다.[54]

**표 IV-3** 기술수준현황 / 논문 · 특허 분석 2012

| 연도 | 전자·정보·통신 논문 점유율 | 논문 영향력지수 | 특허 점유율 | 특허 영향력지수 | 기계·제조·공정 논문 점유율 | 논문 영향력지수 | 특허 점유율 | 특허 영향력지수 | 항공·우주 논문 점유율 | 논문 영향력지수 | 특허 점유율 | 특허 영향력지수 | 건설·교통 논문 점유율 | 논문 영향력지수 | 특허 점유율 | 특허 영향력지수 | 재난·재해·안전 논문 점유율 | 논문 영향력지수 | 특허 점유율 | 특허 영향력지수 |
|---|---|---|---|---|---|---|---|---|---|---|---|---|---|---|---|---|---|---|---|---|
| 2011 | 6.2 | 0.98 | 21.3 | 0.00 | 4.7 | 1.13 | 20.9 | 0.09 | 1.4 | 0.63 | 4.8 | 0.00 | 3.7 | 0.54 | 4.1 | 1.27 | 1.2 | 0.22 | 6.4 | 0.00 |
| 2010 | 6.4 | 1.07 | 21.9 | 0.53 | 5.6 | 0.78 | 18.9 | 0.52 | 5.0 | 1.28 | 5.4 | 0.68 | 3.0 | 0.93 | 4.8 | 0.00 | 2.1 | 0.41 | 9.8 | 0.00 |
| 2009 | 8.0 | 1.00 | 21.5 | 0.32 | 6.3 | 1.27 | 16.9 | 0.76 | 3.7 | 1.36 | 4.8 | 0.68 | 4.6 | 0.92 | 5.6 | 0.31 | 1.9 | 0.82 | 11.0 | 0.52 |
| 2008 | 6.2 | 0.62 | 18.1 | 0.63 | 4.3 | 1.09 | 11.7 | 0.13 | 1.8 | 1.42 | 4.1 | 0.35 | 3.4 | 1.10 | 4.0 | 0.22 | 1.6 | 1.27 | 6.4 | 0.69 |
| 2007 | 4.3 | 0.68 | 18.1 | 0.55 | 3.4 | 1.06 | 15.3 | 0.12 | 3.2 | 0.41 | 5.6 | 0.90 | 2.2 | 0.74 | 3.1 | 0.12 | 3.1 | 0.93 | 5.2 | 1.01 |
| 2006 | 4.0 | 0.58 | 22.0 | 0.53 | 3.8 | 1.29 | 11.4 | 0.76 | 3.7 | 0.44 | 10.6 | 0.14 | 2.5 | 1.07 | 5.1 | 0.36 | 0.5 | 0.49 | 4.6 | 0.74 |
| 2005 | 5.7 | 0.58 | 16.0 | 0.95 | 3.1 | 1.49 | 9.9 | 0.29 | 1.8 | 0.90 | 5.4 | 0.37 | 2.8 | 0.35 | 5.0 | 0.97 | 2.0 | 0.35 | 7.0 | 0.68 |
| 2004 | 6.1 | 0.59 | 17.6 | 0.59 | 4.6 | 0.81 | 8.2 | 0.65 | 1.5 | 0.43 | 10.0 | 0.55 | 2.3 | 0.57 | 5.5 | 0.45 | 3.7 | 0.30 | 4.6 | 0.42 |
| 2003 | 3.7 | 0.29 | 12.2 | 0.88 | 3.6 | 0.90 | 6.5 | 0.62 | 5.8 | 0.46 | 7.2 | 0.59 | 1.5 | 0.48 | 6.2 | 0.29 | 0.4 | 0.07 | 2.5 | 1.08 |
| 2002 | 2.3 | 0.88 | 9.7 | 0.52 | 2.6 | 0.49 | 5.2 | 1.21 | 2.1 | 0.33 | 2.6 | 0.67 | 1.4 | 1.68 | 2.7 | 0.21 | 1.2 | 2.55 | 4.3 | 0.98 |
| 평균 | 5.8 | 0.62 | 18.8 | 0.54 | 4.5 | 0.93 | 13 | 0.39 | 3.0 | 0.72 | 5.9 | 0.46 | 3.0 | 0.65 | 4.6 | 0.39 | 1.8 | 0.78 | 6.5 | 0.70 |

| 연도 | 의료 논문 점유율 | 논문 영향력지수 | 특허 점유율 | 특허 영향력지수 | 바이오 논문 점유율 | 논문 영향력지수 | 특허 점유율 | 특허 영향력지수 | 에너지·자원·극한기술 논문 점유율 | 논문 영향력지수 | 특허 점유율 | 특허 영향력지수 | 환경·지구 논문 점유율 | 논문 영향력지수 | 특허 점유율 | 특허 영향력지수 | 나노·소재 논문 점유율 | 논문 영향력지수 | 특허 점유율 | 특허 영향력지수 |
|---|---|---|---|---|---|---|---|---|---|---|---|---|---|---|---|---|---|---|---|---|
| 2011 | 2.9 | 0.71 | 5.2 | 0.00 | 2.7 | 0.55 | 3.4 | 0.00 | 5.1 | 0.99 | 10.4 | 0.00 | 1.8 | 0.32 | 6.9 | 0.00 | 6.6 | 1.01 | 6.9 | 0.00 |
| 2010 | 2.9 | 0.54 | 5.9 | 0.00 | 2.7 | 0.60 | 6.1 | 0.00 | 4.7 | 0.85 | 9.4 | 0.04 | 3.0 | 0.63 | 6.5 | 0.29 | 5.4 | 0.64 | 10.0 | 0.00 |
| 2009 | 3.7 | 0.56 | 4.8 | 0.00 | 2.8 | 0.77 | 5.5 | 0.00 | 5.1 | 1.02 | 7.3 | 0.28 | 2.0 | 0.90 | 7.8 | 0.36 | 4.7 | 0.90 | 7.6 | 1.38 |
| 2008 | 2.3 | 0.84 | 4.0 | 0.27 | 2.2 | 0.50 | 5.0 | 0.47 | 4.3 | 1.24 | 6.5 | 0.08 | 2.0 | 0.48 | 5.9 | 0.38 | 5.0 | 1.12 | 7.2 | 0.43 |
| 2007 | 1.9 | 0.55 | 5.5 | 0.48 | 2.3 | 0.89 | 2.9 | 0.09 | 3.5 | 1.04 | 6.8 | 0.40 | 3.3 | 0.64 | 6.9 | 0.64 | 4.4 | 0.49 | 7.8 | 1.28 |
| 2006 | 2.5 | 0.92 | 4.2 | 0.38 | 1.7 | 1.10 | 5.7 | 1.13 | 2.5 | 1.30 | 9.1 | 0.53 | 2.4 | 0.81 | 6.7 | 0.14 | 3.9 | 1.48 | 12.5 | 0.50 |
| 2005 | 2.3 | 0.56 | 4.6 | 0.20 | 1.9 | 0.76 | 6.1 | 0.22 | 2.2 | 1.21 | 5.8 | 0.27 | 2.0 | 0.95 | 4.8 | 0.36 | 3.1 | 0.88 | 8.7 | 0.26 |
| 2004 | 2.0 | 1.14 | 3.9 | 0.40 | 1.1 | 0.86 | 3.9 | 0.31 | 2.5 | 1.04 | 5.1 | 0.40 | 3.2 | 0.66 | 4.2 | 1.28 | 3.6 | 1.52 | 7.8 | 0.60 |
| 2003 | 1.2 | 0.40 | 3.1 | 0.83 | 1.4 | 0.74 | 3.0 | 0.20 | 2.2 | 1.15 | 3.9 | 0.68 | 2.1 | 0.49 | 3.5 | 1.12 | 6.5 | 0.77 | 5.1 | 0.54 |
| 2002 | 2.4 | 0.76 | 4.1 | 0.92 | 0.6 | 1.05 | 2.9 | 0.41 | 3.2 | 1.39 | 2.9 | 0.36 | 2.9 | 0.66 | 4.2 | 0.74 | 4.1 | 1.27 | 5.5 | 0.41 |
| 평균 | 2.5 | 0.63 | 4.6 | 0.51 | 2.2 | 0.64 | 4.6 | 0.33 | 4.1 | 0.95 | 7.4 | 0.29 | 2.5 | 0.69 | 6.0 | 0.62 | 5.0 | 0.90 | 8.0 | 0.47 |

자료: NTIS.

## 2절

# 미래 유망 분야에서 한국 경쟁력이 취약하다

국내의 미래성장동력특별위원회에서 조사한 자료에서도 현재 제4차 산업혁명을 이끌고 있는 미래 유망 기술 13개 분야에서 한국의 경쟁력은 특허 관점에서 상당히 취약한 것으로 조사되었다. 이렇게 취약한 미래 유망 분야는 쉽게 추격할 수도 없을 뿐만 아니라 신규로 개발해낼 수도 없다는 것이 한국경제가 안고 있는 딜레마일 것이다.

**표 IV-4** 미래유망기술 13대 분야 한국의 경쟁력 분석

| 미래성장동력 분야 | 특허 점유 수준(%) | | 특허 피인용 수준(%) | | 주요국 특허확보 수준(%) | | 종합 |
|---|---|---|---|---|---|---|---|
| | 선도국 | 한국* | 선도국 | 한국* | 선도국 | 한국* | |
| 스마트 자동차 | 일본(37.5) | 52.8(19.8) | 미국(14.5) | 31.0(4.5) | 미국(47.6) | 10.3 (4.9) | ● |
| 5G 이동통신 | 미국(35.0) | 68.9(24.1) | 미국(11.5) | 54.8(6.3) | 미국(41.6) | 32.9(13.7) | ● |
| 심해저 극한환경 해양플랜트 | 미국(34.1) | 85.6(29.2) | 아일랜드(11.3) | 7.8(6.9) | 미국(36.8) | 26.1 (9.6) | ● |
| 지능형 로봇 | 일본(58.6) | 41.8(24.5) | 미국(12.4) | 32.3(4.0) | 일본(64.3) | 12.3 (7.9) | ● |
| 착용형 스마트기기 | 미국(28.3) | 80.2(22.7) | 미국(17.2) | 40.1(6.6) | 미국(34.9) | 34.6(12.7) | ● |
| 실감형 콘텐츠 | 미국(38.9) | 76.3(29.7) | 미국(11.5) | 56.5(6.5) | 미국(40.5) | 35.8(14.5) | ● |
| 맞춤형 헬니스케어 | 미국(54.1) | 17.6 (9.5) | 미국 (9.7) | 57.7(5.6) | 미국(55.5) | 4.3 (2.4) | ● |
| 재난안전관리 스마트 시스템 | 미국(38.3) | 78.1(29.9) | 미국(12.4) | 30.6(3.8) | 미국(51.8) | 11.8 (6.1) | ● |
| 신재생에너지 하이브리드 | 일본(25.9) | 90.7(23.5) | 미국 (8.9) | 12.4(1.1) | 미국(25.3) | 34.0 (8.6) | ● |
| 지능형 반도체 | 일본(40.3) | 50.1(20.2) | 캐나다(16.2) | 34.6(5.6) | 일본(41.6) | 34.1(14.2) | ● |
| 융복합 소재 | 일본(57.0) | 18.2(10.4) | 미국 (9.0) | 33.3(3.0) | 일본(56.5) | 10.6 (6.0) | ● |
| 지능형 사물인터넷 | 한국(32.0) | 100.0(32.0) | 캐나다(20.3) | 17.7(3.6) | 미국(38.3) | 32.4(12.4) | ● |
| 빅 데 이 터 | 미국(58.9) | 16.0 (9.4) | 미국(10.4) | 76.7(7.9) | 미국(51.0) | 4.5 (2.3) | ● |
| 전     체 | 미국(29.8%) | 75.2%(22.4%) | 미국(11.3회) | 46.0%(5.2회) | 미국(35.9%) | 29.5%(10.6%) | ● |

＊: 한국의 수치는 해당 분야 1위국 대비 수준을 나타낸다.
주: 종합결과는 신호등 체계로 표시. (상)● (중)◐ (하)○
자료: 미래성장동력특별위원회(2015.7.24).

# 기업 연구개발 효율성이 낮다

최근 새롭게 시험적으로 OECD에서 개발하여 제공한 자료에서는 기업 부문에서 지출하고 있는 연구개발 투자에 부가가치 창출 정도를 반영한 결과를 도표로 만들어 제시했다. 우리나라는 세계 최고의 기업의 연구개발 집중도를 나타내지만 부가가치를 반영한 지표에서는 평균을 훨씬 밑도는 수준이었다. 특히 연구개발 집중도가 투입한 것에 비해 부가가치를 반영한 지표에서는 반 토막 이하로 떨어졌다. 이는 우리나라의 기업체에서의 연구개발 역시 상당히 비효율적인 부분이 많기 때문이다. 정부가 기업체에 지원하고 있는 예산도 비효율적으로 사용되고 있는지에 대한 면밀한 분석이 필요하다.

우리나라는 기업체를 비롯하여 대학과 정부출연 연구기관 모두 아직 역

**그림 Ⅳ-23** 기업의 R&D 집중도(부가가치 창출 비율 반영한 값과 비교)

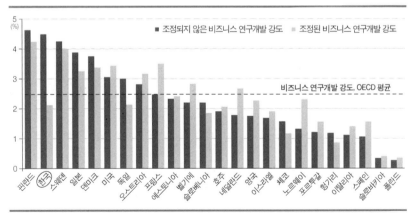

자료: OECD Statistisx(http://stats.oecd.org/).

할이 정립되지 못하고 투입이 비대해져 비효율적인 부분이 많다. 특히 제 4차 산업혁명의 물결 속에서 새롭게 태동하고 있는 신기술 영역에서는 어느 한 분야의 기술에 의한 경쟁력이 아니라 여러 기술이 결합한 전체의 총합 속에서 나타나는 시스템적 기술경쟁력이 더 큰 경쟁력의 원천이다. 이러한 기술적 변화 속성에 적합한 연구개발 혁신체제를 만들어나가는 것만이 보다 창의적인 연구력을 육성하는 방안일 것이다.

## 4절
# 제4차 산업혁명 적응 능력은 25위이다

2016년 다보스 포럼에서 세계경제포럼이 발표한 「제4차 산업혁명이 미치는 영향」 보고서에서, 한국은 제4차 산업혁명에 적응할 수 있는 국가에서 25위로 보고되었다.[55] 또한 스위스 은행인 UBS가 발표한 보고서에서 전 세계 139개국을 대상으로 제4차 산업혁명에 적응할 수 있는 준비 정도를 평가한 결과 우리나라는 기술 수준이 23위, 교육 시스템은 19위로 평가되었다.

전통 제조업에서 세계적인 5위권 국가임을 고려할 때 제4차 산업혁명에서의 기술 수준 23위는 미래 기술 수준상 우리나라가 아직 준비가 되어 있지 않음을 보여준다고 하겠다. 이러한 평가는 결국 세계적으로 산업사회 후발주자로서 역시 새로운 산업혁명 시대에서도 후발주자 자리를 벗어나기는 어렵다는 것을 보여준다. 아직 우리나라가 후발주자 입장에서 벗어나지 못하였다는 신호로 이를 받아들여야 한다.

따라서 지금까지의 연구개발 체제에 대한 전면적인 개편을 통해 연구개발의 패러다임 전환이 모색되어야 한다. 패러다임 전환을 위해 연구 현장을 뒤흔들어놓는 구조적 변화를 선택하여 연구 현장을 더 불안정하게 만들 것이 아니라, 연구개발 정책의 정부 철학을 전면적으로 개편하는 인식의 전환이 필요하다.

# 제 20 장

# 과학기술 공공성 제고를 통한
# 포용적 혁신성장을 기대하다
## 진 정 한 혁 명 은 현 장 에 서 시 작 된 다

　국가적으로 박사급 연구원의 60% 이상이 근무하는 대학을 활용하는 협력 연구가 미흡한 것은 전 국가적 차원에서 볼 때 국가의 인적 자원을 최대한으로 이용하지 못하는 구조로서 국가적 손실이며, 동시에 혁신구조가 체계화되어 있지 않다는 것을 의미한다. 혁신체계의 미흡함은 선도형 성장의 걸림돌로 작용할 뿐만 아니라 총요소생산성의 확대를 제한하는 중대한 원인으로도 작용한다. 특히 인구 고령화로 인한 잠재 성장률 하락 요인을 상쇄할 수단은 결국 혁신구조 개선을 통한 시스템의 생산성을 활용하는 방법밖에 없다. 이를 위하여 국가 차원에서 지속적인 혁신 정책이 필요하다.

　그러나 한국의 혁신 정책은 정착할 겨를도 없이 정권에 따라 빈번하게 바뀌어왔다. 이는 결국 "한국에는 정책 전문가가 존재하는가"라는 근본적인 질문을 던지게 된다. 결국 선거 과정을 통해서 대통령 후보 주변에 모여드는 정책 제안자들은 자신들의 독특한 아이디어로 무장하여 새로운 전략을 제시하고 국민들로부터 심판을 받는다. 그 독특함의 아이러니로 한국의 혁신 정책은 계속 바뀌었다. 차라리 혁신 정책은 테크노크라트들에게 맡기는 것이 더 좋을 수 있다.

사실 대통령 선거 과정에서 과학기술정책을 담당하는 참모들은 대부분 과학기술 전공자들이다. 과학기술 전공자들은 자신의 좁은 범위의 과학기술 전공 분야에서는 매우 전문성이 높을 수 있지만 경제·산업·기업·사회·교육 정책을 비롯한 노동·혁신 정책 등 매우 다양한 분야의 정책과 결합해 있는 혁신정책이나 구조적 문제점을 잘 알기가 쉽지 않으며, 정책 조정도 불가능하다. 그런데 자신의 독특한 경험이나 생각에 독창적 아이디어를 추가하여 현실적이지 않은 정책이 제시되는 경우가 많다. 그렇게 제시된 공약은 다른 분야와 접목되지 못할 뿐만 아니라 기존의 연구개발 정책과도 분리되어 진행됨으로써 중복투자 등 국가 차원의 예산 낭비뿐만 아니라 정책의 혼선과 혁신의 단절 등 그 폐해가 고스란히 누적하게 된다.

최근 전 세계적으로 제4차 산업혁명의 소용돌이 속에서 연구개발과 혁신으로 무장한 새로운 파괴적 기술(destructive technology)들이 속속 등장하면서 세계인들을 놀라게 하고 있지만, 우리나라에서 제4차 산업혁명과 관련된 기술개발 소식은 미미할 뿐이다. 특히 최근 삼성전자의 갤럭시 노트 7의 단종 결정으로 큰 충격까지 더해주고 있다.

물론 과학기술은 특허권으로 권리가 보장된다고 하더라도 공공의 이익과 지식 창출을 위해 활용되는 공공성이 높은 영역이다. 연구개발은 어느 정도 공익성을 띠는 부분이므로 정부의 예산을 투입하여 육성하는 영역이며, 공익성을 강조하는 유럽국가일수록 연구인력의 공공부문 고용 비중도 높은 편이다.

과학기술을 확보한 민족이 세계를 제패하는 인류 역사의 발전 과정에서 보면 과학기술은 산업 변화의 원동력이었으며 경제성장의 핵심적 수단이었다. 따라서 과학기술의 지식적 탐구와 과학기술의 성과물이 어떻게 사회 발전과 인류의 행복에 기여하고, 어떻게 공유하는 사회적 구조를 갖추는가에 따라 국민의 경제적 불평등 정도를 다르게 만들어나갈 수 있다.

4차 산업혁명의 사회는 지금까지 인류가 겪은 어떤 사회보다도 과학기술 변화가 빠르게 일어날 것이며, 역시 과학과 기술 등의 구별조차 쉽지 않아 기초연구 및 응용과 개발연구를 나누는 것조차 무의미한 시대가 될지도 모른다. 제조업과 서비스업의 구분, 2차 산업과 3차 산업의 구분조차도 무의미해졌다. 사이버 공간과 물리적 공간을 연결하는 플랫폼에 경제적·정치적 권력이 넘어가고 있다. 지금까지의 변화가 물리적인 구조물의 변화였다면 이제 제4차 산업혁명의 시대에서는 소프트웨어적인 무형의 변화의 시대이므로 무형의 이동은 구조물의 이동보다도 더 빠르게 일어나고 더욱 빠르게 소멸할 것이며, 전 세계를 제패하기도 더욱 용이할 것이다.

그러므로 과학기술을 활용하여 공공의 영역에서 모든 경제 주체들이 경쟁력을 확보하고 공공성을 더욱 높여나가도록 정부가 그 역할을 보완해주어야 한다. 바로 전 세계 모든 나라가 중소기업 지원을 비롯하여 경제적인 취약 계층의 교육 불평등을 해소하기 위해서 다양한 교육지원 정책 등에 집중하는 것도 바로 그러한 이유이다.

과학기술의 파급 효과, 원천성과 공공성 측면에서 가장 유효한 분야가 바로 대학의 기초연구 분야이다. 또한 대학의 기초연구 분야는 개인의 창의력을 육성하여 더욱더 불확실성이 높아진 기술변화에 보다 효과적으로 대처할 수 있는 역량을 갖출 수 있는 인재를 양성하는 교육기능도 갖고 있다. 따라서 선진국들은 대학의 기초연구 지원을 더욱 강화하고 있다.

그러나 우리나라는 2차 산업혁명 시대의 성공 신화 속에서 깨어 나오지 못한 채 뒤쫓기 경쟁을 위한 국가주문형 연구개발 사업 속에서 기초연구는 홀대되고 인력조차도 공공부문에서 홀대되는 실정이다. 대학에서는 구조조정과 강요된 산학협력이 지속적으로 일어났다. 정부출연연구원에서는 구조조정이 30년이 넘도록 지지부진하면서 그 역할조차 정립하지 못하고, 공공기관 관리 방안이 획일화되어 예산 사용액이 많은데도 과학기술 인력을 수용조차 못하게 되면서 공공부문의 인력 고용은 비교국가 중 최하위 수준에 이르게 되었다. 연구개발비 투자가 늘어나면서 연구개발 인력의 수요도 늘어났는데 그 수요를 정부출연연구원에서는 학생연구원을 비롯한 저임금 계약직 연구원의 불안정한 고용으로 채워 연구 역량의 고갈을 초래하고 있다. 그 결과 혁신 역량이 지속적으로 하락하고 있을 뿐만 아니라 우수 인력의 해외 유출 및 기술혁신의 지체, 성장동력 확보 미흡, 대학 기초연구의 박탈감 등 과학기술 영역의 다양한 지체 현상들이 곳곳에서 터져 나오고 있으며, 경제산업구조 개혁도 순조롭지 못하다. 이렇듯 연구개발 활동이 경제와 산업의 지속 가능한 성장의 동력을 공급하기 어려운 실정이 되었다.

아직 우리나라가 후발주자 입장에서 벗어나지 못했다는 신호를 겸허하게 받아들이고 반성해야 한다. 산업성장 시기부터 중구난방으로 도입한 백화점 식 정책으로 어중간한 위치에서 안주하고 있는 비효율성을 걷어내야 한다. 관 주도 기획성장과 정경유착으로 위기를 덮어주는 관행과 부패에서 벗어나야 한다. 지금까지의 연구개발 체제에 대한 전면적인 개편을 위해서 패러다임 전환이 필요하다. 과학기술의 공공성을 찾아나가는 것으로부터 새로운 패러다임으로의 전환을 찾아야 할 것이다. 이를 위해 연구현장을 뒤흔들어놓는 구조적 변화로 연구 현장을 더 불안정하게 만들기보다는 연구개발 정책의 철학을 전면적으로 개편하려는 자세가 필요하다.

단기적으로 응급처방이 필요한 부분부터 일자리 나누기와 연구개발 성과의 공유와 공동활용 및 공공부문의 책임성 확보 등의 분야에서 사회적 합의를 통해 대책을 세워야 한다. 장기적으로는 연구개발의 새로운 패러다임을 구축하고 과학기술과 연구개발의 원칙에 충실한 철학을 정립하고 이에 합당한 연구, 교육, 직업교육, 산업 육성, 성장동력 확보, 각 주체의 역할 정립 등에 대한 포트폴리오를 구축해야 한다.

　패러다임 전환은 정부부터, 정치권부터 우선적으로 정립하는 것이 필요하다. 과학기술의 공공성을 제대로 찾아나가고 실현하는 것이 바로 과학기술의 민주화이며 경제 민주화의 첫걸음이다. 약자도 경쟁력을 가질 수 있게 해주고 행복하게 해주는 공공적 수단으로서의 과학기술의 역할을 정립하는 것이 필요하다. 인간을 더욱 평등하고 행복하게 만드는 제4차 산업혁명의 과학기술시대를 기대해본다.

## 제IV부 추가 자료

(추가 자료는 저자의 블로그에서 보실 수 있습니다. http://blog.naver.com/kyoung3617)

1) 국가연구개발투자.

2) 주요국의 국가 연구개발 투자액(100만 US$, PPP 기준, 2014년도).

3) 재원별 국가연구개발 투자 추이.

4) 연구개발 단계별 국가 연구개발 투자.

5) 각 부문 연구단계별 투자 증가 현황(2000→2014년).

6) 부처별 연구개발 투자 금액 및 비중(2015년).

7) 우리나라 국가 연구개발 투자의 경제사회 목적별 투자 추이.

8) 연구과제 규모별 증감 추이(2015년/2012년, %).

9) 연령별 연구책임자 추이.

10) 논문 경쟁력 주요국 비교(2012년도).

11) 기초분야 우수연구자 증가 및 중견 연구 규모 연구과제 수요 증대.

12) 국가 연구개발 투자 대비 대학 비중 주요국 비교(%).

13) 고등교육기관 연구단계별 투자 현황(100만 US$, PPP).

14) 고등교육기관 연구단계별 투자 전년 대비 증감 현황.

15) 고등교육기관의 연구개발 재원별 현황.

16) 고등교육기관 연구개발 투자 재원(100만 US$, PPP, %, 원화).

17) 2013년도 자유공모형 개인연구과제 현황.

18) 일본 및 독일의 고등교육기관 연구개발투자 재원(100만 US$, %).

19) 정부의 대학 연구개발 투자 GDP 비중 및 추이.

20) 주요국 대비 대학의 연구자 중심형 자유공모과제 적정규모 추정.

21) 연구개발 인력 추이(전일제 상근 상당, FTE 인력수).

22) 각 주체별 연구원수(2014년도).

23) 대학의 비목별 투자 추이(%, 2013-2015).

24) 미국 기업체 이공계 학위별 연평균 증가율 추이(2003~2013).

25) 연구주체별, 학위별 연구원 분포(2014년).

26) 공공연구기관 연구개발 투자 현황(100만 US$, PPP).

27) 정부연구기관 연구개발투자 재원(100만 US$ PPP, %).

28) 정부 연구기관 지출규모 주요국 비교(2014년도).

29) 일본 및 독일의 정부 연구기관 연구개발투자 재원(100만 US$, PPP, %).

30) 기업부설연구소 및 기업체당 연구원 수 추이.

31) 기업규모별 연구개발 재원 및 비중(2014년도).

32) 기업체 연구기관 연구개발 투자 현황(100만 US$, PPP).

33) 기업체 연구기관 연구개발 투자 현황(100만 US$, PPP).

34) 일본과 독일의 기업 연구개발투자 재원(100만 US$ PPP, %).

35) 주요국 기업체의 기초연구 투자 금액 및 비중.

36) 기업 규모별 연구개발 투자 추이.

37) 매출액 상위기업 연구개발비 및 연구원 집중도.

38) 연구개발 상위 20위 투자 기업.

39) 우리나라 매출액 상위 기업의 연구개발 집중도.

40) Apple의 매출액 대비 각년도 연구개발비 비율(1996~2016E).

41) Apple과 Nokia의 연구개발 집중도(연구개발비/매출액) "연구가 전부가 아니다".

42) 삼성전자와 애플의 시장 점유율과 순이익 추이.

43) 삼성전자, 애플, 화웨이의 연구개발 투자, 시장 점유율 및 매출액 추이.

44) 삼성전자, 애플, 화웨이의 연구개발 투자, 시장 점유율 및 매출액 추이.

45) 인터넷 및 전자 글로벌 기업체의 자본적 지출 추이.

46) 조세 지출 제도 각국 비교.

47) 우리나라 연구개발 관련 주요 조세지원 현황.

48) 우리나라의 현행 R&D 조세 지원 제도.

49) 주요 연구개발(R&D) 조세지출 현황.

50) 기업유형별 연구개발 조세감면 실적 추이.

51) 기업유형별 연구개발 조세감면 실적(2013년 기준).

52) R&D 투자 vs. R&D 조세감면(2011년 기준).

53) 기업 연구개발의 조세지원 금액 주요국 비교(2014년, PPP).

54) 특허의 기술 적용 범위.

55) 제4차 산업혁명 적응 순위(세계경제포럼, 2016).

지은이_ **박 기 영**

연세대학교 생물학과를 졸업하고 같은 과에서 석사·박사 학위를 받았다. 1985년 서울 YMCA 두리암에서 과학기술 NGO 활동을 시작하였다. 현재 순천대학교 생물학과 교수로 재직 중이다.

제16대 대통령직 인수위원회 인수위원, 청와대 비서실 대통령 정보과학기술보좌관, 국가과학기술위원회 수석 간사, 대통령 자문 정책기획위원회 위원, 경제정의실천시민연합(경실련) 과학기술위원장, 한국소비자단체협의회 정보통신위원회 공동위원장, 퍼듀 대학 (Purdue University) 원예학과 연구원 및 객원교수를 역임하였다.

현재 녹색소비자연대 전국협의회공동대표 및 정책위원장, ICT소비자정책연구원 공동대표, 바른과학기술사회실현을 위한 국민연합(과실연) 이슈발굴센터장, 순천대학교 생물소재 발굴·활용사업단 단장, 《Journal of Plant Biology》 Editor-in-Chief, 전남 CBS 〈생방송 전남〉 방송 진행자, 람사르 동아시아 센터 명예센터장으로 있다.

한울아카데미 1983

# 제4차 산업혁명과 **과학기술 경쟁력**

한국의 위기 극복과 포용적 혁신성장을 위하여

ⓒ 박기영, 2017

지 은 이 ┃ 박 기 영
펴 낸 이 ┃ 김 종 수
펴 낸 곳 ┃ 한울엠플러스(주)
편집책임 ┃ 배 유 진

초판 1쇄 발행 ┃ 2017년 5월 10일
초판 2쇄 발행 ┃ 2017년 8월 10일

주소 ┃ 10881 경기도 파주시 광인사길 153 한울시소빌딩 3층
전화 ┃ 031-955-0655
팩스 ┃ 031-955-0656
홈페이지 ┃ www.hanulmplus.kr
등록번호 ┃ 제406-2015-000143호

Printed in Korea.
ISBN  978-89-460-5983-2  93500 (양장)
        978-89-460-6336-5  93500 (학생판)

* 책값은 겉표지에 표시되어 있습니다.
* 이 책은 강의를 위한 학생판 교재를 따로 준비했습니다.
  강의 교재로 사용하실 때에는 본사로 연락해주십시오.